高等职业教育"十四五"规划教材

CELIANG

JICHU YU SHIXUN

测量基础与实训

徐兴彬　喻怀义 ◎ 编著

华中科技大学出版社
http://www.hustp.com
中国·武汉

内 容 简 介

本书包括 8 个项目,分别为对测绘的基本认识,掌握测绘工作的基本知识,水准测量,角度测量与全站仪,距离测量,测量误差与数据处理基础,工程控制测量基础,地形图的认识、应用与测绘。本书适合作为我国大中专院校测绘工程类专业的基础课教材,以及非测绘类专业(如地质勘探、采矿、农林、航运、交通土木、水电、建筑设计、工程施工管理等专业)的测量基础课程教材,也可供我国广大的工程建设行业方面的成人教育教学使用,还可作为建设生产岗位上的广大测绘工作者的学习资料。

图书在版编目(CIP)数据

测量基础与实训/徐兴彬,喻怀义编著. —武汉:华中科技大学出版社,2021.6(2023.7 重印)
ISBN 978-7-5680-7406-3

Ⅰ.①测… Ⅱ.①徐… ②喻… Ⅲ.①测量学-专业学校-教材 Ⅳ.①P2

中国版本图书馆 CIP 数据核字(2021)第 153608 号

测量基础与实训
Celiang Jichu yu Shixun

徐兴彬 喻怀义 编著

策划编辑:康 序
责任编辑:郭星星
责任监印:朱 玢
出版发行:华中科技大学出版社(中国·武汉) 电话:(027)81321913
　　　　　武汉市东湖新技术开发区华工科技园 邮编:430223
录　　排:武汉三月禾文化传播有限公司
印　　刷:武汉科源印刷设计有限公司
开　　本:889mm×1194mm 1/16
印　　张:17.5 插页:1
字　　数:580 千字
版　　次:2023 年 7 月第 1 版第 3 次印刷
定　　价:55.00 元

前言

—— ● ● ●

这本《测量基础与实训》，是作者在经历二十多年多个行业（地质、矿山、国土、建设规划、农林等）的测绘生产单位工作，再经过近十年的测量基础教学的基础上，并在主编《基础测绘学》《工程测量与实训》，参编《不动产测绘》的前提下整理与写作完成的。书中内容是编著者精心组织策划、创作撰写的，整部作品具有如下特点。

1.力求在科学严密性、严谨性方面经得起拷问。对于碰到的疑难问题一定搞清楚其来龙去脉、不留疑问。继续保留新概念、新观点，如介绍望远镜的放大率时，涉及人眼分辨力到底是怎么回事；关于大气折射对水准测量的影响问题；地形图中的地形、地貌、地物的概念问题；引入直线或方位角的三要素（大小、方向、作用点），等等。这些概念、观点，以及表达方法，方便初学人员更好地理解和掌握测量基础知识。

2.勇于质疑，提出修正意见。如对自动安平水准仪的直角屋脊棱镜光路传播示意图的展现、分析、表达、描述，对导线测量坐标增量的分配办法等，都在前人工作基础上做了重大修改。

3.继续保留类似【补充说明】【强调指出】【课后分析】【行动导向】【问题探讨】等内容，提醒初学者重视，引导学生课后自己研究，邀请教师讨论分析。

4.作业充分保证。各项目均有思考与练习版块，每道题目均由编著者精心准备，收集提炼。所有数据尽量采用实测原始数据，并经过严格验证，读者可放心使用。作者还精心准备了课件PPT，其中附有教材的习题答案。课件PPT不对学生提供，工程技术人员或任课老师可以来电（短信）或发QQ邮件要求提供。

5.本教材为老师和学生共准备了16次实训课（约32学时）。实训报告表格中附有详细的实训内容提要，包括实训目的、实训要求、注意事项、数据记录表格、问题简答、学生体会及老师评分等内容，这些都是编著者在课程教学、课程实训中积累的经验总结。本课程建议按70～90学时计划教学。

6.书中大量引用国家的有关规范、标准，采用的一些测量记录、计算表格及工作报告等也尽量贴近测绘生产单位的工作要求，目的是让学生提早接触一些测量实际工作情况，早日与工作接轨，加强学生对"上课即上班，学校即单位"的认识体验。

书稿力求图文并茂、文字叙述生动有趣，以提高学生的阅读兴趣，提升读者的附有体验。为了方便展示和观察理解，书后附有部分彩色插图。

本教材采用项目任务式编写，包含8个项目共53个任务，适合作为我国大中专院校测绘工程类专业及相关专业的测绘基础课教材。对于测绘工程类专业的学生来说，该课程的后续专业课程主要有"数字化测图""测量平差""GNSS测量""控制测量""工程测量"等，前导课程为"高等数学""AutoCAD绘图"等。教材各项目内容情况概括如下。

项目1"对测绘的基本认识"：主要介绍测绘的概念与分类、测绘的发展历史、测绘的科学地位与应用。本项目概述了测绘技术的各种分类方式，按古今中外、历史朝代顺序介绍了测绘技术的历史发展，还列述了与测绘相关的所有行业领域。

项目2"掌握测绘工作的基本知识"：介绍测量坐标系的建立过程和来源，分析统计我国三大测量坐标系统的情况,介绍高斯投影、高程系统、三北方向图、坐标计算原理等内容。

项目3"水准测量":包含十大任务内容,详尽介绍了水准仪、望远镜、自动安平原理这三部分内容,系统阐述了水准测量的内外业工作、水准测量误差分析、水准仪检校知识。

项目4"角度测量与全站仪":讲解角度测量的基本原理、仪器结构、测角方法、测角误差分析、仪器检校等内容,其中关于角度的新概念、水平角测量方法分类等知识都是同类教材中未涉及的。最后介绍了误差分析与仪器检校等知识,力求深入和完善。

项目5"距离测量":对钢尺量距、视距测量、光电测距均进行了系统的阐述,并逐一分析它们的误差来源,介绍应采取的安全措施。本项目还详细讲解了长度单位的来源,视距测量中的严密公式推导改正了现在许多教科书中的错误表述。

项目6"测量误差与数据处理基础":在惯常篇幅与内容的基础上,注重误差基础知识编排的连贯性、系统性、完整性。运用大量的例题,对测量误差的基本概念、基本公式、基本定义做了细致入微的介绍,所有公式均从头到尾详细推导。最后详细介绍近似数的凑整规则、运算精度和注意事项。

项目7"工程控制测量基础":系统介绍了我国各等级控制测量情况,介绍附合导线、闭合导线、支导线、结点导线等的计算过程,提出导线计算中按坐标增量来分配坐标闭合差(区别于一般教材中按边长分配坐标闭合差)的新观点,引入了"边角后方交会"的概念与工作方法,最后全面介绍了三角高程测量的意义、计算公式、工作方法、误差分析等内容。

项目8"地形图的认识、应用与测绘":阐述了地形、地貌、地物的概念;全面归纳了地图的各种比例尺;总结中华人民共和国成立以来对地形图的三次(1992年前、1992年后、2012年后)分幅与编号;详细介绍了地形图的阅读方法,并介绍了地形图的各项应用;用地形图示例讲解了地形图测绘的基本程序。

各项目均精心准备有一定数量的练习题,基本覆盖相应项目的知识面。练习题灵活性强、形式多样,并注意结合工作实际。教材内适当插入相关的拓展思考题,可供"行动导向"教学使用。

全书共安排16次教学实训,实训报告统一附在全书最后,方便教师和学生翻阅。报告格式力求实用合理且简洁明了,同时包括实训中的各种信息。报告中另有实训答题区域供学生作答,信息覆盖广泛,实用性强。

徐兴彬

2021年4月

目录

项目1 对测绘的基本认识 ·· (1)

　任务1 认识测绘的概念与分类 ·· (2)

　任务2 了解测绘的发展历程 ·· (7)

　任务3 明确测绘的科学地位与应用 ·· (9)

　思考与练习 ·· (11)

项目2 掌握测绘工作的基本知识 ·· (12)

　任务1 认识地球的形状和大小 ·· (13)

　任务2 对地面点的坐标系统进行分类统计 ······························· (15)

　任务3 掌握高斯投影及其平面直角坐标系 ······························· (19)

　任务4 认识我国的高程系统 ·· (23)

　任务5 学习直线的方向及其三北方向 ····································· (27)

　任务6 掌握坐标的正、反算 ·· (31)

　思考与练习 ·· (34)

项目3 水准测量 ·· (37)

　任务1 了解水准测量的基本原理 ··· (38)

　任务2 认识水准仪及其构造 ·· (40)

　任务3 学习望远镜的有关知识 ·· (41)

　任务4 认识三种水准器 ·· (46)

　任务5 深刻领会自动安平水准仪 ··· (48)

　任务6 认识水准尺及尺垫 ·· (50)

　任务7 掌握水准测量的外业工作 ··· (51)

　任务8 掌握水准测量的内业工作 ··· (58)

　任务9 分析水准测量的误差并预防 ·· (63)

　任务10 检验与校正水准仪 ·· (69)

　思考与练习 ·· (74)

项目4 角度测量与全站仪 ··· (76)

　任务1 学习角度测量的基本原理 ··· (77)

任务 2　了解角度测量仪器的结构 ……………………………………………………（80）

任务 3　掌握仪器安置的方法 ……………………………………………………………（84）

任务 4　学习水平角测量的几个方法 ……………………………………………………（86）

任务 5　学习垂直角测量的各项内容 ……………………………………………………（90）

任务 6　详细分析角度测量误差 …………………………………………………………（95）

任务 7　学会对测角仪器进行检验与校正 ………………………………………………（101）

思考与练习 …………………………………………………………………………………（107）

项目 5　距离测量 ………………………………………………………………………（110）

任务 1　学习距离测量的基本知识 ………………………………………………………（111）

任务 2　用钢尺量距 ………………………………………………………………………（114）

任务 3　用视距进行距离测量——视距测量 ……………………………………………（117）

任务 4　用光电信号测距——光电测距 …………………………………………………（120）

思考与练习 …………………………………………………………………………………（131）

项目 6　测量误差与数据处理基础 ……………………………………………………（133）

任务 1　掌握观测值与误差的基本概念 …………………………………………………（134）

任务 2　了解偶然误差的特性 ……………………………………………………………（136）

任务 3　认识衡量精度的各项指标 ………………………………………………………（138）

任务 4　学习并掌握测量平差的精髓——误差传播定律 ………………………………（143）

任务 5　初步学习算术平均值及其中误差 ………………………………………………（152）

任务 6　进一步学习加权平均值及其中误差 ……………………………………………（155）

任务 7　推导公式——观测值函数的权的公式 …………………………………………（161）

任务 8　掌握直接平差的基本方法 ………………………………………………………（162）

任务 9　学习与掌握近似数的凑整规则及其运算 ………………………………………（164）

思考与练习 …………………………………………………………………………………（173）

项目 7　工程控制测量基础 ……………………………………………………………（176）

任务 1　学习控制测量的基本概念 ………………………………………………………（177）

任务 2　了解导线测量的基本情况 ………………………………………………………（184）

任务 3　学习与掌握附合导线的计算工作 ………………………………………………（187）

任务 4　学习与掌握闭合导线的计算工作 ………………………………………………（193）

任务 5　了解其他导线的计算工作 ………………………………………………………（195）

任务 6　熟悉掌握交会控制测量 …………………………………………………………（197）

任务 7　全面学习与掌握三角高程测量 …………………………………………………（204）

思考与练习 …………………………………………………………………………………（211）

项目 8　地形图的认识、应用与测绘 ································ (214)

　　任务 1　认识地形图 ····································· (215)

　　任务 2　深入领会地形图的各种比例尺 ····················· (218)

　　任务 3　初步认识地形图的符号 ························· (221)

　　任务 4　了解地形图的分幅编号 ························· (226)

　　任务 5　认真仔细地阅读地形图 ························· (230)

　　任务 6　熟悉与掌握地形图的基本应用 ····················· (234)

　　任务 7　初步测绘地形图 ····························· (242)

　　思考与练习 ······································· (250)

实训报告 ··· (254)

　　实训一　水准仪的认识及其基本操作 ····················· (255)

　　实训二　改变仪器高法水准测量 ························· (256)

　　实训三　双面尺法水准测量 ····························· (257)

　　实训四　水准仪 i 角测定 ····························· (258)

　　实训五　自动安平水准仪的检校 ························· (259)

　　实训六　全站仪的认识与仪器安置 ······················· (260)

　　实训七　方向法水平角测量(测回法) ····················· (261)

　　实训八　方向法水平角测量(全圆方向法) ··················· (262)

　　实训九　垂直角测量与计算 ····························· (263)

　　实训十　角度测量仪器的检验与校正 ····················· (264)

　　实训十一　全站仪综合测量 ····························· (265)

　　实训十二　钢尺量距与仪器加常数测定 ····················· (266)

　　实训十三　导线测量实训(平面控制) ····················· (267)

　　实训十四　导线测量实训(三角高程控制) ··················· (268)

　　实训十五　边角后方交会实训(含平面、高程) ················· (269)

　　实训十六　地形图测绘 ······························· (270)

项目 1

对测绘的基本认识

■ 内容提要

介绍测绘的基本概念,简述测绘的学科分类、历史发展,说明测绘的科学地位与应用。

■ 问题思考

中国最古老的测量仪器工具是什么?

任务 1 认识测绘的概念与分类

一、测绘的基本概念

测绘是世界科学历史上最古老的科学之一。测绘科学同其他科学一样,是伴随着人类的生产而产生,并随着社会的发展而发展的。测绘发展到今天,我们可以将其分为传统测绘与现代测绘两大部分。

【传统测绘】 根据有关史料记载,人类的测绘工作已经进行了几千年。我们可以认定,18 世纪以前发生的所有测绘工作都只是传统测绘学的内容。在那漫长的数千年历史长河中,我们的测绘先辈们主要进行的是**地形测量**、**工程测量**和**天文大地测量**。地形测量是研究如何测定地面点的平面位置和高程,从而将地球表面的地形、地貌、地物测绘成各种各样的地形图(含地图)。工程测量则是为修建那些古代的大型水利工程和建筑工程进行的工程测量方面的工作。先辈们进行的天文大地测量主要是研究他们祖祖辈辈所赖以生存的这个地球的总体形状和大小,以及地球与其他星球的位置关系。

传统意义上的测量是指人类使用一定的测量仪器和工具进行的野外测量作业活动及相应的内业数据处理工作。测量工作按其工作内容的特性分为两种:**测定**和**测设**。测定是指通过外业测量与计算获得地面点的空间坐标,或者根据野外测量结果绘制出成果地形图。通常进行的地形测量、控制测量、工程测量中的竣工测量、房地产测绘都是测定的内容。测设是将规划设计好的建筑物、构造物的位置(平面位置和高程)用测量仪器和相应的测量方法在地面空间上标定出来,作为建筑施工以及设备安装的依据和准则。测设工作广泛应用于工程测量中的规划放线、工程勘察、施工放样阶段,其工作原理和工作方法相对简单,但工作烦琐,工作量非常庞大。

【现代测绘】 人类进入 20 世纪,美国人发明飞机飞上蓝天,使摄影测量测绘地形图获得实际应用,从此在发达资本主义国家产生了现代测绘的萌芽。再经过一个世纪的变化发展,以 3S 技术为代表的现代测绘已经发展得比较成熟,并派生出许多测绘技术、测绘门类的分支学科。3S 即指 GPS(global positioning system,全球定位系统)、GIS(geographical information system,地理信息系统)、RS(remote sensing,遥感技术)。通常情况下,我们根据当代测绘工作的主要任务与内容,可以认为现代测绘学是研究地理信息数据采集、处理和应用的一门科学。其工作内容主要包括:研究测定和描述地球的形状、大小、重力场、地表形态以及它们的各种变化,确定地物的空间位置及属性,制成各种地形图(含地图)和建立有关信息系统。现代测绘学的技术应用已扩展到其他行星和月球之上。GPS 亦渐渐被 GNSS(global navigation satellite system,全球导航卫星系统)代替。

另外,《中华人民共和国测绘法》指出:"本法所称测绘,是指对自然地理要素或者地表人工设施的形状、大小、空间位置及其属性等进行测定、采集、表述,以及对获取的数据、信息、成果进行处理和提供的活动。"值得指出的是,这里的"测绘"定义,并未包括测设的内容,显然是不妥的。

二、现代测绘的学科分类

现代测绘学发展到今天,其含义与内容已经非常丰富与完善。通常,我们可以从如下三个方面对现代测绘进行学科分类:1) 测绘技术理论方法;2) 测绘技术应用的领域;3) 测量仪器、工具。

1. 根据测绘技术理论方法划分

（1）地形测量学。

传统的地形测量是指在地球表面指定范围内,用一定的仪器（经纬仪、平板仪等）、工具（标尺、平板等）,直接在野外测定出该范围的地表自然形态和地物的位置、形状大小及其属性,绘制成一定比例尺地形图。因此可以认为地形测量学是这样的一门科学——对地形测量包含的各个工作环节、工作方法以及影响测量成果的误差来源情况进行具体的分析研究,以便获得能够满足一定精度要求的地形图成果。从测绘科学发展历程来看,地形图测量产生于遥远的古代,是所有测绘学中发展历史最为久远的一门学科,并成为其他测绘学科的摇篮。早期的控制测量便是为测量地形图（地图）服务的。最早的摄影测量就是为了更快速、更方便地测量大面积的地形图而发展起来的。数字化地形测图、地籍图测绘、不动产调查测量,均是地形测量发展到当今时代的产物。

除了通常所说的在陆地上进行的地形测量外,地形测量还有水下地形测量（如对海洋、河流、湖泊的测量）。测量出的成果地形图按比例尺不同可分为小比例尺地形图（1：1 000 000～1：200 000）、中比例尺地形图（1：100 000～1：10 000）及大比例尺地形图（1：5 000 以上）。中小比例尺地形图大量用摄影测量方法获得,它们也是国家基本比例尺地形图。1：500,1：1 000 的大比例尺地形图传统上用大平板仪、小平板仪测量,现在则用全站仪、GNSS、无人机摄影测量等方法测得。各种相邻比例尺地形图可以转绘得到（通常用较大比例尺地形图转绘成较小比例尺地形图,反之则无法满足精度要求）。

（2）大地测量学。

大地测量学是研究地球的形状和大小以及地面点空间几何位置的科学。地球的形状与大小主要取决于地球椭球体的几何参数、大地水准面的位置与形状等。地面点的空间位置用 L、B、H 来表示。L、B 代表该点的大地坐标,亦即通常所说的大地经度、大地纬度。H 为该点至大地水准面的高度差（海拔）。中国古代受测绘仪器技术水平限制,只能用简单的测量工具进行天文大地测量来研究地球的形状与大小（测量计算地面子午弧长,参见本项目任务 2 介绍的"中国测绘发展简史"）。直到 17 世纪发明望远镜、创造出三角测量方法以及制造出高精度的标准航海钟之后,人们才能进行三角控制测量和地球经纬度测量等工作。控制测量的主要内容是通过外业测量和内业计算得出控制网各点的三维坐标（B、L、H）或（X、Y、H）。其中,平面坐标 X、Y 可以通过**三角测量**、**距离测量**、**边角测量**以及 **GNSS 测量**获得,大地坐标（B、L）则根据平面坐标（X、Y）计算得出。高度差 H 可以通过几何水准测量的方法得到。另外,用重力测量的物理方法可以推算出大地水准面相对于地球椭球体的距离、椭球体的扁率,还可以对本地区的似大地水准面进行精化。

（3）天文测量学。

为了获知地球的形状与大小,探索茫茫宇宙里的未知世界,古今中外的测量工作者做了大量的测量工作,使得天文测量学这门古老学科不断得到发展与成熟。古代测量工作者进行天文测量的方式方法与测量过程充满艰辛,同时也是多姿多彩的。

天文学的任务是要研究天体的运动、构成、起源与发展。天文测量学便是为其服务的一门学科。现代天文测量学的任务与内容已经非常丰富,包括测定宇宙星体（恒星）的位置、亮度等级,编制星表、星图,在天文大地测量中测定地面点的天文经纬度、天文方位角,为国家大地控制网提供起算数据,等等。现代的天文测量工作不仅能在地面上进行,而且能在卫星和其他航天飞行器上进行。

（4）工程测量学。

工程测量主要是指在工程规划设计、工程施工、工程运行管理各阶段中所进行的测量工作。工程规划设计阶段的测量工作主要有工程地形图测量、规划放线测量（包括用地权属红线、建设红线）、工程勘查测量等。工程施工测量主要是根据设计图纸要求,对建（构）筑物各组成部分的平面位置和高程进行测量定位,以此指导施工单位的正确施工与准确安装。工程在施工过程中以及完工之后,要根据设计要求进行变形观测和竣工测量。变形观测指在工程施工到一定程度时,为了掌握工程的水平位移、倾斜改变、沉降上下变化等情况,对工程进行安全监督而进行的周期性测量工作。变形测量工作通常会持续到工程完工后一段时间,直到工程运行正常,建筑物或构筑物的变形有规律地趋向稳定减弱为止。竣工测量主要测定出建筑物完工后的准确空间位置,特别要详细测定地下人防工程、地下管线的具体位置和深度。

(5)不动产测绘。

二十多年来,我国房地产发展迅猛,地籍图、房产图的测绘工作量不断增加,技术要求不断提高与更新,管理手段不断加强,逐渐形成一门新的测绘学科——不动产测绘。不动产测绘的工作内容相当广泛,除了日常的房地产测量外,我国已经完成的农村地籍调查,全国土地调查,当前正在进行的不动产数据整合,等等,都属于不动产测绘的范畴。

(6)摄影测量学。

传统摄影测量的工作过程是先用摄影方法获得目标物的影像,再利用相应的仪器设备和技术手段,对所获取的影像进行量测、处理、判读,提取目标物的几何或物理信息,最后用图形、图像和数字等形式来表达测绘成果。现代摄影测量已经与遥感技术紧密结合,摄影获得的数据除了传统的图形影像外,还通过遥感的方法获取了数字影像。摄影测量学便是对这些摄影定位技术、量测手段、处理过程与方法进行深入研究和具体分析,以便能快速而准确地获得摄影测量的成果的一门学科。根据摄影机到摄影目标距离的远近可分为**航天摄影**、**航空摄影**、**地面摄影**、**近景摄影**、**显微摄影**,其中航天摄影测量和航空摄影测量的目的主要是测绘地形图。地面摄影测量除了测绘地形图之外,还广泛应用于工程、建筑、工业、考古、医学等行业的具体研究工作。为了这些研究工作而进行的非地形摄影测量又称为**近景摄影测量**。用于近景摄影测量的照相机可分为**量测相机**和**非量测相机**。

根据摄影测量工作的目的与用途,摄影测量可分**地形摄影测量**与**非地形摄影测量**两大类。按技术手段及发展先后顺序,则可分为**模拟摄影测量**、**解析摄影测量**、**数字化摄影测量**。当今时代,主要应用于大比例尺数字化地形图的**无人机摄影测量**正以突飞猛进的发展势头在测量领域崭露头角。

(7)地图制图学。

地图制图学是研究地图投影的基础理论,以及地图设计、地图编制和地图印刷的技术方法及其应用的科学。地图投影的基础理论指按照一定的数学法则,建立地球椭球表面上的经纬线与地图平面上的经纬线之间函数关系的理论和方法,也就是研究将地球椭球表面上不可展开的经纬线描绘成地图平面上的经纬线所产生的各种变形的缘由、特征和大小。地图设计主要是根据地图的使用目的、功能,设计制定地图的内容、表现形式及其生产工艺程序等。地图编制的工作内容包括对制图原始资料的分析处理,地图原图的编绘及确定地图图例、表示方法、色彩安排、图形选择等。地图印刷是指在地图复制和印刷过程中使用的各种工艺理论和技术方法。地图应用是指对成果地图进行阅读、分析、评价,对地图进行统计量算和图上作业等。

2. 根据测绘技术应用的领域划分

在许多情况下,我国的测绘行业和教学单位习惯将测绘工作按不同的应用领域来划分。例如**土木工程测量**、**矿山测量**、**海洋测绘**、**水利水电测量**、**地质勘探测量**等。

(1)土木工程测量。

土木工程泛指为人类生活、生产、工作服务的各种工程建筑设施。例如房屋、公路、铁路、桥梁、运河、堤坝、港口、机场、给水和排水以及防护工程等。因此土木工程测量便可以定义为常用的一般工程测量或普通工程测量。类似的专业教材有《土木工程测量》《交通土木工程测量》《测量学》等。

(2)矿山测量。

矿山测量是一门比较古老的测量技术。矿山开采分为露天矿开采和地下矿开采两种。露天矿开采的测绘工作相对比较简单、直观。地下矿开采所涉及的测量技术与方法相对比较复杂,具有较高难度。矿山测量学一般指研究地下矿山测量技术与方法的一门科学。矿山测量所包含的内容除了普通测量中的控制测量、地形测图、工程测量外,还有许多特定的测量技术与方法,如竖井联系测量、井下导线测量、贯通测量、陀螺仪定向测量、矿体体积测量、日常生产测量等。

（3）海洋测绘。

海洋测绘是以海洋水体和海底为对象而进行的测绘研究工作。海洋测绘与普通陆地上的测绘有很大的区别。海底控制网的建立、海面上的定位、海面形态和海底地形测量、海洋重力测量以及海图编制等都不同于陆地上的同类工作。测绘出的海图同陆地的地图在用途上也不尽相同。海洋测量主要在船上进行，大量数据采用声学或无线电方法获得。

海洋测绘工作主要有海洋大地控制测量、海水深度测量、水下地形测量、航道图测量、海底工程测量、海洋重力测量、海岸地形测量、海洋专题测量、海图编制等。

（4）水利水电测量。

水利水电测量在很多时候又被简称为水利测量。它是指在水利水电工程的规划、勘察、设计、施工、运营管理各阶段中所进行的各项测量工作。具体内容主要有水利工程控制测量、河道测量、水下地形测量、水工建筑测量、电力线路测量、大坝变形监测等。国家编制有专门的《水利水电工程测量规范》(SL 197－2013)，以约束和规定该项测量工作的各项技术要求、标准。

（5）地质勘探测量。

地质勘探测量指为地质调查、矿产普查、地质详查、地质勘查钻探等地质、物化探找矿工作所进行的各项测量工作。国家制定有《地质矿产勘查测量规范》，以约束和规定该项测量工作的各项技术要求、标准。地质勘探测量的工作过程与技术方法和普通工程测量类似，但在测量对象、工作内容、工作要求方面有其专门的行业特点。具体工作内容主要有：建立工程控制网进行控制测量，测量工程地形图（如有必要），对规划设计好的地质勘探网、线、点进行实地施工放样，竣工检查验收测量等。现在，地质勘探部门大量应用摄影测量与遥感方面的一些新技术方法进行有关工作，例如航空物探测量等。

3. 根据测量仪器、工具的不同来划分

在人类历史发展的漫长岁月中，测量仪器也经过了数千年的艰难发展。从古代比较简单的测量工具，到今天的许多高新测量技术仪器、设备，可以做如下分类。

（1）距离测量。

距离测量是测绘行业出现得最早的测量方法。人类最初进行土地测量时，首要便是进行长度丈量。自古以来，人们用各种各样的工具和方法进行距离测量，例如绳尺（司马迁的"左准绳"）、步弓、指南车、日影观测等。光学仪器问世之后，出现了**视距测量**。三角网控制测量中，人们用精密**钢尺量距**的方法对起始基线边进行精确的距离测量，以此推算测量控制点的坐标。**光电测距**仪器发明后，使得距离测量变得又准又快。

（2）三角测量。

这是利用经纬仪测量三角网中三角形内角的测量工作。利用起始控制点，根据角度测量中产生的大量多余观测对三角网进行平差计算，从而求出三角点的平面坐标。这也是 20 世纪中叶进行大地测量的主要方法。我国建立有一等三角锁、二等三角网、三等三角网、四等三角网共四个精度等级的三角形网平面控制基础。除此之外，地方局部控制测量还可以建立更低等级的三角控制网（5 s，10 s 等）。国家标准GB 50026—2007《工程测量规范》（已作废）将三角网、三边网、边角网测量，合并统称为**三角形网测量**。另外，三角测量除了测量水平角外，还有以测量垂直角和距离为基础的**三角高程测量**。

（3）水准测量。

水准测量是指利用水准仪进行的各项水准测量工作。它能准确测量出两点间高差，进而根据起始点高程推算出其他各点的高程。我国统一设计部署一、二、三、四等水准网，并组织野外测量和内业计算工作。地方测绘部门可以在上述工作基础上进行较低等级的水准测量，通常称作**等外水准测量**。水准仪于18 世纪 30 年代以后诞生。

（4）全站仪测量。

全站仪的发明与使用是最近二三十年的事情。它包含了光学经纬仪测角、光电测距仪测距的双重功能。传统的导线控制测量需要分别进行测角、量边这两项工作，即用光学经纬仪来测量水平角和垂直角（三角高程），用钢尺或测距仪测量边长，全站仪则可同时进行导线控制测量的所有观测工作。另外，全站仪还可以用于地形测图、施工放样、竣工测量等日常测绘工作。

（5）GNSS测量。

GPS进入我国的测绘行业并广泛应用是在20世纪90年代之后。GPS测量的实质是将卫星作为已知控制点进行空间后方交会测量。随着卫星导航系统建设的逐步完善和地面接收机性能的不断提高，GPS测量的应用在近20年内得到迅猛发展。我国在20世纪90年代后期已建成A级、B级国家GPS大地控制网。目前在运行中的全球导航卫星系统GNSS主要有美国GPS系统、俄罗斯格洛纳斯系统（GLONASS）、欧洲伽利略系统（Galileo）、中国北斗卫星导航系统等，其中高精度大地控制测量主要使用GPS系统。

（6）摄影测量。

根据前面介绍，摄影测量是先利用各种摄影机、照相机进行摄影拍照，再利用一些内业量测仪器量测处理，然后利用计算机相关软件进行大量数据的平差解算，最后得出各种摄影测量的成果产品。现代全数字化摄影测量已经可以将内业量测与数据解算、形成各种数字化产品等工作全部集中于计算机一体完成，这也造就了当今无人机测量的欣欣向荣局面。

（7）陀螺经纬仪测量。

陀螺仪是用来指示方向的仪器。它是根据陀螺的定轴性与进动性研制出来的。自20世纪初开始，陀螺仪逐步应用于航海、航空、航天、军事（导弹、潜艇等）、民用各领域。陀螺经纬仪是综合陀螺仪的定向功能与经纬仪的测角功能而得到的组合仪器。陀螺经纬仪主要用于矿山井下定向测量、工程隧道贯通测量、森林资源控制定向等。当前，高精度、高自动化的陀螺全站仪正在相关测绘工作中大显身手。

（8）重力测量。

重力测量是物理大地测量学的主要内容。通过重力测量可以推求出大地水准面相对于地球椭球体的距离、椭球体的扁率（地球形状），从而确定地球的大小（长半轴）。重力测量有绝对重力测量和相对重力测量之分，我国1985国家重力基本网中的6个基准点就是用绝对重力仪施测，而其他基本点和引点（共51个）则是用相对重力仪施测。除此之外，重力测量还应用于其他行业，例如，在地质物探找矿中，可以根据相对重力测量方法测量计算出的重力异常去推测地下金属矿藏的分布情况。

4. 根据测绘成果的种类来划分

GB/T 24356—2009《测绘成果质量检查与验收》将测绘成果的种类分为10个大类，共42种，如表1-1所示。

表1-1　测绘成果种类统计表

序号	基本类型	成果种类	总数
1	大地测量	GPS测量，三角测量，导线测量，水准测量，光电测距，天文测量，重力测量，大地测量计算	8
2	航空摄影	航空摄影，航空摄影扫描数据，卫星遥感影像	3
3	摄影测量与遥感	像片控制测量，像片调绘，空中三角测量，中小比例尺地形图，大比例尺地形图	5
4	工程测量	平面控制测量，高程控制测量（三角高程、GPS拟合高程），大比例尺地形图，线路测量，管线测量，变形测量，施工测量，竣工测量，水下地形测量	9

续表

序号	基本类型	成果种类	总数
5	地籍测绘	地籍控制测量,地籍细部测量,地籍图,宗地图	4
6	不动产测绘	房产平面控制测量,房产要素测量,房产图(分幅图、分丘图),房产面积测算,房产簿册	5
7	行政区域界线测绘	行政区域界线测绘	1
8	地理信息系统	地理信息系统	1
9	地图编制	普通地图的编绘原图、印刷原图,专题地图的编绘原图、印刷原图,地图集,印刷成品,导航电子地图	5
10	海洋测绘	海洋测绘	1

任务 2 了解测绘的发展历程

一、世界测绘发展简史

远在前 4000 多年,古埃及由于尼罗河泛滥后,需要重新划分土地的边界而进行土地丈量,从而产生了最早的测量技术。之后,伴随人类科学文明的漫长发展,测绘科学技术也不断得到发展与完善。我们可以将世界史上发生的一些主要测绘事件与进程统计列举如下:

① 前 4000 多年:尼罗河的定期泛滥促进了古代土地测量技术的产生与发展。

② 前 3000 年前后:古埃及人通过天文观测,确定一年为 365 天,并以此作为古王国的通用历法。

③ 前 6 世纪:古希腊学者毕达哥拉斯(Pythagoras)提出地球是球形的。

④ 前 4 世纪:古希腊科学家亚里士多德(Aristotle)在《天论》中进一步论证,支持"地圆说"。

⑤ 前 3 世纪:古希腊(亚历山大)地理学家埃拉托斯特尼(Eratosthenes)用观测日影的几何学方法首次测算出地球子午圈的周长和地球的半径,论证了"地球是圆的"。

⑥ 2 世纪:世界地图之父——希腊人托勒密阐述编制地图的方法,提出将地球曲面表示为平面的地图投影问题,绘制"托勒密地图"(见图 1-1 及彩图 1-1。注:所有彩图均集中附在文后)。

⑦ 17 世纪:荷兰人汉斯发明望远镜(1609 年 8 月 21 日,世界第一架望远镜展出),斯涅耳(W. Snell)创造三角测量方法。

⑧ 18 世纪:1730 年英国西森(Sisson)制成第一台经纬仪,接着小平板仪、大平板仪、水准仪相继诞生。法国人都明·特里尔提出用等高线表示地貌。1750 年前后,高精度的标准航海时钟问世,为人们进行地球经纬度测量创造了有利条件。

⑨ 19 世纪:19 世纪之初法国人勒让德和德国人高斯分别提出最小二乘法,高斯提出横圆柱正形投影理论。1875 年建立国际米制公约,1 m 被定义为通过巴黎的地球子午线长度的四千万分之一,至此国际上便有了统一的长度单位。1899 年摄影测量理论研究取得进展。

图 1-1 托勒密地图

⑩ 20 世纪:1903 年莱特兄弟第一架飞机试飞成功。第一次世界大战期间应用摄影测量方法测绘地形图。之后的一百多年以来,测绘科学同其他学科一样,进入飞速发展的黄金时代。

二、中国测绘发展简史

中国是世界四大文明古国之一,在测绘科学上的发展也有着非常悠久的历史。而且,与中世纪欧洲上千年的科学发展几乎处于停滞不前的状态相比,中国的天文、地理、数学等科学一直在不断稳步地发展。同样,我们可以将在中国历史上发生的一些主要测绘事件选择统计如下:

① 前 21 世纪:夏禹治水时便开始使用简单的测量工具,所谓"左准绳、右规矩"(司马迁《史记·夏本纪》)。

② 前 7 世纪:春秋时期的管仲在其所著《管子·地图篇》中收集了我国早期地图 27 幅,并阐述了地图的作用:"凡主兵者,必先审知地图……"

③ 前 5 世纪—前 3 世纪:战国时代利用"慈石"制成世界最早的指南工具"司南"。

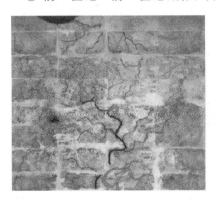

图 1-2　西汉地形图

④ 前 168 年:按方位和比例尺精确绘制的汉代长沙国帛绘地形图于 1973 年在长沙马王堆出土(见图 1-2 及彩图 1-2)。这是迄今为止世界公认的最早的地形图。同时出土的还有《驻军图》《城邑图》。

中国最古老的天文算法著作《周髀算经》发表于前 1 世纪,书中详细阐述了利用直角三角形的性质(勾股定理,又称商高定理)测量和计算高度、距离等方法。

⑤ 268—271 年:魏晋时期,中国地图之父——裴秀确立制图六体理论,编绘《禹贡地域图》18 篇。这是世界上最早的历史图集。

⑥ 8 世纪:唐朝天文学家张遂组织领导了我国古代第一次天文大地测量。这次测量北达现今蒙古首都乌兰巴托,南至当今中国湖南省常德市。其中南宫说等人在今河南境内获得的观测成果最为准确,实测出三百公里的子午弧长,推算出纬度差为 1°的子午弧长。这是世界上第一次实地测量子午线长度,求出同一时刻日影差一寸和北极高差一度在地球上的相差距离(大约 200 里,1 里＝0.5 km)。

⑦ 11 世纪:宋代科学家沈括用水平尺、罗盘进行地形测量,前后耗费十余年编绘制成《天下州县图》。他的《梦溪笔谈》中记载有磁偏角现象。这是世界上关于磁偏角的最早记载。

⑧ 14 世纪:科学巨匠元代郭守敬用自制的仪器观测天文,发现黄道平面与赤道平面的交角为 23°33′05″,而且每年都在变化,按现在的理论推算,当时这个角度是 23°31′58″,可见郭守敬当时的观测精度是相当高的。郭守敬还发明一些精确的内角和检验公式以及球面三角计算公式,给大地测量提供了可靠的数学基础。

⑨ 15 世纪:早于欧洲半个多世纪进行远洋航行的明代航海家郑和先生,于 1405—1433 年间,率领他的庞大船队七下西洋,其航海团队绘制的《郑和航海图》是展现我国古代测绘技术的又一杰作。图中标明航道远近、水深、航向牵星高(过洋牵星图)、礁石浅滩、往返多条针路(航线)、外国地名 300 多处等信息内容,为中国在世界地图学史、世界地理学史、世界航海史上占据重要历史地位做出伟大贡献。

⑩ 17—20 世纪:清康熙年间在全国范围进行大规模的大地测量与地形测图,按经纬网梯形投影法编制成大型《皇舆全览图》。木刻版有总图 1 幅,分省图和地区图共 28 幅。铜版图以纬差 8°为 1 排,分 8 排,共 41 幅。《皇舆全览图》的测绘工作前后历时 13 年(1708—1721 年),是世界地理学史上的重大事件。此后的 200 多年,中国经济、政治、科学不断衰弱,测绘科学技术处于非常落后状态。

三、近、现代测绘的发展

欧洲科学发展在经历了中世纪 1000 多年的沉寂之后,突然迈进了一个激动人心的时代。自 17 世纪初欧洲资产阶级革命兴起开始,历经工业革命到 19 世纪末,伴随着近 300 年欧洲科学的快速发展,测绘科技的发展到处莺歌燕舞。这时期的主要成就体现在其理论研究不断深入和光学仪器的生产水平不断提高。回顾最近 100 多年的测绘科学发展历程,于 1903 年诞生的飞机使摄影测量方法测绘地形图在第一次世界大战中得到实际应用,进而至 20 世纪 40 年代计算机问世之后,测绘理论的发展与测绘仪器的更新在全世界范围内呈现绚丽多姿的景象。从 20 世纪 50 年代开始,在短短的 70 年时间,便有光电测距、电子经纬仪、陀螺定向仪、GPS 测量、数字化摄影测量、全站仪、激光遥感、测绘机器人、GIS 等大量测绘仪器和技术相继问世。测量平差理论也因为概率数理统计、线性代数、工程数学的应用而发展得更加成熟。GPS 与激光遥感摄影测量技术的不断提高,给测绘领域带来了一场深刻的技术革命。

今天,我们正迈向一个全球数字化、信息化时代,测绘高科技已经同当代的世界高科技密不可分。测绘工作也正逐步趋向于自动化(野外数据采集)、系统化(统一数据处理)、集团化(资料集中管理)、全球化(成果应用共享)。测绘仪器的更新换代令人目不暇接,测绘技术方法的层出不穷更加令人欣喜。从高端的航空航天技术,到地面上各行各业的每一项工作,它们都离不开测绘科技成果的强有力支持。从一座座耸立着高楼大厦的繁华都市,到一个个人烟稀少的偏僻小村落,都洒满了测绘人辛勤劳动的汗水。随着 GPS 导航定位系统的不断改进完善,其应用领域与范围不断扩张,正一步步走进寻常百姓家,深入人们的日常工作与生活。总而言之,当代测绘高科技成果的不断涌现,正在使这个世界变得越来越精彩。

任务 3 明确测绘的科学地位与应用

一、测绘的科学地位

一般认为,测绘学是地理学的分支学科,测绘学理论又非常依赖于数学。古往今来,测绘学却有着它自己相当高的科学地位。人类进行土地测量的测绘史可以追溯到前几千年的远古时代,春秋战国时代出现的《山海经》是我国最早的一部自然地理著作。英国人丹皮尔的《科学史》认为,古埃及人的几何学知识是从土地测量中获得的。尼罗河的泛滥淹没了古埃及人的土地界线,同时也丰富了他们的几何学知识。古埃及人的知识传给了古希腊人,最后又传给了英国人。可以说,测绘学虽然是地理学的一个分支学科,但最早奠定了自然地理学的原始基础。测绘学的发展在理论上依赖于现代数学的发展成果,同时,测绘这门古老科学的发展又为数学及其他现代科学的发展做出重要贡献。

与全站仪测量、GPS 测量、数字化摄影测量等现代测量技术的产生只有短短的几十年时间相比,天文测量的技术方法已发展了两千余年。前 3 世纪,古希腊人就首次测算出地球子午圈的周长和地球的半径,论证了"地球是圆的"。因此我们又可以认为,没有大地天文测量的紧密支持,天文学是不可能顺利发展的。

当代的许多科学研究与应用,都无法离开测绘科学技术的强有力支持与帮助。例如地质学中的地壳运动、地球潮汐及自转变化、地震预测分析、地球物理问题研究等,都要以长期连续不断的大地天文观测与计算结果为基础依据。航天科技、军事科学的开发,更加离不开测绘新科学的理论与技术支持。

二、测绘的应用

最近二十年以来,我国测绘行业的从业人员激增,大中专学校测绘专业的人才培养得到迅猛发展。在建设"数字城市""数字中国""数字地球"的一片大好形势中,测绘行业与测绘工作成果越来越显示出它在其他各行各业中的重要性。

1. 在国民经济建设与人们日常生活中的作用

传统的测量工作通常应用于国家地质找矿、石油勘探、矿山生产、海洋开发、水利工程、交通建设、城镇规划、城市建设等各行各业中。在各种土木工程施工、农林牧副渔生产建设、土地利用总体规划、土地开发整理、土地生态环境保护、精密工程测量等各项具体工作中,测绘都发挥着重大作用。由于现代测绘科技的快速发展,许多现代测绘新技术、新方法、新成果,更加深入广泛地应用于那些传统的和非传统的各行各业中,大大提高这些行业的生产力,为它们的工作决策管理做出重大贡献。

在人们的日常工作与生活中,各种地图、地形图、电子地图已经应用得非常广泛。陀螺仪定向测量、GPS导航大量应用于飞机、轮船,为远航渔船上人们的生产与生活提供导航定位保障。GPS导航已经成为普通汽车的安全定位辅助设备。手机上的GPS电子地图可以让人们去任何一个陌生的地方而不用担心迷失方向。

2. 在社会行政管理中的作用

以前,除了城市规划、国土、房管等几个少数政府职能管理部门以外,测绘行业和测绘工作者较少涉及政府机关的其他行政管理单位。但是今天,越来越多的测绘公司与测绘人员直接为各级政府部门服务,参与各行政机构、管理单位的各项技术工作。在当今的信息社会中,各级政府要对本地区的防震减灾、安全应急等突发事件进行动态管理,要施行政府公共决策管理的科学民主化。这就要求各级政府必须要建设管理好本辖区范围内的地理空间信息平台。在政府所属的各个职能部门、行政管理单位中,也都要建设适合自己部门单位的地理信息管理系统。例如,**公安部门**为了预防和打击犯罪活动,要建立全球定位电子地图指示系统;**城市管理部门**要建立城市管理指示系统,来对城市公共设施、部件进行动态管理维护;**交通运输部门**要建立智能化交通管理系统来全面有效管理交通运输情况;**水利部门**要建立水利资源分布、旱涝灾害管理系统;**气象部门**要有气象预报地理信息系统,进行本地区的气象预报研究分析;**农林管理部门**要建立农林资源管理系统,以此指导本辖区内的农田基本建设和林业规划设计;**民政部门**要绘制本地区的行政区划图,建立行政区划动态管理系统,进行本行政区内的社会民生管理;以及**城市规划部门**的城市规划管理地理信息系统,**自然资源和规划部门**的土地管理地理信息系统,**房管部门**的房屋管理系统,**不动产登记管理部门**的不动产登记管理系统,**矿管部门**的矿产资源分布地图,等等。这些系统的建立都要以本地区的现势地形图、数字地面模型、三维景观图、正射影像地图、专题地形图、成果图等为基础数据。这些基础数据的获取,都是基于大量测绘工作人员的野外测量调查,内业数据处理,电子地图编绘,以及数据系统的研究开发等辛勤工作。

3. 在军事、国防建设中的作用

现代科学技术的发展带动了测绘科技的发展,测绘科技的发展又极大地支持了现代科学技术的发展进步。全球卫星定位系统的建设为测绘工作者打开了一个崭新的科学新天地。我国的许多军事测绘单位承担着大量的军事测绘科研与生产任务。他们测绘出一批又一批的各种比例尺军用地形图,获得了大量军事测绘成果。航空摄影测量、卫星遥感、GPS卫星定位、数字陀螺仪精确制导、数字地面模型、地理空间信息系统等测绘新科技在军事与国防建设中发挥着非常重要的作用。它们帮助研究和制定崭新的战略战术,提高战场上的精确命中率,对战争现场进行实时评估,并协助制定出下一步作战计划方案……

此外,卫星的发射与运行,航天工程的建设与实施,空间技术的建设与发展,这些高科技工程的实现,没有现代测绘技术的服务与支持,更是绝对不可能的。

参 考 文 献

[1]罗时恒.地形测量学[M].北京:冶金工业出版社,1985.

[2]宁津生,陈俊勇,李德仁,等.测绘学概论[M].2版.武汉:武汉大学出版社,2008.

[3]徐兴彬,邱锡寅,黄维章,等.基础测绘学[M].广州:中山大学出版社,2014.

1.请查阅资料,对现代测绘学的内容重新进行学科分类。

2.试分析比较 2 世纪至 17 世纪之间的中外测绘学的成就大小,并指出其原因。

3.请广泛查阅资料,对中国西汉地形图进行详尽描述。

4.为什么说测绘科技能使世界变得越来越精彩?

5.简述测绘学的科学地位与应用价值。

6.归纳测绘工作与技术近年来在我国各行业所发挥的巨大作用和形成的深远影响。

项目 2

掌握测绘工作的基本知识

内容提要

介绍参考椭球体的概念,地心坐标、球面坐标与平面坐标的含义,高斯投影的基本概念,以及高程系统的基本知识;举例说明坐标计算原理。

问题思考

通常说我国的国土面积 960 万平方千米,指的是球面面积还是平面面积? 其中陆地面积和海洋面积大约各占多少?

任务 **1** 认识地球的形状和大小

一、地球的自然表面

地球表面是很不规整的。它上面分布着高山峡谷、丘陵平原、沙漠戈壁、江河湖海等,呈现高低起伏的状态。这个表面称为地球的自然表面。它无法用一个简单的数学公式描述出来。因而,要在这样一个不规则的自然表面上,进行测量成果的整理、计算和绘图,是一件不可能完成的工作。这就要求人们寻找一个与地球形状很接近、又规则的曲面来代替地球的自然表面。

二、大地水准面与大地体

经过长期的测量与研究,人们已经了解到地球上最高处为珠穆朗玛峰,中国于 2005 年测得其海拔高为 8 844.43 m;地球上最低处在太平洋西部的马里亚纳海沟,深为 11 034 m。地球上这样的高低起伏,同地球的平均半径 6 371 km 相比,是非常微不足道的。另外,地球上海洋面积约占整个表面积的 71%,而陆地仅占 29%。因此,可以设想用静止的海水面延伸并穿过陆地表面,形成一个闭合曲面来代替地球的自然表面。

我们知道,地球表面上的任何物体主要受到两种力的作用,一种是地球的万有引力 F,另一种是地球自转的离心力 F_1。这两种力的合力称为**重力** G,重力作用的方向线便是**铅垂线**,简称**垂线**(见图 2-1)。铅垂线是测量学中的一条很重要的基准线。测量经纬仪的对中整平,就是为了在操作仪器的过程中,使仪器中心始终与地面控制点在同一条铅垂线上。很明显,在地球上由静止水面形成的曲面有一个特点,就是过曲面上任何一点所作的铅垂线,均在该点与曲面正交。通常,我们称这个静止水面为**水准面**。根据这一定义,我们随便在某一时刻、某一地点以及该地点的某一高度位置摆上一盆水,这就形成了一个此时、此地、此高度位置的水准面(或叫作这个水准面的一部分)。所以说,地球上水准面的个数是无穷无尽的(水准面随时间、地点与高度位置发生变化)。而我们定义通过平均海水面的水准面为**大地水准面**;大地水准面包围的曲面形体称为**大地体**。

值得注意的是,上述的平均海水面,也并不是指整个地球上的平均海水面,整个地球的平均海水面我们是无从知晓、无从获得的,我们往往只在某一确定的地点测定该点的平均海水面,例如我国把在青岛测定的黄海平均海水面作为我国的大地水准面,并以此作为全国的高程基准面。

地球上静止的水面称为水准面。水准面是受地球表面重力场影响而形成的,是一个处处与重力方向垂直的连续曲面,因此它是一个重力场的等位曲面,即物体沿该曲面运动时,重力不会做功,而水在这个曲面上也不会流动。

然而,既然水准面是重力场的等位曲面,其形态必然受重力场分布的控制。重力场分布既受地球内部物质密度场分布(万有引力)及地球自转(离心力)的影响,还受地球以外因素的影响(主要是月球和太阳的引力作用)。由于受月球和太阳的影响,海洋水准面会发生周期性变化,潮汐便是其显著的体现。这样就使得地面上各点受到的重力的大小与方向均不相同,由此引起各点的铅垂线方向产生不规则的变化,从而使大地水准面成为一个有微小起伏不平的不规则曲面(见图 2-1)。也就是说,大地水准面虽具有实质性的物理意义,是一个物理曲面,却不是一个数学曲面,无法用一个明确的数学公式来表达。以此推之,由大地水准面包围的大地体也是一个极不规则的曲面形体。

三、参考椭球体

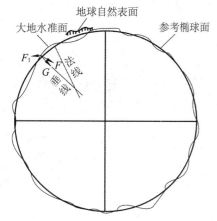

图 2-1 三个面的相互关系

大地水准面是如此的一个不规则曲面,以至于我们不可能用一个简单的数学公式来表达,更加不可能在这个曲面上建立一个统一的坐标系来确定地面点的位置。但是,我们可以选用一个与大地水准面相接近的规则几何形体来代替它。这个规则的几何形体就是一个绕椭圆短轴旋转而成的地球**椭圆体**(又称**椭球体**)。椭球体的表面称为椭球面。椭球面上任一点与椭圆体面垂直的线叫作**法线**(见图 2-1)。

地球椭圆体的精确形状和大小,只有在整个地球上进行统一的天文大地测量和重力测量之后才能决定。各个国家为了对本国范围内的测量成果进行处理,往往根据局部地区所进行的天文大地测量和重力测量资料(近代又加上卫星大地测量资料),来确定适合本国领土范围内的椭圆体形状和大小,一般称这样的椭圆体为**参考椭圆体**,或叫**参考椭球体**。

如图 2-2 所示,可以用一个简单的数学公式来表达参考椭圆体:

$$\frac{x^2}{a^2} + \frac{y^2}{a^2} + \frac{z^2}{b^2} = 1$$

式中,a、b 分别为参考椭圆体的**长半轴**、**短半轴**。定义参考椭圆体的**扁率** $\alpha = (a-b)/a$。a、b、α 均称为参考椭圆体的元素(参数)。

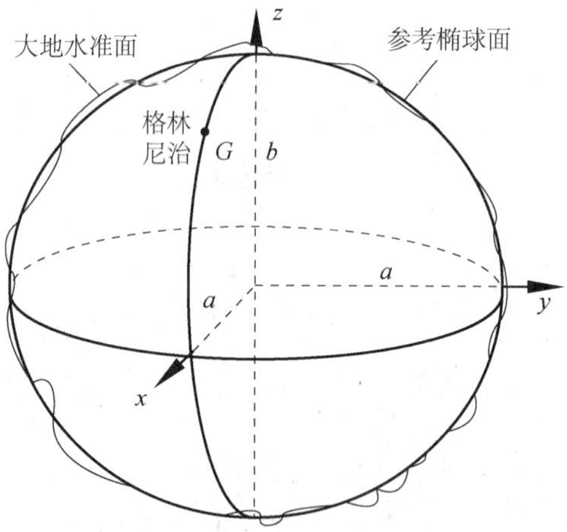

表 2-1 为国际主要参考椭圆体参数表。显然,知道 a、b、α 三个元素中的任意两个都可以确定椭球体的形状与大小,其中 a、b 体现椭球体的大小,α 体现椭球体的扁平程度,α 越大,椭球越扁平,$\alpha=0$($a=b$)时椭球成为圆球,$b=0$($\alpha=1$)时椭球成为平面。而在大地测量中也可用偏心率 e 来反映椭球的扁平程度,偏心率越大,椭球越扁平。公式表达如下:

第一偏心率 $e = \dfrac{\sqrt{a^2-b^2}}{a}$,第二偏心率 $e' = \dfrac{\sqrt{a^2-b^2}}{b}$。

图 2-2 参考椭圆体的几何模型

表 2-1 国际主要参考椭圆体参数表

椭球名称	年代和国家或机构	长半轴 a/m	短半轴 b/m	扁率 α
德兰布尔(Delambre)	1800 年法国	6 375 653	6 356 564	1:334
白塞尔(Bessel)	1841 年德国	6 377 397	6 356 079	1:299.152
克拉克(Clarke)	1880 年英国	6 378 249	6 356 514	1:293.459
海福特(Hayford)	1910 年美国	6 378 388	6 356 912	1:297.0
克拉索夫斯基(1954 年北京坐标系)	1940 年苏联	6 378 245	6 356 863	1:298.3
IAG75 (1980 年西安坐标系)	1975 年国际大地测量与地球物理联合会	6 378 140	6 356 755	1:298.257
IAG80 (WGS-84 坐标系)(2000 年国家大地坐标系)	1980 年国际大地测量与地球物理联合会	6 378 137	6 356 752	1:298.257

由表 2-1 可知,椭圆体的扁率很小。在许多工程测量中,当要求不高时,可将地球作为圆球看待,取其三个半轴的平均值作为圆球半径,即 $R=\frac{1}{3}(a+a+b)=\frac{1}{3}(6\ 378\ 140\ \text{m}+6\ 378\ 140\ \text{m}+6\ 356\ 755\ \text{m})=6\ 371\ 012\ \text{m}\approx 6\ 371\ 000\ \text{m}$。

在进行一些简单测量计算时,甚至可以将地球半径看成是 6 400 km。

任务 2 对地面点的坐标系统进行分类统计

一、坐标系统的分类及我国坐标系统的分类汇总

确定了地球的大致形状与大小,或者参考椭球体的元素之后,就可以在其上面建立各种各样的统一坐标系,有了统一的坐标系,便可以确定地面点的坐标位置。

地球上的地面点位置,一般用建立在地球表面或地球内部的坐标系来表示,这样的坐标系称为**地球坐标系**。地球坐标系固定在地球上,与地球一起自转和公转,坐标轴系与地球上的质点处于相对静止状态。

与地球坐标系相对应的是**天球坐标系**。它是以地球为中心向四面八方无限扩展的。我们把宇宙看作天球,天球北端称为北天极,天球南端称为南天极。天球中的赤道是把地球赤道无限延伸得到的平面。天球坐标系不和地球一起自转,但和地球一起公转。天球坐标系在天文大地测量中应用,分为**天球空间直角坐标系**和**天球球面坐标系**[①],它们主要用来描述地球和卫星的运行状况。

下面我们主要对地球坐标系进行讨论介绍与归纳分类。

根据地面点坐标的表现形式不同,我们可以把地球上的各种坐标系划分为**球心坐标系**、**球面坐标系**和**平面坐标系**三种。

1. 球心坐标系

球心坐标系就是将坐标原点设置在地球的中心(参心或质心),按一定方式建立三条互相垂直的坐标轴 X、Y、Z,以此来确定地面点的位置。可见,球心坐标可以准确标定出地球体内部或外部任何一点的空间唯一位置(无须再引入高程的概念)。即球心坐标中已经包含高程的大小。球心坐标根据原点位置不同分为**参心坐标**与**质心坐标**。"参心"指参考椭球体的中心,"质心"是地球的质量中心,质心坐标亦即**地心坐标**。

2. 球面坐标系

球面坐标系用球面上的**经度**和**纬度**来表示地面点的具体位置,也就是地面空间点按某种方式投影到球面上,得到的投影点的经纬度。显然它不包含上面所说的"高程"含义。根据空间点投影到球面上的方式不同,**球面坐标**分**大地坐标**与**地理坐标**,前者以参考椭圆体为原型,用大地经度、大地纬度表示,后者用天文仪器实测得到,称为地理经纬度,二者一般会有微小差别。球面坐标的应用很广,例如,在地球仪上可以很方便地用大地球面坐标(经纬度)来确定地球上各个国家、地区之间的相互位置关系。用地理经纬

[①]有关天球坐标系的详细介绍和使用,请读者参阅相关天文测量方面的书籍,如本项目参考文献[5]《普通天文学》便有较为详细准确的介绍。

度来测量和标定远洋船舶的航行位置,是航海运输业数百年来一贯的方法。人类发明飞机之后的航空运输业,也需要在天空实时地测量飞机的地理位置,来对飞机进行导航。

3. 平面坐标系

平面坐标系是按一定投影方式,将地球局部范围**投影变换**成一个整块平面,建立相应平面坐标系,以此来确定该平面内的各点坐标位置。显然,如果要确定一个小区域范围内的各点坐标相对位置,用平面坐标系进行描述会显得比较直观明确。平面坐标系是球面坐标系的引申。

实际上,并不能将上述三种坐标系孤立地分开,它们是相互联系和相互转化的。例如球心坐标系又有球心空间直角坐标系和球心大地坐标系之分,而大地坐标系又属于球面坐标系,球面坐标系也可转化为平面坐标系。图 2-3 所示为我国各种坐标系的分类组成示意图。

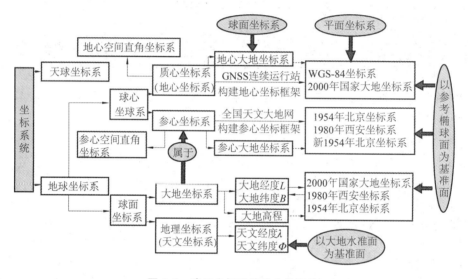

图 2-3 我国坐标系统的分类汇总

二、地面点的球心坐标

根据所选取的坐标原点位置的不同,球心坐标系可分为**参心坐标系**和**质心坐标系**,而这两种坐标系又各包含有**空间直角坐标系**和**大地(球面)坐标系**两种形式。其中前者与数学上的空间直角坐标系含义相同,后者则与通常意义上的大地坐标系含义类似,只不过球心坐标系中的**参心纬度**或**地心纬度**是地面点与各自坐标系原点的连线与赤道平面的夹角,而**大地纬度**则是地面点的法线与赤道平面的夹角。

1. 参心坐标系

参心坐标系的建立是以参考椭球体的中心 O 为原点,以椭球体的旋转轴为 z 轴,x 轴指向初始子午线和赤道的交点,y 轴与 z 轴、x 轴垂直并构成右手坐标系,如图 2-2 所示。

参心坐标系有两种表现形式:**参心空间直角坐标系**和**参心大地坐标系**。使用不同的椭球元素便形成不同的参心坐标系,我国的 1954 年北京坐标系、1980 年西安坐标系、新 1954 年北京坐标系以及高斯-克吕格平面直角坐标系,均是由参心大地坐标系转化而来。我国的天文大地控制网构建成我国的参心坐标框架。

2. 质心坐标系

质心坐标系又称**地心坐标系**,是以地球的质心(包括海洋、大气的整个地球质量的中心)为原点,也以参考椭球面为基准面的坐标系,椭球中心与地球质心重合,且椭球定位与全球大地水准面最为密合。地心坐标系也有两种表现形式:**地心大地坐标系**与**地心空间直角坐标系**。

目前所用的WGS-84(World Geodetic System 1984)坐标系和2000年国家大地坐标系均属于地心坐标系。我国的GNSS连续运行站构建成我国的地心坐标框架。

三、地面点的球面坐标

地面点的球面坐标分为两种,一种为**大地坐标**,另一种为**地理坐标**(或**天文坐标**)。其中,大地坐标是建立在地球**参考椭球体**基准面上的,而地理坐标(天文坐标)是以**大地水准面**(铅垂线)为依据的。

1. 大地坐标系

大地控制测量所获得的坐标均是大地坐标。中华人民共和国成立后采用的大地坐标系有1954年北京坐标系、1980年西安坐标系和2000年国家大地坐标系。其中1954年北京坐标系是采用苏联克拉索夫斯基参考椭球体元素,由于其不符合我国国情,我国于1978年开始建立1980年西安坐标系,西安坐标系采用1975年国际大地测量与地球物理联合会(IUGG)推荐的地球椭球,大地原点设在陕西省泾阳县永乐镇。而2000年国家大地坐标系实质上是球心坐标系,其原点为包括海洋和大气的整个地球的质量中心,是全球地心坐标系在我国的具体体现。自2008年7月1日起,我国开始全面启用2000年国家大地坐标系。

参考椭球体是大地坐标系的基础。如图2-4所示,椭球体的短轴为地球的自转轴,称**地轴**。地轴与椭球体面相交,获得两个**极点**,北面的极点称为**北极** N,南面为**南极** S。短轴的中点 O 称为**地心**或**球心**。

通过地轴的平面称为**子午面**。子午面与椭球体面的交线称为**子午线**(子午圈)或**经线**,而所有的子午圈都是长、短半径相同的椭圆。国际上公认通过英国格林尼治天文台某点(图中 G 点)的子午面为**起始子午面**,子午线 $NGDS$ 相应地称为**起始子午线**,又叫**本初子午线**。起始子午面将地球分为东、西两个半球。起始子午面天文台以东称为东半球,以西称为西半球。

垂直于地轴的平面与椭球体面的交线称为**纬圈**或**纬线**。所有的纬圈都互相平行,也称作平行圈。它们都是半径不相同的圆圈,其中最大的一条圆圈 $WDCEW$ 就是**赤道**。赤道的半径便是这个参考椭圆体的长半径 a,**赤道平面**也将地球分成两个半球,在北面的称北半球,在南面的称南半球。

起始子午面和赤道平面即是组成大地坐标系统的两个基准平面。

如图2-4所示,过地面上任一点 P 的子午面与起始子午面所夹的两面角 L_P,叫作 P 点的**大地经度**。大地经度以起始子午面为0°起算,向东量算称东经,向西量算称西经,数值范围均为0°～180°。东经180°与西经180°相会于同一条"半子午线",而且正好位于起始子午面上。椭球体面上任一"半子午线"上各点的经度均相同。我国领土均位于东半球,其经度范围为东经73°～135°。

过地面点 P 的法线(在该点与椭圆体面垂直的线)与赤道平面的交角,叫作 P 点的**大地纬度**,以 B_P 表示。大地纬度是以赤道为0°起算,向北量测称北纬,向南量测称南纬,数值范围均为0°～90°。椭球体同一纬线上各点的纬度相同。我国疆域的纬度在北纬3°～53°之间。

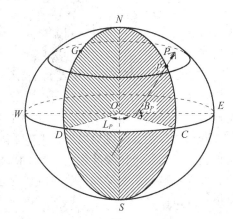

图 2-4 球面坐标系中的大地坐标 L、B

由此可见,地球上一点 P 的大地坐标(大地经度 L_P、大地纬度 B_P),是由参考椭球体(参数 a、b、e)、起始子午面、P 点子午线、赤道平面、P 点法线这些因素确定的。这种以参考椭球体、子午线、法线为依据确

定的大地经度 L 和大地纬度 B ,测量上统称为地面点的大地坐标。

2. 地理坐标系

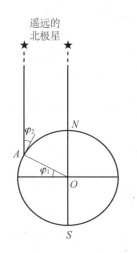

图 2-5 地理纬度的简易测定

实质上,上述大地坐标 L、B 也只是人们设计出来的,因为某点在参考椭球体面上的子午线位置和法线方向通常是无法直接测定的。实际测量工作中,在地面点安置测量仪器,用天文测量方法测定该点的**天文经度** λ 与**天文纬度** φ。而安置仪器是以仪器的竖轴与铅垂线相重合,即以大地水准面(与该点的铅垂线正交)为基础的。这样,在处理天文测量数据时,便以大地水准面和铅垂线为依据,由此建立的坐标系统,称为**天文坐标系**或**地理坐标系**。图 2-5 是测量**地理纬度**的简单原理图,图中 $\varphi_1 = \varphi_2$ 即为 A 点处的地理纬度。而**地理经度**则可用测量时差等方法来确定。

由于地球物质分布不均匀,各地的铅垂线和法线方向不一致,所以地面各点的天文坐标 $(\lambda、\varphi)$ 和大地坐标 $(L、B)$ 存在微小的差异。通常称铅垂线偏离法线的角度为**垂线偏差**。在用传统大地测量技术建立国家精密平面控制网(又称天文大地网)时,就是先利用大量的野外测量数据,计算出各大地点相对于参考椭球体的垂线偏差(偏差分量 $\xi、\eta$),进而将这些以铅垂线为依据的测量数据成果归算到参考椭球体面上,最后计算出参考椭球体面上的大地坐标 $L、B$,以供后续的地图、地形图制作。

在一般的测量工作中,则无须考虑上述垂线偏差的影响。

四、地面点的平面坐标

上面所说的无论是大地坐标还是地理坐标,它们表示的都是地面点的球面坐标。球面坐标只有表达在球面体(地球仪)上才会比较清晰直观,但在国家的科研、军事、行政管理中,在城乡规划设计、工程建设施工等各项工作中,仅仅靠标注有经纬度的球面地图是远远不够的。这样,人们就越来越需要具有一定精度、较好准确性、适用于各种用途的平面地图、地形图。也就是说,需要建立一定的测量平面坐标系,来确定一定区域范围内的各点平面坐标位置。

如何在地球这样庞大的椭球面上建立恰当的平面坐标系,来绘制出适应各种目的与用途的平面地图、地形图,是一项非常复杂和烦琐的工作,也经历了非常艰难曲折的道路。自 2 世纪"世界地图之父"希腊的托勒密阐述编制地图的方法,提出将地球曲面表示为平面,绘制"托勒密地图"之后,历经一千多年,直到 1569 年才由荷兰科学家墨卡托创建出比较成熟的地图投影法,从而取代托勒密传统的制图观念并流传至今。之后的三百多年时间内更是有各种地图投影方法如雨后春笋般涌现出来,如兰勃特投影、高斯投影、高斯-克吕格投影等,至今仍流行世界。

【补充说明】 上述地面点的坐标系统均是指在全球范围,或是在某一较大区域范围而言。定点的目的也是为了绘制出比较准确的世界平面地图、国家地图,以及较大范围的区域地图和各种专门地图、地形图。如果只是为了在局部小范围内测绘地形图进行工程规划与设计,则可以在当地建立独立的平面坐标系来达到目的。

任务 3 掌握高斯投影及其平面直角坐标系

一、正形投影概念

地图投影是指建立地球表面(或其他星球表面)上的点与投影平面(即地图平面)上的点之间的对应关系。也就是利用一定的数学法则,将地球表面上的任意点投影转换到地图平面上的理论和方法。亦即确立球面与平面之间的各种数学转换公式。在地球的**参考椭球面**这个曲面上建立平面坐标系,就是要研究如何将椭球面上的点位转换到平面上来。地图投影的方法多种多样,最简单的一种是**几何透视法**。该方法设想用一个投影面和地球的参考椭球面相切,然后从球体中心用一个点光源将椭球面上的一切图形**映射**到投影面上,从而实现由椭球面到平面的变换。

图 2-6 所示的圆锥面、圆柱面、平面是常见的三种投影面。其中的圆柱投影和平面投影是圆锥投影的两个特例。即当圆锥的顶点被拉到无穷远处时,圆锥投影就变化成圆柱投影;当圆锥投影的锥面慢慢展开,其顶角不断增大为 180°时,圆锥投影就化为平面投影(又称为方位投影)。

(a) 圆锥投影　　　　　　　　(b) 圆柱投影　　　　　　　　(c) 平面投影

图 2-6　几何透视法投影示意图

椭球面是一个曲面,在几何上称为不可展面。要将曲面强性展开成平面,就如同从一个橘子上剥下一块皮,硬要将它压平,想使它没有皱纹、没有裂缝,这实际上是不可能的。这种现象称为**投影变形**。投影变形有**长度变形**、**角度变形**和**面积变形**三种。对于这些变形,任何投影方法都无法使它们全部消除,而只能使其中一种变形为零,将其余变形控制在一定范围以内。控制这些变形的投影方法相应地有**等长投影**、**等角投影**和**等面积投影**。在测量学中,保持角度不变尤其重要,这样可以使图形在一定范围内投影后,图形仍具有相似性。这种保持角度不变的投影又称为**正形投影**。表 2-2 是常用的几种正形投影的应用情况。

表 2-2　几种常用正形投影情况统计表

投影名称	创建年代	创建者简介	投影实质、特点	主要应用情况
墨卡托投影(正轴等角圆柱投影)	1569 年	墨卡托,荷兰数学家、天文学家、地图制图学家。研绘成地球仪、航海地图"世界平面图"。终结了托勒密时代的传统观念	圆柱与纬线相切或相割,分片投影之后再整体拼接。投影后没有角度变形,经、纬线均为平行直线,且相交成直角,保持方向和角度正确。方便轮船与飞机用直线(即等角航线)导航。缺点是纬度高处面积变形较大	航海图、航空图,百度地图,Google 地图,我国海军部门 1:50 000、1:250 000、1:1 000 000 海图和海底地形图,1980 年西安坐标系

投影名称	创建年代	创建者简介	投影实质、特点	主要应用情况
兰勃特投影 (等角圆锥投影)	1772 年	兰伯特,德国数学家、天文学家	圆锥与纬线相切或相割,投影后无角度变形,纬线为同心圆圆弧,经线为同心圆半径(直线)。经线长度比和纬线长度比相等。适于制作沿纬线分布的中纬度地区中小比例尺地图	1949 年前《中华民国全图》。 我国 1:1 000 000 全国地图、1:2 500 000 中国全图,以及中国分省地图
高斯-克吕格投影 (等角横切椭圆柱投影)	1820 年	高斯,德国数学家、天文学家、大地测量学家	横椭圆柱与投影带的中央子午线(经线)相切,分带投影(有 6°和 3°之分),无角度变形。中央经线(轴子午线)投影为直线且长度不变。赤道投影后亦为直线,其余纬线为曲线。经线和纬线仍保持正交。缺点是离中央子午线越远,长度变形越大	我国 1:5 000、1:10 000、1:25 000、1:50 000、1:100 000、1:250 000、1:500 000 基本比例尺地形图。其中 1:5 000、1:10 000 地形图采用 3°带;1:250 000 至 1:500 000 地形图采用 6°带
	1912 年	克吕格,德国大地测量学家		
UTM 投影 (通用横墨卡托投影,等角横轴割圆柱投影)	1945 年	美国为全球军事目的创建	椭圆柱割地球于南纬80°、北纬84°两条等高圈。与高斯-克吕格投影相类似,也是分带投影(共分 60 带),投影角度没有变形	美国世界军用地图、卫星影像图、Arcinfo 软件(GIS)

二、高斯投影及其平面直角坐标

在我国现今八种基本比例尺(1:1 000 000、1:500 000、1:250 000、1:100 000、1:50 000、1:25 000、1:10 000、1:5 000)地形图中,除了 1:1 000 000 小比例尺地形图采用兰勃特正轴等角圆锥投影外,其余各种比例尺地形图均采用高斯横切椭圆柱投影。该投影首先由德国数学家高斯提出和建立,后经克吕格导出严密的投影公式加以补充,故又称为高斯-克吕格投影,简称**高斯投影**。

1. 高斯投影的几何概念

如图 2-7 所示,高斯投影的几何概念可以叙述如下。

设想一个空心的横椭圆柱体套在参考椭球面上。横椭圆柱体的椭圆与参考椭球体的椭圆完全一致(两椭圆参数相同)。椭圆柱体刚好与椭球面上某一子午线 NBS 相切(紧密重合),该子午线称为中央子午线,NAS 与 NCS 为边缘子午线并构成一个投影带。A、B、C 为三条子午线与赤道的交点,AB、BC 弧长相等。此时,椭圆柱体的中心轴 OO 位于赤道中心平面内,并与椭球体的旋转轴 NS 相交于椭球体中心 I 点。假定 I 点是一个点光源,光线照射使椭球面上的投影带及其图形投影到椭圆柱体面上,然后将椭圆柱面沿过南、北两极的母线 $L_1 L_2$、$K_1 K_2$ 剪开,展平,得到 NSABC 所在的投影平面(见图 2-8),该投影平面称为高斯投影平面,简称**高斯平面**,以此建立的坐标系称为**高斯平面坐标系**。

2. 高斯投影的特点

根据上述投影概念,高斯投影具有如下特点(参阅图 2-7、图 2-8)。

① 中央子午线投影后为直线,长度不变。其余子午线投影后凹向中央子午线,并关于中央子午线对称,离开中央子午线的距离越远长度变形越大。

② 赤道投影后为直线。其余纬线投影后凸向赤道,并关于赤道对称。

③ 经线与纬线投影后,仍然保持互相正交。

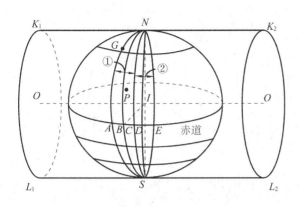 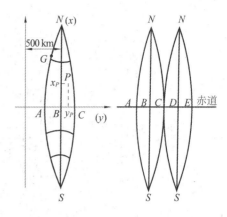

图 2-7 高斯横切椭圆柱投影   图 2-8 高斯投影平面

3. 高斯投影带的划分

根据高斯投影的上述第一个特点,距离中央子午线比较远的地方投影长度变形较大,由此引起的面积变形也较显著。为了使长度和面积的变形满足测量制图的要求,投影带必须限制在中央子午线两侧一定范围内。为此,将整个参考椭球体面自**本初子午线**开始,用子午经线均匀地分成若干等份,每一等份代表一个投影带(见图 2-7,第①带,第②带,…)。投影时就类似放幻灯片一样,自东向西慢慢旋转椭球体,将椭球体上各投影带的中央子午线分别与圆柱面紧密重合,依次将各投影带的图形投影到圆柱体面上并剪开,展平,直到将所有投影带投影完成。

如何划分投影带,国际上通行有两种方法,一种是按经度差 6° 带划分,从本初子午线开始,自西向东每隔 6° 为一投影带,依次用阿拉伯数字 1~60 进行编号,全球共分为 60 个投影带(见图 2-9)。另一种是按经差 3° 带划分,划分时将第 1 号 3° 带的中央子午线与第 1 号 6° 带的中央子午线重合,然后按每隔 3° 为一投影带,全球共分为 120 个投影带。当按 6° 带划分时,根据地球赤道周长,可以简单计算出沿赤道线位置,每个 6° 带的两条边界子午线之间最大弧长约为 667 km,即每个投影带中距离中央子午线最远处不超过 334 km。经投影后此处的线段会产生约 1/700 长度变形。对于大比例尺测绘地形图,以及要求较高精度的工程测量(测距误差要求 1/2000~1/1000)来说,如此大的投影长度变形是不能允许的。因此还要采用 3° 带,甚至 1.5° 带来划分,并以此建立高斯平面直角坐标系。

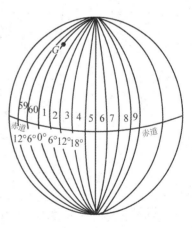

图 2-9 6° 带投影分带

图 2-10 展示了 6° 带与 3° 带的具体划分以及将它们展开之后的相互位置关系。根据图 2-10,东半球内的 6° 带与 3° 带的带号,与其相应的中央子午线的经度有如下关系:

$$\begin{cases} L_6 = 6N - 3 \\ L_3 = 3n \end{cases} \tag{2-1}$$

式中,L_6 为 6° 带的中央子午线经度;N 为 6° 带的带号;L_3 为 3° 带的中央子午线经度;n 为 3° 带的带号。

反之,如果知道某点经度 L,则可求算出该点所在 6° 带带号 N 或 3° 带带号 n,计算公式如下:

$$\begin{cases} N = \text{int}\left(\dfrac{L}{6}\right) + 1 \\ n = \text{int}\left(\dfrac{L}{3} + 0.5\right) \end{cases} \tag{2-2}$$

我国领土范围约为东经 73°40′~135°05′。因此,按高斯投影,我国涉及的 6° 带带号为 13~23,共 11

个投影带,涉及的 3°带带号为 25~45,共 21 个投影带,如图 2-10 所示。

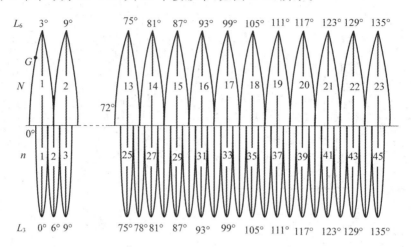

图 2-10　6°带与 3°带的关系及我国投影带范围

4.高斯平面直角坐标系

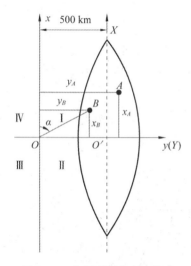

图 2-11　高斯平面直角坐标系

图 2-8 表示参考椭球体面上的经纬线及点 P 投影到椭圆柱面之上展开成高斯平面、建立坐标系之后的情况。图 2-11 所示为高斯平面直角坐标系建立情况。投影展开成高斯平面之后,取中央子午线为坐标纵轴,称为 X 轴;赤道为横轴,称为 Y 轴;两轴垂直相交于 O' 点,称为坐标原点,以此建立 $O'XY$ 平面直角坐标系。该平面直角坐标系便称为高斯-克吕格坐标系,简称**高斯坐标系**。

该坐标系的纵坐标自赤道向北为正,向南为负;横坐标自中央子午线向东为正,向西为负。我国领土位于北半球,纵坐标 X 均为正值,表示投影之后坐标点距横轴(Y 轴,赤道投影)的距离;横坐标 Y 则有正有负,其绝对值表示投影点距纵轴(X 轴,中央子午线投影)的距离。为了使横坐标也为正值,规定在 6°带与 3°带中,每带的坐标纵轴往西平移 500 km(见图 2-11)。平移之后的坐标系为 Oxy 平面坐标系。坐标系的象限按顺时针方向依次定为Ⅰ、Ⅱ、Ⅲ、Ⅳ象限。

由于高斯投影是按分带法各自进行投影的,故每个 6°带或 3°带都有自己的坐标轴和坐标原点。根据图 2-10,我国 6°带投影有 11 条投影带,3°带投影则有 21 条。因此,如果仅仅知道某点在自己投影带内的坐标,仍不能确定该点在全国范围内的具体位置。为了明确表示某已知坐标点的具体位置,亦即该已知坐标点属于哪一投影带,规定在每个坐标点的横坐标值前冠上带号。这种加了 500 km 和带号的坐标系,称为**国家统一坐标系**,其横坐标用 y 表示。因此,投影带内任一点的横坐标的统一坐标值 y(单位:m)表示为

$$y = 带号\ N(或\ n) + 500\,000 + Y \tag{2-3}$$

式中,Y 为以中央子午线投影位置为 X 轴的横坐标值,称为横坐标的自然值。

因此,国家统一坐标系中的 x、y 表示的意义为:x 表示坐标点在高斯平面上到赤道投影线的距离;y 包括投影带的带号、附加值 500 000 m 和实际平面坐标 Y 三个参数。

【例 2-1】 假设图 2-11 中 A、B 两点所在投影带带号为 19(我国范围),其高斯平面坐标分别为 $X_A=3\,211\,567.698$ m,$Y_A=131\,567.699$ m,$X_B=1\,211\,567.731$ m,$Y_B=-231\,567.852$ m。试计算该两点的国家统一坐标值。

［解］ A 点:我国国家统一坐标系与高斯坐标系的纵坐标没有变化(表示坐标点到赤道线的垂直距

离），即 $x_A = X_A = 3\ 211\ 567.698$ m；横坐标计算根据式(2-3)，$y_A = 19$ 带 $+ 500\ 000$ m $+ 131\ 567.699$ m $=$ $19\ 631\ 567.699$ m。同样，对于 B 点有：$x_B = X_B = 1\ 211\ 567.731$ m；$y_B = 19$ 带 $+ 500\ 000$ m $+$ $(-231\ 567.852)$ m $= 19\ 268\ 432.148$ m。

【补充说明】 在我国，高斯投影的 6°带带号为 13～23，3°带带号为 25～45，两种投影带没有出现重复的带号，所以根据某点的统一坐标值就可判断出该点的坐标是属于 6°带还是 3°带（图 2-10）。

【例 2-2】 已知我国某点 M 的统一坐标值为 $x = 1511567.138$ m，$y = 38462455.148$ m。试分析指出该点所位于的高斯投影带带号、点位，中央子午线经度。

[解] 根据式(2-3)，$y =$ 带号 N（或 n）$+ 500\ 000$ m $+ Y = 38\ 462\ 455.148$ m，带号为 38 号带，再根据图 2-10，38 号带属于 3°带投影，中央子午线经度为 114°。$500\ 000$ m $+ Y = 462\ 455.148$ m，可以计算出 $Y = 462\ 455.148$ m $- 500\ 000$ m $= -37\ 544.852$ m。即该点位置位于中央子午线以西，投影后在高斯平面上距中央子午线 37 544.852 m，距赤道距离 1 511 567.138 m。

5. 高斯坐标系与数学坐标系的关系

数学中的直角坐标系是法国数学家笛卡儿在 1619 年创造的，从此也开创了一门新的数学分支学科——坐标几何（即**解析几何**）。如图 2-12 所示，数学坐标系中的横轴是 x 轴，纵轴为 y 轴，这与高斯先生两百年之后（1820 年）建立的测量坐标系情况刚好相反（见图 2-11）。不过，由于各自的方向角均是从 x 轴起算，方向角旋转的方向分别是按逆时针方向和顺时针方向为旋转的正方向，象限也分别是按逆时针和顺时针设置。因此，数学中的解析几何关系与三角函数公式完全可以适用于测量平面坐标系中。

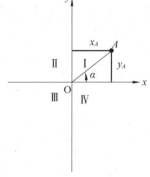

图 2-12 笛卡儿数学坐标系

任务 4 认识我国的高程系统

一、高程系统的一般概念

地面点高程指的是该点到某高程基准面的垂直距离。

上述大地坐标和天文坐标都只确定地面点在参考椭球面或大地水准面上的曲面位置（进行高斯投影之后也只能确定点在高斯投影平面上的位置）。对于点的空间位置，还应确定它沿投影方向到起算面（基准面）的距离。一般来说，取大地水准面为起算面。测量上，把某点沿铅垂线方向到大地水准面的距离称为该点的绝对高程，简称**高程**（或称**海拔**、**标高**）。如图 2-13 所示，H_A 和 H_B 为 A 点、B 点的绝对高程。如果取任意水准面为起算面，则把某点沿铅垂线方向到此任意水准面的距离称为该点的相对高程或假定高程，如图 2-13 中的 H_A' 和 H_B'。地面上两点的高程之差称为**高差**，用 h 表示。图 2-13 中 A 点、B 点之间的高差 $h_{AB} = H_B - H_A = H_B' - H_A'$。

前已述及，测量上是把平均海水面作为大地水准面的。由于地球上各大海洋的水体受潮汐、气压、风力、温度、密度差等影响产生巨大洋流，使得不同地点的平均海水面（大地水准面）的高度并不相同。在我国，1949 年前有吴淞口系统、珠江口系统、黄河口系统等，它们所在地的平均海水面的高度都是不相同的。1949 年后，我国采用的统一高程系统是黄海高程系统。所谓**黄海高程系统**，是把青岛验潮站（1900

年开始验潮)长期观测结果所求得的黄海平均海水面作为起算面(也称水准基面、基准面),以该起算面的高程为零而建立的高程系统。我国于 1955 年在青岛建立了一个与青岛验潮站相联系的水准原点网,水准原点便是距验潮站不远处的观象山山顶(见图 2-14 及彩图 2-14)。根据 1956 年推算的结果,原点高出黄海平均海水面 72.289 m,这一数据便是中华人民共和国成立后沿用了三十多年的 1956 年黄海高程系的基准数据。经国务院批准 1988 年 1 月启用的 1985 国家高程基准为 72.260 m。二者已相差 0.029 m(可以形象地认为这期间青岛的海平面上升了 0.029 m)。

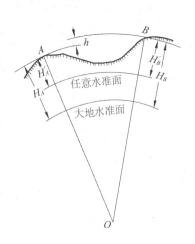

图 2-13 地面点的高程与高差

图 2-14 青岛观象山国家水准原点位置

【补充说明】 国家水准点的高程都以青岛观象山水准原点为依据。用等级水准测量方法将青岛原点的高程引测至全国各地的各级水准点上,从而得到以黄海平均海水面起算的各级水准点的高程。如果某项建设工程所在地远离这种已知高程的水准点,为了工程急需,也可假定某个固定点的高程作为起算点,其他点都统一从该点起算,求得它们的假定高程。将来适当的时候,再与等级水准点联测,把假定高程换算为绝对高程。

二、大地高、正高、正常高的概念

在高程系统的概念中,我们经常接触到大地高系统、正高系统、正常高系统这三种高程系统。此外,还有局部地区使用的力高高程系统。

1. 大地高系统

大地高是大地坐标(B, L, H)的高程分量 H,是指从地面某点沿过此点的法线(与参考椭球面垂直的线)到参考椭球面的距离(图 2-15 中地面点 P 与投影点 p 之间的距离)。由此可见,**大地高系统**是以参考椭球体面为基准面的高程系统。

大地高又称为椭球高,因为它随着参考椭球体元素的取值不同而不同,所以它只是一个纯数学性的几何量,不具有实质性的物理意义。例如,1954 年北京坐标系与 1980 年西安坐标系的椭球体元素便各不相同,那么同一点在这两种坐标系中的大地高也就不同。全球卫星定位系统 GPS 测定的高程 H 便是以 WGS-84 椭球面为基准的大地高。

2. 正高系统

正高系统是以大地水准面为基准面的高程系统,如图 2-16 所示。**正高**表示地面点沿铅垂线到大地

水准面的距离 PO'。而根据本项目任务 1 的介绍,水准面是处处与铅垂线正交的静止水面(大地水准面则是平均的静止海水面),地面上不同地点的水准面互相之间是不平行的。因此,如图 2-16 所示,沿不同的水准路线 $OABCP$ 与 $OA'B'C'P$,进行以水准面为参考依据(仪器整平)的几何水准测量,就算没有任何测量误差(仪器绝对完美,操作绝对精准,外界条件绝对无影响),测量出的 P 点的高程还是不相同的。这是因为两个相同水准面的不同位置所对应的 Δh_i 与 $\Delta h_i'$ 并不相等!也就是说,真正的正高高程 $H = \Delta H_1 + \Delta H_2 + \Delta H_3 + \cdots$ 根本无法精确地测定出来。因为我们不可能从 P 点钻一条垂直于大地水准面(OO')的竖井,来测量出该竖井的垂直高度。再说,我们也根本无法找到那个大地水准面(OO')的位置究竟在哪里(该位置与地球内部结构组织的质量、密度相关)。

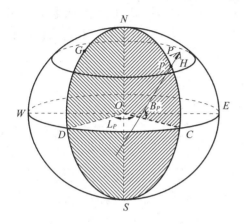

图 2-15　大地坐标中的大地高 H

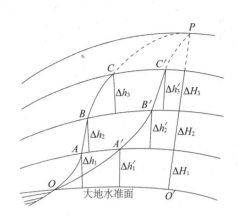

图 2-16　正高系统的概念

3. 正常高系统

因为水准面的不平行性,导致无法测得地面上各点的正高高程。为了解决这一水准测量高程多值性的问题,测绘工作者便要去寻找近似于大地水准面的曲面——似大地水准面,来作为高程测量的基准面。地面点沿过此点的正常重力线到似大地水准面的垂直距离称为**正常高**。所以说,**正常高系统**是以似大地水准面为基准面的高程系统,和大地高之间存在高程异常。**似大地水准面**是从地面各点沿正常重力线量取正常高所得端点构成的封闭曲面。所以说,似大地水准面严格来说不是水准面,但接近于水准面,它是人们用一定方法(重力测量、水准测量)获得的,用于高程计算的辅助面。它与大地水准面不完全吻合,差值为正常高与正高之差。正高与正常高的差值大小,与点位的高程(地表的起伏不平)和地球内部的质量分布息息相关。在我国青藏高原等西部高海拔地区,两者差异可达 3～4 m,在中东部平原地区这种差异约为几厘米。在海洋面上时,似大地水准面与大地水准面完全重合。此时,大地水准面的高程基准可同时作为似大地水准面的高程基准使用(如我国的青岛黄海国家高程基准)。

针对地面上某点,其正常高的计算公式可表达为[①]

$$H_{正常} = \frac{1}{\gamma_m} \int g \, \mathrm{d}h \tag{2-4}$$

式中各项均可精确测量、计算获得。其中,γ_m 为该点正常重力平均值(根据该点的大地纬度 B 和地心坐标高度计算得到),$\mathrm{d}h$ 为水准测量的高差(普通几何水准测量方法获得),g 为相应水准路线上的重力值(用重力测量方法得到)。所以正常高可以精确测定,其数值可唯一确定,不随水准路线而异。我国幅员辽阔,地形起伏较大,国家规定采用正常高系统作为我国高程控制的统一系统。我国的国家等级水准点高程均为正常高。

---

① 正常高的计算公式参见参考文献 [3] 《大地测量学基础》(第 2 版)第 75 页。

另外指出,如果是在大型水库工程建设中,特别是在南北方向上距离较远的工作区域范围内,由于静止水面上不同纬度的点的正高或正常高不相等,但工程设计、施工、放样时又必须要求其相等,为了解决这一问题,便采用**力高系统**,或采用更加接近本地区正常高的地区力高系统①。

4. 三种高程系统的关系

综合上述大地高 H、正高 $H_正$、正常高 $H_{正常}$ 的概念与含义,这三种高程系统满足如下关系式:

$$\begin{cases} H = H_正 + h_m \\ H = H_{正常} + h_m' \end{cases} \tag{2-5}$$

式中,h_m 为大地高与正高之差,即参考椭球体面与大地水准面之间的距离,称为**大地水准面差距**;h_m' 为大地高与正常高之差,即参考椭球体面与似大地水准面之间的距离,称为**高程异常**。它们的相互关系可用图 2-17 表示。

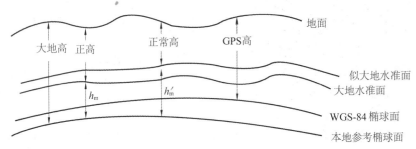

图 2-17 三种高程系统的相互关系

正常高的建立与测定主要是用在国家等级的高程测量中。我国的地方高程系统繁多,五花八门。自 **1985 国家高程基准**于 1988 年 1 月正式启用之后,国家要求各地方尽量采用这一新的国家高程基准(至少进行高程联测)。在一般的工程建设中,由于测区范围相对较小,则范围内的大地高、正高、正常高三者相差的变化不大,此时测量人员仅用几何水准或几何水准结合 GPS 高程(注意互相印证检查)来进行高程测量,只要能满足相应的工程建设精度要求,也是可取的。对于测区内地形平缓、高差不大的地区,完全可以如此操作。至于一定范围内,大地高、正高、正常高之间的差值到底有多大,如何受测区范围和测区高程、高差的影响,可查阅参考文献[3]第 78 页有关介绍。

5. 国家高程与地方高程的换算

从图 2-13 中可以看出,高程基准除了用大地水准面外,还可以使用任意水准面作高程基准面。实际工作中我们也会碰到各式各样的高程基准面。图 2-18 是我国部分地方高程基准与国家高程基准的相互位置示意图。

图 2-18 中 1985 国家高程基准面是我国现行的法定高程基准面,其余几种高程基准的数据来自网络百度资料"常用高程基准及换算"等。读者可以根据相关参数(零点差),将本地有关高程系统的基准面插入图 2-18 中合适位置,以此判断其基准面关于国家高程基准面的相对位置。例如,可以通过网络搜索获得以下资料:

宁波:"1985 国家高程基准"注记点＝"吴淞高程系统"注记点－1.87。

嘉兴:"1985 国家高程基准"注记点＝"吴淞高程系统"注记点－1.828(?)。

昆山:"1985 国家高程基准"注记点＝"吴淞高程系统"注记点－1.662 军。

从图 2-18 中还可以很直观地看出如何进行国家高程与其他高程的换算。

【例 2-3】 已知地面某点在 1985 国家高程基准系统中的高程 $H_国$＝30.235 m,求该点的其他高程

---

① 关于地区力高系统的概念参见参考文献[3]《大地测量学基础》(第 2 版)第 79 页。

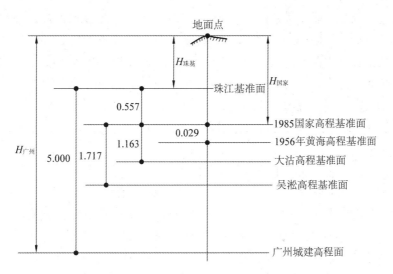

图 2-18 高程系统的相互关系及换算

$H_{珠基}$、$H_{广州}$、$H_{黄海}$。

[解] 珠基高程 $H_{珠基}=H_{国家}-0.557=29.678$ m，广州高程 $H_{广州}=H_{珠基}+5.000=34.678$ m，以及该点在 1956 年黄海高程系统中的高程 $H_{黄海}=H_{国家}+0.029=30.264$ m。

现在我国规定使用统一的高程基准——1985 国家高程基准。那么与此相对应，其他高程基准就变成了假定高程（任意高程、相对高程），例如上海吴淞高程基准、天津大沽高程基准、珠江高程基准、波罗的海高程（新疆部分地区使用）、大连零点高程基准，等等。还有在这些高程基准的基础上衍变出来的高程基准，如吴淞高程系统中的张华浜基点高程、佘山基点高程、镇江 308′标点高程，在珠江基准面上添加出来的广州城建高程，等等。如果这些高程基准是根据当地长期的验潮资料确定，并能够以此作为当地的高程基准面进行区域性正常高水准测量，则又可称该高程基准面为假定的似大地水准面。如上海"吴淞高程系统"便是采用上海吴淞口验潮站 1871—1900 年实测的最低潮位所确定的海平面作为基准面。

任务 5 学习直线的方向及其三北方向

在测量工作中，为了把地面上的点、线等测绘到图纸上，或将图纸上的点和线放样到实地上，往往需要确定点与点之间的相对关系，而要确定地面上任意两点的相对位置关系，除了需要测量两点之间的距离之外，还必须确定该两点所连直线的方向。直线的方向是根据某一标准方向来确定的，测量上将确定地面上直线与标准方向之间夹角关系的工作称为**直线定向**。

一、直线的标准方向

测量中通常采用的标准方向有三个：真子午线、磁子午线和坐标纵轴线的方向，它们各自的北方向**真北方向、磁北方向**和**轴北方向**统称为**三北方向**。

1. 真子午线与真北方向

地球的自转轴在其表面形成两个交点，分别称为地北极、地南极，简称南极、北极。地球上某点的**真**

子午线就是该点与南北两极相连而成的经度线,称**地理子午线**。它是依据地球的规律性自转,用天文测量方法观测太阳或其他恒星(如北极星)测定的。地面上各点的真子午线方向都指向地球的南北两极。真子午线的北方向便是**真北方向**。这里需要说明的是,虽然地轴是一个客观存在的地球旋转轴,其南、北两个极点也可以精确测量获得,但它们一直有规律地变化,这也使得有关国家(中国、美国等)多年来在南极连续观测得到了诸多不同位置的极点。

地球上一点的真北方向,还可以通过陀螺仪准确测定(纬度在南纬75°、北纬75°之间的范围内)。

2. 磁偏角与磁北方向

地球内部就像有一个大磁铁,它引导地面上所有的指北针均指向磁北极方向(见图2-19)。通过地面某点 P 及地磁南、北极的平面与地球表面的交线,称磁子午线。它用磁罗盘来测定,磁针静止时所指的方向即为磁子午线方向(这也是物理学中提到的**磁感应线**的方向)。磁子午线的北方向即为**磁北方向**。由于地磁南北极偏离地球自转轴的南北极(这一发现归功于我国宋朝的沈括),因此,其一点的磁子午线方向与真子午线的方向并不一致,而是偏离一个角度,称为**磁偏角**δ,如图2-20所示。凡是磁子午线北方向偏在真子午线北方向以东者称为东偏[见图2-20(a)],其 δ 值为正;偏在真子午线北方向以西者称西偏[见图2-20(b)],其 δ 值为负。

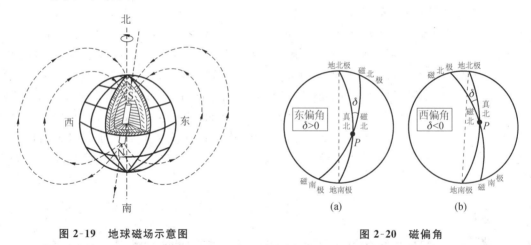

图 2-19　地球磁场示意图　　　　　　　　图 2-20　磁偏角

【课后导向】论述地球南北轴与地磁南北轴的相互位置关系及我国磁偏角的分布大小。

3. 子午线收敛角与轴北方向

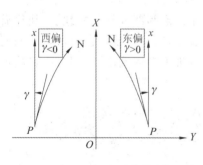

图 2-21　子午线收敛角

高斯投影平面中以中央子午线的投影为坐标纵轴,该坐标纵轴所指北方向就定义为**轴北方向**。各点的真子午线北方向与坐标纵轴北方向之间的夹角称为**子午线收敛角**,用 γ 表示。其值亦有正有负。在高斯投影带轴子午线以东地区,各点的坐标纵轴北方向偏在真子午线东边(东偏),γ 为正值;在轴子午线以西地区,各点的坐标纵轴北方向偏在真子午线西边(西偏),则 γ 为负值,如图2-21所示。

子午线收敛角的近似计算公式如下:

$$\gamma = \Delta L \cdot \sin B \tag{2-6}$$

式中,ΔL 为地面某点的大地经度与其投影带中央子午线的经度之差;B 为地面某点的大地纬度。

根据式(2-6)可判断,点位离开中央子午线越远,纬度越高,其收敛角 γ 越大。

二、直线的方位角和象限角

1. 坐标方位角

从标准方向北端起,顺时针方向计算到某一直线的角度,称为该直线的方位角。以真子午线为标准方向的方位角称为**真方位角**,用 $A_真$ 表示;以磁子午线为标准方向的方位角称为**磁方位角**,以 $A_磁$ 表示;以坐标纵轴线为标准方向的方位角称为**坐标方位角**,用 α 表示。

如图 2-22 所示,直线 P_1P_2 的真方位角 $A_真$、坐标方位角 α、磁方位角 $A_磁$ 三者之间的关系为

$$A_真 = A_磁 + \delta \tag{2-7}$$
$$A_真 = \alpha + \gamma \tag{2-8}$$

【问题求解】 图 2-22 中的 ε 是什么角?

无论是真子午线还是磁子午线,不位于同一条子午线上的各点的子午线方向便互不平行,这使得从直线两端点确定该直线的方向时,计算不方便,所以在日常测量中,广泛采用坐标纵轴的北方向作为标准方向,亦即多采用上述三个方位角中的坐标方位角来进行测量与计算。

图 2-23 所示为直线 OA、OB、OC 及 OD 的坐标方位角 α_1、α_2、α_3、α_4。

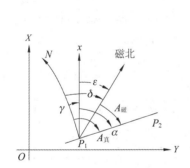

图 2-22 三个方位角相互关系示意图

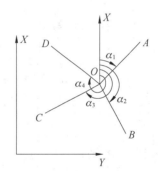

图 2-23 坐标方位角

由图 2-23 可知,坐标方位角是纵坐标轴 X 按顺时针方向旋转到某一直线所形成的夹角。方位角取值范围为 $0°\sim360°$,也就是说既没有负值的方位角,也没有大于 $360°$ 的方位角。当然,如果一定要使用负值的方位角或大于 $360°$ 的方位角也未尝不可,只是要注意,负值的方位角是逆时针旋转得来的,而且,任何一个负的方位角或正的方位角,加减 $360°$ 的倍数之后,参与测量坐标计算时,其结果不会受到任何影响。

根据上述方位角的定义及图 2-23 所示,不难看出,由两个直线方向的坐标方位角可以求得它们之间的夹角。例如,要求 $\angle AOB$ 或 $\angle BOA$,则 $\angle AOB = \alpha_{OB} - \alpha_{OA} = \alpha_2 - \alpha_1$。同理,有 $\angle BOA = \alpha_{OA} - \alpha_{OB} = \alpha_1 - \alpha_2$,若结果是负值,应加 $360°$,即 $\angle BOA = 360° + \alpha_1 - \alpha_2$。

由此可知,两个方向的夹角等于第二个方向的方位角减去第一个方向的方位角,当不够减(即得负值)时,就应加 $360°$。

2. 坐标象限角

测量上有时用**象限角**来表示直线的方向(如飞机、轮船的航行方向)。**象限角**就是直线与标准方向线所夹的锐角。如果分别以真子午线、磁子午线和坐标纵线为标准方向,则该象限角相应地称为**真象限角**、**磁象限角**和**坐标象限角**。象限角的取值范围为 $0°\sim90°$,用 R 表示。如图 2-24 所示,直线 OA、OB、OC 及 OD 的象限角值分别为 R_1、R_2、R_3 和 R_4。

因为同样角值的象限角在四个象限角中都能找到,所以用象限角定向时,除了要知道角值大小之外,

还要知道直线所在象限的名称。如图 2-24 所示中 OA、OB、OC 和 OD 的象限角,分别用北 R_1 东(NR_1E)、南 R_2 东(SR_2E)、南 R_3 西(SR_3W)及北 R_4 西(NR_4W)表示。例如,假定 $R_1=30°$,$R_2=40°$,$R_3=50°$,$R_4=60°$,则分别表示为北 $30°$ 东,南 $40°$ 东,南 $50°$ 西,北 $60°$ 西。如果指导轮船在大海中航行,则可口述为北偏东 $30°$,南偏东 $40°$,南偏西 $50°$,北偏西 $60°$。

3. 坐标象限角与坐标方位角的关系

直线的坐标方位角和坐标象限角的关系,如图 2-25 所示。显然,每条直线的坐标方位角与坐标象限角有一个代数关系,如表 2-3 所示。

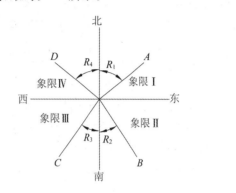

图 2-24　象限角　　　　图 2-25　方位角与象限角的关系

表 2-3　方位角与象限角的换算

象限		象限角值范围	方位角值范围	由方位角求象限角	由象限角求方位角
编号	名称				
I	北东(NE)	0°～90°	0°～90°	$R=\alpha$	$\alpha=R$
II	南东(SE)		90°～180°	$R=180°-\alpha$	$\alpha=180°-R$
III	南西(SW)		180°～270°	$R=\alpha-180°$	$\alpha=180°+R$
IV	北西(NW)		270°～360°	$R=360°-\alpha$	$\alpha=360°-R$

4. 直线的正反方位角

一条直线有正、反两个方向。以一个方向为正方向,另一个方向便为反方向,通常取直线前进的方向为正方向。直线的正、反方位角有如下几个特点。

(1) 直线的正、反坐标方位角相差 $180°$。

如图 2-26 所示,如果从 A 到 B 为前进方向,则直线 AB 的坐标方位角用 α_{AB} 表示,称正方位角;反方向 BA 的方位角用 α_{BA} 表示,称反方位角。

图 2-26 所示的标准方向是坐标纵线,可以看出,由于两端点 A、B 的坐标纵线方向彼此平行,所以正、反坐标方位角的数值相差 $180°$,即

$$\alpha_{AB} = \alpha_{BA} \pm 180° \tag{2-9}$$

实际中取正号或负号,以满足 $0°\leqslant\alpha_{AB}\leqslant360°$ 为原则。

(2) 直线的正、反坐标象限角的关系是:角值相等、象限跳跃。即将正象限角中的南、北互换,东、西互换就成了反方向的象限角,如图 2-26 所示,AB 的象限角为北 R 东,其反方向 BA 的象限角则为南 R 西。

(3) 直线的正、反真方位与直线两端点的子午线收敛角有关,直线的正、反磁方位角还与两端点的磁偏角有关。

由于一条任意直线两端点的真子午线互不平行，所以这条直线的正、反真方位角就不是相差 $180°$，还相差这条直线的两端点所在的两个子午线收敛角的差值。参照图 2-27，有

$$\alpha = \alpha' - 180°, A_{真} - \gamma_1 = \alpha, A'_{真} - \gamma_2 = \alpha'$$

从而有

$$A_{真} = A'_{真} + \gamma_1 - \gamma_2 - 180°$$

同理可推求得

$$A_{磁} = A'_{磁} + \varepsilon_2 - \varepsilon_1 - 180' = A'_{磁} + \gamma_1 - \gamma_2 + \delta_2 - \delta_1 - 180°$$

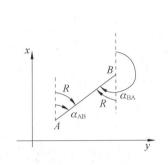

图 2-26　正、反方位角与象限角　　图 2-27　直线正、反方位角的关系

可见，一条直线的正反磁方位角相差得更加复杂，除 $180°$ 之外，不仅相差两端点的子午线收敛角之差，还相差两端点的磁偏角之差。

某点的子午线收敛角、磁偏角又随直线上点位置的不同而不断发生变化，故直线的正、反真方位角（或磁方位角）之间的关系也就不确定。显然，这对于方位角的计算是很不方便也很不切合实际的（计算过程太复杂）。

实际上，一条直线的真方位角或磁方位角不仅与这条直线的方向有关，还与这条直线的方位角起算点位有关，起算点位置不同，则角度大小不同。也可以这样说，一条直线上能找出无数个真方位角或磁方位角，这与坐标方位角完全不同。因此，在一般测量中，通常采用坐标方位角来表示直线的方向。

为方便起见，本书在以后的叙述中，通常将坐标方位角及坐标象限角统称为方位角及象限角。

任务 **6** 掌握坐标的正、反算

一、坐标计算的基础——直线

测量中，未知点的坐标是从已知点开始，并借助这两点连接而成的直线来计算完成的。在如图 2-28 所示的平面直角坐标系中，要计算未知点 P 的坐标，就必须要知道已知点 M 的坐标和直线 MP 的方向与长度。因此我们可以说，坐标计算的充要条件就是有一条已知的直线，或者说，直线便是坐标计算的基础。

直线的方向我们上一节已经讨论得比较清楚，但直线还有两个要素——大小与作用点。直线的大小就是它的长度，是两端点之间的最短距离；作用点便是直线的起点。由此我们可以看出，直线的概念与物理学中力的概念是类似的，同样具有"**大小、方向、作用点**"这三个基本要素。图 2-28 中直线 MP 的大小是它的长度 S，方向是从点 M 指向点 P（可用方位角 α_{MP} 表示），作用点的位置在 M 点。

图 2-29 可以进一步说明直线的三要素情况。图 2-29 中落在圆圈上的三个点 B、C、D 与圆心 A 形成三条直线 AB、AC、AD，这三条直线的大小相等，作用点相同，但方向不一样；直线 AC 与 AE 大小不等，但方向与作用点均相同；直线 AC 与 CE 大小不等，作用点也不同，但方向相同；直线 AE 与直线 EA 大小相等，方向相反，作用点也不相同；直线 AD 与直线 CE 大小、方向、作用点均各异。

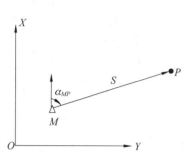

图 2-28　坐标计算的基础

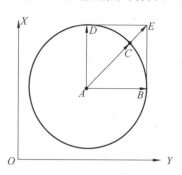

图 2-29　直线的三要素比较

二、坐标增量的概念

1. 坐标增量的三要素

沿用直线的三要素概念，可以认为坐标增量也具有大小、方向、作用点这三个基本要素。

就像力可以简单地分解成两个力或三个力那样，一条直线也可以分解成两个坐标增量（平面直角坐标系）或三个坐标增量（空间直角坐标系）。如图 2-30 所示的平面坐标系中，将从 1 到 2 的直线分解成两个平行于坐标轴的坐标增量 ΔX 和 ΔY，由图 2-30 可以看出：坐标增量的作用点与直线的作用点同位于直线的起始点，其方向与坐标轴的方向平行并顺着直线的方向，坐标增量的大小等于直线在坐标轴上的垂直投影长度。

2. 根据已知坐标求坐标增量

如图 2-30 所示，假定直线两端点 1 和 2 的坐标分别为 X_1、Y_1 和 X_2、Y_2。直线 1 至 2 的纵、横坐标增量分别表示为

$$\Delta X_{12} = X_2 - X_1,\ \Delta Y_{12} = Y_2 - Y_1$$

反之，如果以 2 点为始点，1 点为终点，则 2 至 1 直线的纵、横坐标增量应为

$$\Delta X_{21} = X_1 - X_2,\ \Delta Y_{21} = Y_1 - Y_2$$

用通式表示为

$$\Delta X_{始-终} = X_终 - X_始,\ \Delta Y_{始-终} = Y_终 - Y_始 \tag{2-10}$$

可以看出，1 至 2 及 2 至 1 的坐标增量的绝对值相等，符号相反。

从图 2-30 还可以看出：

$$\Delta X_{12} = X_2 - X_1 > 0,\ \Delta Y_{12} = Y_2 - Y_1 > 0$$

以及

$$\Delta X_{21} = X_1 - X_2 < 0,\ \Delta Y_{21} = Y_1 - Y_2 < 0$$

可见，一条直线的坐标增量的符号取决于直线的方向，即取决于直线方向所指的象限，而与该直线本身所在的象限位置无关。图 2-31 所示为坐标增量值的正、负号与直线方向的关系，四种情况的直线方向分别指向第Ⅰ、第Ⅱ、第Ⅲ、第Ⅳ象限。

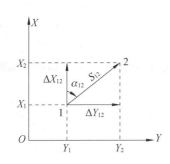

图 2-30　坐标增量示意图

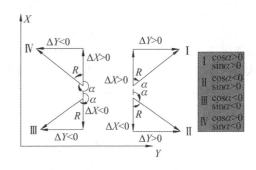

图 2-31　坐标增量的符号

3. 根据已知边长和方位角求坐标增量

如图 2-30 所示，如果已知 1、2 两点间的直线长度 S_{12} 和该直线的坐标方位角 α_{12}，那么，1、2 两点间的坐标增量也可以由下式求得：

$$\Delta X_{12} = S_{12}\cos\alpha_{12}，\Delta Y_{12} = S_{12}\sin\alpha_{12}$$

写成通式便为

$$\Delta X_{始-终} = S\cos\alpha_{始-终}，\Delta Y_{始-终} = S\sin\alpha_{始-终} \tag{2-11}$$

其中 S 未加下标，是因为直线的长度是没有方向性的。

而坐标增量的方向（符号）仍维持与图 2-31 情况相同。同时，图 2-31 中还列出了直线指向四个方向时的方位角三角函数值的符号。

在测量工作中，应用坐标增量可解决两类问题。

① 坐标正算——根据直线起始点的坐标、直线长度及其方位角，计算直线终点的坐标，称为坐标正算，在实际工作中，这属于测定的范围。

② 坐标反算——根据直线起始点和终点的坐标，计算直线的边长和方位角，称为坐标反算，实际工作中，这属于测设的范畴。

三、坐标正算

当已知直线的起始点坐标，测量出直线的长度、方位角，需求算直线终点的坐标时，可采用如下步骤进行计算。

首先，由式(2-11)求得坐标增量值。

其次，由式(2-10)有：

$$X_{终} = X_{始} + \Delta X_{始-终}，Y_{终} = Y_{始} + \Delta Y_{始-终}$$

于是：

$$X_{终} = X_{始} + S\cos\alpha_{始-终}，Y_{终} = Y_{始} + S\sin\alpha_{始-终} \tag{2-12}$$

【例 2-4】　设 AB 直线的边长 $S_{AB} = 211.65$ m，方位角为 $\alpha_{AB} = 149°22'48''$，起始点 A 的坐标为 $X_A = 2\ 835.32$ m，$Y_A = 7\ 914.35$ m，试求终点 B 的坐标。

［解］　由式(2-12)得

$$X_B = 2\ 835.32 + 211.65\cos149°22'48'' = 2\ 653.18 \text{ m}$$
$$Y_B = 7\ 914.35 + 211.65\sin149°22'48'' = 8\ 022.15 \text{ m}$$

四、坐标反算

当已知直线两端点坐标，要求反算该直线的长度和方位角时，先参照图 2-31，计算出象限角 R：

$$R_{始-终} = \arctan \frac{\Delta Y_{始-终}}{\Delta X_{始-终}} \tag{2-13}$$

然后根据象限角与方位角的关系,推算得到方位角。

【补充说明】 计算机(器)输出的结果是有正、负符号,因此推算方位角时要先根据坐标增量的符号判断 R 或 α 所在的象限,以确保直线方位角的唯一准确性。

按式(2-12),则有

$$S = \frac{\Delta X_{始-终}}{\cos\alpha_{始-终}} = \frac{X_{终} - X_{始}}{\cos\alpha_{始-终}} \tag{2-14}$$

或

$$S = \frac{\Delta Y_{始-终}}{\sin\alpha_{始-终}} = \frac{Y_{终} - Y_{始}}{\sin\alpha_{始-终}}$$

【即时练习】 改变三角函数,写出式(2-13)、式(2-14)的其他表达形式。

对于长度 S 的计算,用下式计算更为直接明了:

$$S = \sqrt{\Delta X^2 + \Delta Y^2} \tag{2-15}$$

【例 2-5】 已知 A、B 两点的坐标分别为 $X_A = 104\,342.99$ m,$Y_A = 573\,814.29$ m;$X_B = 102\,404.50$ m,$Y_B = 570\,525.72$ m。请计算 AB 的长度及坐标方位角。

[解] 先计算坐标增量

$$\Delta X_{AB} = X_B - X_A = 102\,404.50 \text{ m} - 104\,342.99 \text{ m} = -1\,938.49 \text{ m}$$

$$\Delta Y_{AB} = Y_B - Y_A = 570\,525.72 \text{ m} - 573\,814.29 \text{ m} = -3\,288.57 \text{ m}$$

根据式(2-15),$S = \sqrt{\Delta X^2 + \Delta Y^2} = \sqrt{1\,938.49^2 + 3\,288.57^2}$ m $= 3\,817.39$ m。

根据式(2-13),$R = \arctan[(-3\,288.57)/(-1\,938.49)]$

$$= \arctan 1.696\,459\,615$$

$$= 59°28'56''$$

根据坐标增量的方向($\Delta X < 0$,$\Delta Y < 0$,均为负),可按图 2-31 判断,直线的方向指向第 Ⅲ 象限,按表 2-3 最后一栏公式,或按图 2-31 分析确定:

$$\alpha = 180° + R = 180° + 59°28'56'' = 239°28'56''$$

参 考 文 献

[1] 罗时恒.地形测量学[M].北京:冶金工业出版社,1985.

[2] 宁津生,陈俊勇,李德仁,等.测绘学概论[M].2版.武汉:武汉大学出版社,2008.

[3] 孔祥元,郭际明,刘宗泉,等.大地测量学基础[M].2版.武汉:武汉大学出版社,2010.

[4] 国家测绘地理信息局职业技能鉴定指导中心,测绘出版社.测绘管理与法律法规[M].北京:测绘出版社,2018.

[5] 罗佳,汪海洪.普通天文学[M].武汉:武汉大学出版社,2012.

[6] 徐兴彬,邱锡寅,黄维章,等.基础测绘学[M].广州:中山大学出版社,2014.

1.名词解释:铅垂线、水准面、大地水准面、大地体、参考椭球体。

2.归纳介绍 1949 年以后我国使用的一些参考椭球体及坐标系的情况,指出 1954 年北京坐标系、1980 年西安坐标系、2000 年国家大地坐标系各自的坐标原点位置与设立因由,分析这些坐标原点的含义与影响。

3. 试分析大地坐标与地理坐标的区别与联系。

4. 判断下列说法的对与错。

(1) 大地测量中的重力就是指重力加速度,重力测量就是测量重力加速度。　　　　　(　　)

(2) 大地测量中,地心经度与大地经度不相同一致。　　　　　　　　　　　　　　　(　　)

(3) 大地测量中,地心纬度与大地纬度不相同一致。　　　　　　　　　　　　　　　(　　)

(4) WGS-84 坐标系、2000 年国家大地坐标系为参心坐标系,坐标原点位于参考椭圆体的中心。

　　　　　　　　　　　　　　　　　　　　　　　　　　　　　　　　　　　　　　(　　)

(5) 大地测量中的空间直角坐标系与空间解析几何中的坐标系均是右手系。　　　　　(　　)

(6) 我国所有参考椭球体的元素均相同。　　　　　　　　　　　　　　　　　　　　(　　)

(7) 我国 1954 年北京坐标系、1980 年西安坐标系、新 1954 年北京坐标系以及高斯平面直角坐标系均为参心坐标系。　　　　　　　　　　　　　　　　　　　　　　　　　　　　　(　　)

5. 一架飞机从甲地(北纬40°,东经116°)出发,以 1 110 km/h 的速度向北方向绕经线圈飞行,若不考虑其他因素的影响,9 h 后到达乙地,则乙地为(　　　)。

A. 北纬40°,西经64°　　B. 北纬50°,西经64°　　C. 北纬40°N,东经64°　　D. 北纬50°,东经116°

6. 从甲地(60°N,90°E)到乙地(60°N,140°E),若不考虑地形因素,最近的走法是(　　　)。

A. 一直向东走　　　　　　　　　　　　　　B. 一直向西走

C. 先向东南,再向东,最后向东北走　　　　　D. 先向东北,再向东南走

7. 不考虑地形、冰雪等条件,有人从南极出发,依次向正北走 5 km,向正东走 35 km,向正南走 5 km 正好回到原地。从极点上空看,向正东走时可能(　　　)。

A. 逆时针走了＜180°的圆弧　　　　　　　　B. 逆时针走了＞180°的圆弧

C. 顺时针走了＜360°的圆弧　　　　　　　　D. 顺时针走了＞360°的圆弧

8. 我国南方某点的 1954 年北京坐标系坐标为(2 584 402.249,××759 098.244),其所在高斯投影带的中央子午线经度为 111°。请对该坐标进行分析说明,指出其所在投影带的带号××、大致地理位置及坐标含义。

9. 请查阅相关地图,指出北京、上海、重庆这三座直辖市所在范围的高斯投影带的 3°带和 6°带的带号与位置。

10. 假定广州某点的 1954 年北京坐标系坐标为(2 530 641.728,38 452 867.691),1980 年西安坐标系坐标为(2 530 583.243,38 452 808.782),地理坐标为(113°32′25″,22°52′24″),请指出在参考椭球体面上从该点行走至赤道的最短路程、该点在高斯投影平面上距赤道的距离,并对这些坐标与距离进行解释与分析。

11. 为什么说我们无法准确测量正高高程,而能够精确测量正常高高程?

12. 名词解释:高程异常、重力异常、正常重力线、似大地水准面。

13. 请你对我国长江、黄河两大流域的高程系统使用情况进行介绍。

14. 参照图 2-18 分析判断,广州白云山的国家海拔高程、珠基高程、广州高程,哪个数值最大,哪个次之,哪个最小?

15. 已知安徽黄山某点海拔高程为 1535.238 m,求其对应的吴淞基准高程和 1956 年黄海高程。

16. 什么叫三北方向? 举例说明各有何用途。

17. 如图 2-32 所示,将象限角为南 60°东的直线 AB 分成 AC、CD、DB 三条直线之后,情况变化为(　　　)(多项选择)。

A. 三条直线具有共同的正方位角 120°和反方位角 300°

B. 直线 AB 与 AC 的真方位角、磁方位角、坐标方位角相等

C. 三条直线的坐标方位角与坐标象限角均未变化

D. 三条直线的磁方位角、真方位角、坐标象限角均未改变

E. 直线 AC 的正反坐标方位角、正反坐标象限角与 DB 相同

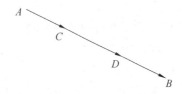

图 2-32 题 17 图

18. 一条船从码头 A 出发,先往北偏东 $40°28'56''$ 行驶 60 km 至码头 B,再往南偏西 $20°25'33''$ 行驶 90 km 至码头 C,然后又回到原码头 A。假定码头 A 的坐标为 $(50000.000, 80000.000)$ m,求码头 B、C 的坐标及该船行驶路线的方位角(请绘图说明)。

19. 举例说明测绘工作中有哪些基准面、基准线、基准点,它们各有何用途?

项目 3

水准测量

内容提要

介绍水准测量的基本概念、水准仪的结构组成,介绍望远镜、水准器的工作性能,剖析水准仪自动安平原理,介绍水准测量的内、外业工作,系统说明误差分析、仪器检校的方法。

关键词

水准测量、水准仪、望远镜、水准器、自动安平水准仪。

回顾过去

论述水平测量在中国古代伟大的水利工程——古灵渠的建设中所发挥的作用。

任务 1 了解水准测量的基本原理

一、一站式水准测量

水准测量是利用水平视线测量两点之间高差,并根据已知点高程求出未知点高程的方法。

如图 3-1 所示,为了测定 A、B 两点间高差 h_{AB},在 A、B 两点之间安置一台可获得水平视线的仪器,并在 A、B 两点各竖立一根尺子,利用仪器分别在 A、B 尺子上截取读数 a、b,则有

$$h_{AB} = a - b \tag{3-1}$$

上述可获得水平视线的仪器称为**水准仪**,能读数的尺子称为**水准尺**。式(3-1)是水准测量的基本原理公式。该式表明,水准测量的原理实质是利用水准仪的水平视线,测量立在地面点上的尺面数据,求其数据之差,从而实现地面点之间的高差测定。

按图 3-1 中所指示的前进方向,读数 a 称后视读数,读数 b 为前视读数。因此式(3-1)又可表示为

高差=后尺读数−前尺读数=后视读数−前视读数=后视−前视

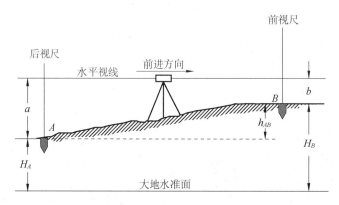

图 3-1 水准测量原理

当 $h_{AB} = a - b > 0$(即 $a > b$),高差为正值,表示前视点高于后视点,前进方向为上坡方向。反之,前进方向为下坡方向。显然,有

$$h_{AB} = -h_{BA} \tag{3-2}$$

式中,h_{AB} 表示从 A 点到 B 点的高差,h_{BA} 表示从 B 点到 A 点的高差。

实际中必须根据已知点高程推求未知点高程。根据前视线高程与后视线高程相等的原则,即 $H_A + a = H_B + b$,可以推求出未知点 B 的高程 H_B:

$$H_B = H_A + h_{AB} = H_A + (a - b) \tag{3-3}$$

式中,H_A 为已知高程点 A 的高程。

二、多站式水准测量

实际工作中,一站式水准测量还可以根据前视点的多少分为单点型或多点型,单点型水准测量只有一个前尺点。而多点型水准测量则有多个前视点,形成放射状的碎部点水准测量,主要出现在土方验收、

道路与建筑物层面的高程放样等工程施工测量中。在用水准测量方法进行控制测量时,往往进行的是多站式水准测量——将多个一站式水准测量依次连接起来,测得一段路线的高差。多站式水准测量又称**连续水准测量**,或线路水准测量。

图 3-2 中的点 A 为已知水准点,点 B 为未知水准点。如果 A、B 两点相距较远或高差较大时,安置一次仪器无法测得其高差,需要在 A、B 两点间增设若干个测站来完成。这样,必须沿线设置诸多作为传递高程的临时立尺点(称转点 ZD),如图 3-2 所示的 ZD_1,ZD_2,$\cdots$,ZD_n 点,依次连续设站观测,则测出的各测站高差为

$$\begin{cases} h_{A1} = h_1 = a_1 - b_1 \\ h_{12} = h_2 = a_2 - b_2 \\ \quad\quad\vdots \\ h_{n-1B} = h_n = a_n - b_n \end{cases} \tag{3-4}$$

于是 A、B 两点间高差的计算公式为

$$h_{AB} = \sum_{i=1}^{n} h_i = \sum_{i=1}^{n} a_i - \sum_{i=1}^{n} b_i \tag{3-5}$$

故地面上 A、B 两点间各段高差的总和等于后视读数总和减去前视读数总和。

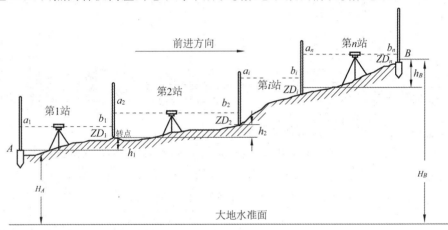

图 3-2 连续水准测量示意图

最后,同样计算得 B 点高程为

$$H_B = H_A + h_{AB} = H_A + \sum_{i=1}^{n} h_i \tag{3-6}$$

三、水准点

水准点是用于水准测量的高程基准点。水准点设置有固定标志,分已知水准点和未知水准点(待测水准点)。我国在全国范围内布设有一等、二等、三等、四等共四个等级的水准点。图 3-3 所示是一些常见的水准点标志式样图。更多的水准点式样及制作方法可参见 GB/T 12898—2009《国家三、四等水准测量规范》附录 A。

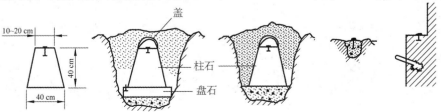

图 3-3 水准点标志

任务 2 认识水准仪及其构造

18世纪三四十年代,水准仪几乎与经纬仪、小平板仪同时代在欧洲诞生。20世纪初,在制出内调焦望远镜和符合水准器的基础上生产出微倾式水准仪。20世纪50年代初出现了自动安平水准仪;60年代研制出激光水准仪;90年代出现了电子水准仪或数字水准仪。

按水准仪的结构来划分,先后出现了微倾式水准仪,自动安平水准仪,激光水准仪,数字水准仪。按精度等级,水准仪可分为精密水准仪和普通水准仪。我国1949年后生产的水准仪以DS开头,D代表"大地测量"第一个拼音字母,S代表"水准仪"第一个拼音字母,数字代表仪器的精度等级,指水准仪能达到的每千米往返测高差中数的中误差(单位:mm),如DS05、DS1、DS3、DS10等。有时也将D省略,简称S1、S3等。S05、S1为**精密水准仪**,用于国家一、二等水准测量和精密工程测量,S3、S10为普通水准仪,可用于国家三、四等水准测量或等外水准测量。如果是激光水准仪、自动安平水准仪,则在DS后面再加上J、Z,如DSJ3、DSZ3等。

水准仪的外部构造可分为两大部分:基座与照准部。

一、基座

基座是安装在三脚架上用来支承水准仪照准部的。照准部可以旋转,基座则固定不动。基座主要是由上、下两块金属铁板组成,铁板用三个脚旋钮连接在一起,底板的中央有一个圆形螺纹孔,用来旋入三脚架上的连接螺钉以固定基座。基座的上部金属块中央有一个轴套,照准部的竖轴刚好可以插入其中并用紧固螺钉连接。圆水准器用来将仪器粗略整平,有些安装在基座上(见图3-4),有些则装在照准部上(见图3-5)。

图3-4 水准仪基座

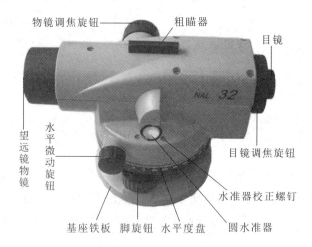

图3-5 自动安平水准仪

二、照准部

老式的微倾式水准仪一般在照准部上有一个制动旋钮,还有一个长水准管,又称符合水准器。新式的水准仪则取消制动旋钮,改用摩擦制动,这在一定程度上提高了水准测量的野外观测速度。自动安平水准仪(见图3-5)的照准部上面主要有望远镜、微动旋钮、圆水准器、调焦旋钮、粗瞄器等部件。它们的功能分别简述如下。

望远镜——水准仪的核心部件,通常由物镜组、目镜组、调焦镜共同组成。

圆水准器——使仪器竖轴处于铅垂线位置。

粗瞄器——用于粗略瞄准水准尺。

微动旋钮——当用粗瞄器大致瞄准水准尺之后,便用微动旋钮去精确瞄准水准尺的分划线。

目镜调焦旋钮——通过调整目镜位置,使眼睛能清晰看见十字丝。

物镜调焦旋钮——通过调整移动望远镜的调焦镜,使水准尺能清晰成像在十字丝平面位置,方便读数。

自动安平水准仪不仅取消了微倾式水准仪中水准管微倾旋钮的操作,而且可以直接靠摩擦阻力制动照准部,免除了仪器水平制动旋钮与微动旋钮的频繁配合操作使用,从而减少仪器操作步骤,大大提高了工作效率。

任务 **3** 学习望远镜的有关知识

望远镜是水准仪的核心部件,无论是何种水准仪,均离不开望远镜这一主要部件。水准仪望远镜有倒像望远镜和正像望远镜两种形式。

一、望远镜成像原理

望远镜的成像主要是依据光学透镜能会聚光线的特性。图3-6所示是望远镜成像的基本原理图。图3-6中物镜 O_1 与目镜 O_2 均为凸透镜,位于同一条主光轴上。由于物体 AB 到物镜的距离一般总是大于两倍焦距,所以由几何光学原理可知,物体 AB 经物镜 O_1 成像后,必然形成一个缩小而倒立的实像 ab,并位于物镜的像方焦点 F_1' 之外。当像 ab 位于起放大作用的目镜的物方焦点 F_2 以内时,ab 经目镜再成像,便得到一个放大的正立虚像 $a'b'$(当然,相对原物 AB 而言,$a'b'$ 仍是一个倒立的像)。如果在 $a'b'$ 位置安放一个刻有十字丝的玻璃板,便可以显示物体 AB 在十字丝板上成像的具体情况。

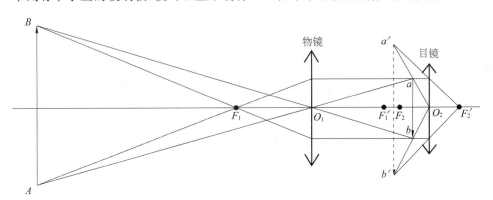

图 3-6 望远镜成像原理

二、望远镜的构造

图 3-7 所示是望远镜的构造示意图。

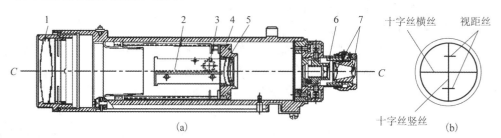

1—物镜；2—齿条；3—调焦齿轮；4—调焦镜座；5—调焦凹透镜；6—十字丝分划板；7—目镜组

图 3-7 望远镜的结构

1. 物镜和目镜

物镜和目镜位于望远镜一头一尾的位置。由几何光学理论知道，单个球面透镜会引起边缘光线与中心光线成像的差别（**球面像差**），不同折射率的单色光会引起**色像差**。为了消除这些光学误差，测量仪器上的望远镜的物镜和目镜均采用两片或两片以上的透镜组（复合透镜）。两片形状不同的透镜（一凸一凹）可以消除球面像差，折射率不同的透镜则可以消除色像差。

目镜安装在可以旋转的旋钮套筒上。转动目镜筒，可使目镜沿主光轴移动，以便调节它和十字丝之间的距离，使视力不相同的人都能看清楚十字丝。这一过程称为目镜调焦，俗称目镜对光。

2. 十字丝分划板

十字丝分划板是供瞄准读数用的专门标志。它安装在望远镜内的物镜与目镜之间，用望远镜瞄准目标时，要求物像能清晰地落在十字丝平面上。

十字丝分划板的结构如图 3-7(b) 所示，是一直径约为 10 mm 的光学玻璃圆片，上面刻划了三条横丝和一条竖丝。中间长横丝为中丝，用于读取水准尺分划的读数；上下两条短横丝为上丝和下丝，统称为视距丝，用来测定水准仪至水准尺之间的距离。通常把用视距丝测量的距离称为视距。

十字丝交点与物镜光心的连线称为望远镜的视准轴。前面所说的望远镜视线水平，就是视准轴水平，照准目标也就是视准轴对准目标。

3. 调焦部件

望远镜的调焦通常指物镜调焦，俗称物镜对光，就是转动调焦旋钮使物体能够在十字丝平面上清晰成像，以便能够在望远镜内精确瞄准、读数。调焦部件主要由调焦旋钮及其相关零件组成。根据望远镜的结构形式，调焦有外调焦和内调焦两种方式，相应的望远镜便称为外调焦望远镜和内调焦望远镜。

（1）外调焦望远镜。

通过转动物镜调焦旋钮，改变物镜与十字丝分划板之间的距离，从而使物体刚好成像在十字丝平面上，这种调焦方式称为外调焦。外调焦有的是移动物镜，有的是移动十字丝分划板。这种外调焦望远镜结构相对简单、造价较低，但其结构密封性能差，灰尘和水汽容易进入，影响使用寿命，而且其镜筒较长，使用不便。

（2）内调焦望远镜。

内调焦望远镜的十字丝分划板与物镜固定在望远镜筒内，它们之间的距离是固定不变的。为了使远近不同的物体所成的像均落在十字丝平面上，工人们在物镜与十字丝分划板之间再安装一组调焦凹透镜

(调焦镜),通过调焦旋钮的转动使该调焦镜在镜筒内沿光轴方向移动,达到成像在十字丝平面上的目的。图 3-7 所示便是一内调焦望远镜的结构示意图。

无论是外调焦望远镜还是内调焦望远镜,转动其调焦旋钮时只有两种情况出现,一种是将物镜(或等效物镜)慢慢调远(远离目镜)时,可看清的景物也慢慢变远,另一种是将物镜慢慢调近(接近目镜)时,可看清的物体也在慢慢变近。当调近到尽头时,所对应的目标距离(物距)称为望远镜的最短视距,更近的目标便无法看清。一般测量仪器的最短视距为 1~3 m,通常在仪器说明书上作为一项技术指标列出,供使用者参考。

三、望远镜的性能

1. 放大率

(1)人眼视角。

人的眼睛其实相当于一架望远镜,而且是一架非常复杂精密的望远镜。对于前后距离相差很远的物体,人们可以通过迅速眨眼看清目标(望远镜却无法做到),这是因为眼睛还具有快速自动调焦的功能。放在稍远处报纸杂志上的标题文字没能被我们看清楚,是因为该文字字体对我们的眼睛张开的**视角**不够大。通常认为人眼的分辨能力约为 60″。人眼的分辨能力是指眼睛能分辨出目标时张开的视角大小,也指人眼的分辨角度。有些人视力天生便好于常人(如神枪手),就是因为他们的眼睛具有很高的分辨能力。

如果某人的眼睛具有常人的分辨能力 60″,那么,他刚好可以分辨清楚的位于前方 $L=1$ m 处的物体有多大?我们可以做如下推算。

$$d = L \times \theta = 1 \text{ m} \times 60''/206\ 265'' = 0.3 \text{ mm}$$

在人眼明视距离 250 mm 处则为:250 mm × 60″/206 265″=0.07 mm(≈0.1 mm)。这也解释了为什么说一般人在图上的分辨力约为 0.1 mm。

(2)望远镜放大率。

如图 3-8 所示,假使不用望远镜人眼观察物体 AB 的视角为 α,利用望远镜后观察到的物体的像为 $a'b'$。定义望远镜的放大率为

$$v = \beta/\alpha \tag{3-7}$$

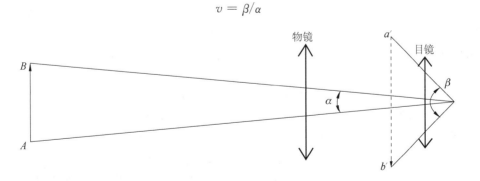

图 3-8　望远镜的放大率

望远镜的放大率俗称望远镜的放大倍数。根据直角三角形的三角函数公式,可以推导出如下计算望远镜放大倍数的实用公式[1]。

$$v = \beta/\alpha = f_物/f_目 \tag{3-8}$$

---

①望远镜放大倍数的实用公式推导过程见参考文献[1]《地形测量学》第三章第 33~34 页。

即望远镜的放大倍数为其物镜焦距与目镜焦距之比。式中的 $f_物$ 对于内调焦望远镜而言,是物镜和调焦镜的等效透镜的等效焦距。

2. 视场角

望远镜固定不动时,人眼从望远镜中看到的空间范围称为望远镜的视场。这个空间范围的边缘对物镜中心 O 所成的张角 ω 称为视场角,如图 3-9 所示。十字丝分划板的直径为 d,近似地取物镜焦距等于物镜到十字丝的距离,则有 $\omega = \dfrac{d}{f_物}\rho$($\rho$ 为 1rad 对应的角度,$\rho = 1 \text{ rad} \approx 57.30° \approx 3\,438' \approx 206\,265''$)。一般仪器构造上取 $d = \dfrac{2}{3}f_目$,取 $\rho = 3\,438'$,于是

$$\omega = \frac{2}{3}\frac{f_目}{f_物}\rho \approx \frac{2000'}{v} \tag{3-9}$$

由上式可见,望远镜的视场角与放大率成反比,而与物镜的孔径大小无关。望远镜的放大率 v 越大,越能看清远处目标,但是又使得视场角变小,在望远镜内寻找目标就越困难。测量仪器上的望远镜视场角一般在 $0.5° \sim 3°$ 范围内。为了解决视场小寻找目标困难的问题,测量仪器的望远镜上都装有粗瞄器。利用粗瞄器先大致瞄准目标,比直接从望远镜视场内去寻找目标要容易得多。

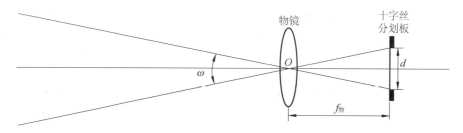

图 3-9 望远镜的视场角

3. 分辨率

前面对人眼的分辨能力约为 $60''$ 进行了详细的分析介绍。与此相类似,望远镜的分辨率,准确地说是望远镜的分辨力,也是指光通过物镜后的最小分辨角,即靠得最近但刚好能够分辨出的两个物点对物镜中心的最小张角 β。由光学理论推导出的最小分辨角计算公式[①]为

$$\beta = \frac{140}{D} \tag{3-10}$$

式中,D 为物镜的有效通光孔径(单位:mm),算出的分辨角 β 的单位为($''$)。因此,物镜的有效孔径越大,分辨角就越小,其分辨能力就越高。

由此可知,望远镜的放大率取决于物镜与目镜的焦距,分辨率却只与物镜有关而与目镜无关。对天文学家来说,更感兴趣的是望远镜的分辨率而不是放大率。分辨率体现了一架望远镜理论上让人看到天文细节的优良程度,或者说两个物体靠得多近时仍然可以被分辨。例如,根据上式计算一架孔径为 100 英寸(254 cm)的天文望远镜的理论分辨率约为 $0.05''$。另一架 200 英寸的天文望远镜的理论分辨率约为 $0.025''$。这就是说,第二架望远镜可以分辨张角只有 $0.025''$ 的天空中的两颗星。而 100 英寸的望远镜只能把它们看成是一颗星。

4. 亮度

人眼通过望远镜看到的目标的明亮程度,称为望远镜的亮度。实际上,光线通过望远镜后,有一部分

①望远镜的最小分辨角计算公式见参考文献[1]《地形测量学》第 35 页。

光线被光学零件吸收,另一部分光线被光学零件表面反射。因此,投射到物镜表面的光线总有一些不能参加构象,从而使望远镜观察到的目标的亮度总不如直接看目标的亮度大。一般把这两种亮度的比值称为相对亮度,它是衡量望远镜质量的指标之一。

设 Q 表示相对亮度,K 表示望远镜光学系统的透光率,即透过光线的百分数,D 表示望远镜物镜的有效孔径,v 为望远镜的放大率,d 表示眼睛瞳孔直径,则用望远镜观察具有一定形状的目标时,其相对亮度为

$$Q = K(\frac{D}{vd})^2 \tag{3-11}$$

上式说明,在 d 一定时,物镜有效孔径 D 越大,相对亮度就越高,观察目标就越明亮。望远镜放大率 v 愈大,则相对亮度愈小。因此,望远镜相对亮度的提高,受到了放大率的限制。

为了提高望远镜观察目标的亮度,应该尽量减少光线在透镜表面的反射损失。因此,测量仪器上望远镜物镜表面涂有一层薄膜,呈紫红色,称为增透膜。它是一层氟化盐薄膜,可以减少光线的反射损失。作业人员要注意保护增透膜,切忌用手绢、手纸等粗糙的东西去擦拭,万一镜头上有水汽、脏污,可用镜头纸轻轻拭去。另外,如果望远镜受潮长霉,将会使亮度显著下降,严重可导致瞄准和读数困难,所以作业人员应爱护仪器,防止透镜受潮长霉。

四、望远镜的使用

1. 望远镜的调节

观测前,应首先将望远镜对向天空或白色明亮的物体,再转动目镜筒进行目镜调焦,使十字丝看得最清楚。然后,利用望远镜的粗瞄器(准星和照门)照准目标,旋转物镜调焦旋钮进行物镜调焦,使目标的像看得最清楚。

以上操作,即目镜调焦、看清十字丝、物镜调焦、看清目标的像,统称为望远镜的调节。

为了使十字丝平面处于物镜的焦面附近,对于远距离(50 m 以上)目标的调焦,调焦旋钮的转动范围都不太大。但是,对于近距离目标,情况则不同,尤其是由远目标改看近目标,或者由近目标改看远目标时,像距变化就较大。

2. 十字丝视差及消除法

望远镜调焦之后,用十字丝交点对准目标上一个明显点。如果眼睛在目镜端上下左右移动,看见十字丝交点始终对准该目标点 P,如图 3-10(a)所示,则说明望远镜已经调节好了。如果随着眼睛的上下移动,看见十字丝交点相对于目标点移动,这种现象称为十字丝视差,简称视差,如图 3-10(b)所示。当眼睛从点 1 移到点 2、点 3 时,十字丝交点分别照准像面上的 P_1、P_2、P_3 点,则说明有视差存在,需继续调节望远镜。

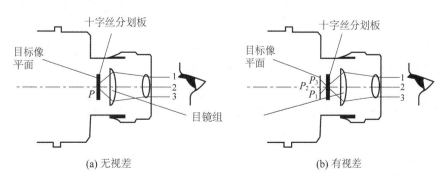

图 3-10　望远镜的视差

产生视差是因为目标所成像的平面和十字丝平面不重合。出现这种不重合的原因有二：一是望远镜做得不仔细，造成了二者不重合；二是由于人眼有一种自动调焦的功能，若目镜调焦时眼睛用某一焦距看清十字丝，转为物镜调焦时，眼睛自动调节又用另一个焦距看清目标的像，这也会造成二者不重合。视差的存在将使瞄准目标产生瞄准误差。消除视差的办法是，使眼睛处于自然松弛状态，重新仔细进行目镜调焦和物镜调焦。为了减小视差对瞄准目标的影响，观察目标时，应尽量让眼睛位于目镜的中心部位。

任务 4 认识三种水准器

几乎所有测量仪器上都装有水准器，用以判断仪器上某一部分是否处于水平位置或竖直位置。水准仪上的水准器则是用来判断仪器竖轴是否垂直、望远镜视准轴是否水平的一种装置。测量仪器上的水准器通常有两种：图 3-11 所示为圆水准器，简称圆水准；图 3-12 所示为管水准器，简称为水准管。

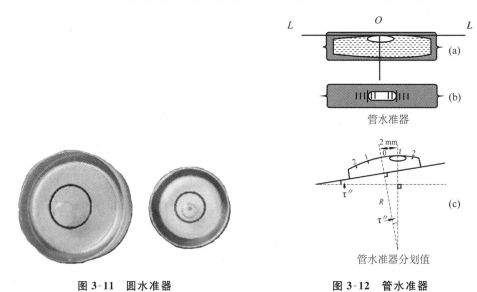

图 3-11　圆水准器

图 3-12　管水准器

一、圆水准器

圆水准器的外形如图 3-13 所示。它是一个密封的圆柱形玻璃圆盒，圆盒顶部玻璃的内表面被研磨成有一定曲率半径的圆球面，其半径一般为 0.1～1 m。盒内装满酒精或乙醚，加热密封后，再装嵌在一金属框内。

水准器顶面外表中央刻有一小圆圈，称为分划圈。小圆圈的圆心称为圆水准器的零点，零点与球心的连线 HH 称为圆水准轴。当气泡位于小圆圈中央时，圆水准轴处于铅垂位置，圆水准轴与水准仪的竖轴平行。所以当圆水准器的气泡居中时，表明水准仪基本水平。

圆水准器的分划值 τ（格值），是指气泡由分划圈中心（零点）向任意方向偏移 2 mm 时，圆水准轴倾斜的角值（见图 3-14）。圆水准分划值 τ 与圆球面半径成反比。圆水准器的圆球面半径 R 较小，分划值 τ 较大，一般为 $8'\sim60'$（半径 R 相应为 860～115 mm），因而圆水准器灵敏度较低，通常只用于粗略整平仪器。

圆水准器一般装有组成等边三角形的三个校正螺钉，用以校正圆水准轴，使水准轴垂直或平行于仪器某一部分。

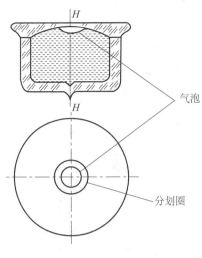

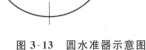

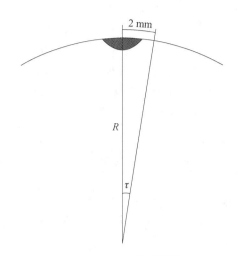

图 3-13　圆水准器示意图　　　　图 3-14　圆水准器格值

二、管水准器

管水准器是测量仪器上的精密水准器。管水准器的气泡居中可确保与它紧密相连的仪器精确整平。

1. 水准气泡及管水准轴

水准管是用玻璃管制成的,管子的内表面在纵剖面方向研磨成一定半径的圆弧,如图 3-12(a)所示。按不同用途,圆弧的半径一般为 3～100 m,最大可达 200 m。管子研磨后,以一端先行封闭,从另一端注满黏滞小而易流动的液体(酒精或乙醚),经加热使液体膨胀出一部分后,即时将开口融闭。液体冷缩以后,管子内部即形成一个液体蒸汽充满的空间,这个空间称为水准气泡。由于气体较液体轻,所以,不论这个玻璃管是水平还是倾斜的,气泡的中点总会处在水准管内表面圆弧的最高点,过该点所作圆弧的切线便总是水平线。

在图 3-12(a)中,水准管圆弧的中点 O 称为水准管的零点,过零点与圆弧相切的直线 LL 称为水准管的水准轴,简称管水准轴。水准管外表面每隔 2 mm 刻有一条分划线,分划线以零点为中点成对称刻线。为了便于观察气泡在中央的移动情况,零点通常不刻出,如图 3-12(b)所示。当水准气泡两端所指分划线关于零点对称时,表示气泡中点和水准管零点重合,称为气泡居中。显然,此时水准管的零点处于最高点,即管水准轴 LL 位于水平位置。

为了保护水准管,一般将它安装在一个长圆形开口的金属管内,并用石膏结。在金属管的一端装有校正螺钉,校正水准管时,用校正针拨动校正螺钉,可将该端升高或降低,以此确定管水准轴与仪器竖轴相互垂直。

2. 水准管的分划值和灵敏度

如图 3-12(c)所示,当气泡中点由零点 O 偏离移动一格(2 mm)时,管水准轴 LL 对于水平线便倾斜了 τ,若水准管玻璃圆弧的半径为 R,由图 3-12(c)可知:

$$\tau = \frac{2}{R}\rho \qquad (3\text{-}12)$$

式中,τ 就是水准管的分划值,又称水准管格值;取 $\rho = 206\,265''$。式中 R 同样以 mm 为单位。

由式(3-12)可以看出,水准管分划值 τ 与圆弧半径 R 成反比,圆弧半径越大,分划值就越小,仪器整平精度就越高。测量仪器上的水准管分划值一般为 $4''$～$120''$,最小可到 $2''$(相当于 $R = 206$ m)。

已知水准管分划值 τ 及气泡偏离中央的格数时,就可以计算管水准轴的倾斜角,例如,若 $\tau=20''$,气泡偏离 2 格,则管水准轴倾斜角值为 $40''$。

水准气泡移动至最高点的能力,称为水准器的灵敏度。分划值 τ 越小,灵敏度越高。此外,灵敏度还与水准管内表面的研磨质量、气泡长度、液体性质和温度等因素有关。灵敏度高的水准器,判断仪器某部分是否水平或竖直的准确度也高,但是要使气泡居中所花费的时间也多。因此,选择何种灵敏度的水准器应与整个仪器的精密度配合一致。

三、符合水准器

符合水准器就是在原来管水准器的上方固定位置加装一组水准器与反射棱镜,通过这组棱镜,将气泡两端的影像发射到望远镜旁的水准气泡观察窗内,方便仪器操作员察看。当旋转微倾旋钮,窗内气泡两端的影像吻合时,表示气泡居中,故称这种水准器为符合水准器(或符合水准管)。符合水准器在微倾式水准仪上使用,后来的自动安平水准仪已完全不用,故在此不详细介绍。

任务 5 深刻领会自动安平水准仪

一、自动安平的意义

用微倾式水准仪观测时,在圆水准气泡居中(粗平)后,还要用微倾旋钮使水准气泡居中(精平),以便获得水平视线来截取标尺读数。这样由于观测时间较长,外界条件的变化(如温度改变、尺垫和仪器下沉等),将使读数产生一些误差。为了克服上述缺点,自 20 世纪 50 年代起,已生产出许多种自动安平水准仪,它们只需将仪器的圆水准气泡居中,按十字丝中丝读取的标尺读数即为水平视线读数。这样不仅加快了作业速度,而且,对于地面的微小振动、仪器不规则的下沉、风力以及温度变化等外界因素引起的视线微小倾斜,仪器可以迅速自动地给予纠正补偿,从而提高了测量的精度。因此,现代生产的各类水准仪,无论是普通水准仪,还是精密水准仪,几乎全部采用了自动安平的装置。也就是说,现代生产的各类水准仪,均可称为自动安平水准仪。

二、自动安平的工作原理

我们知道微倾式水准仪是依靠符合气泡来使望远镜视准轴精确处于水平,而自动安平的仪器则依靠补偿器来使视准轴处于水平。

总的来说,补偿器的工作原理是利用地球引力来进行的。实际中,通常有两个办法来实施这一方案:一是用吊丝直接将十字丝分划板悬吊起来,利用十字丝分划板的自由旋转来补偿视准轴的倾斜,从而达到自动安平的目的[①];另一种是在十字丝分划板和物镜之间设计一组透镜(补偿器)用吊丝悬挂起来,同样也能获得视准轴的倾斜补偿而达到自动安平的效果。后者正是今天许多仪器上普遍使用的,图 3-15

---

①详见参考文献[1]《地形测量学》第 51 页及参考文献[3]《测量学原理》第 50 页。

所示是这种补偿器望远镜的构造图。

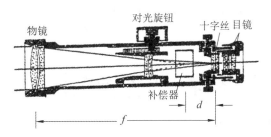

图 3-15　补偿器的位置

如图 3-16 所示,当望远镜视准轴处于水平位置 ab 时,从十字丝分划板上 b 位置可读取水准标尺 a 点的正确读数 b。当视准轴发生微小偏斜(偏斜量不超过仪器的补偿范围,如苏一光 DSZ2 自动安平水准仪的补偿范围为 $\pm14'$),十字丝从 b 点偏到了 b' 点。此时如果没有补偿器,则读数 b' 并非 a 点的读数,而为标尺 a' 点的读数。为了使读数 b' 仍然为 a 点的读数,人们在物镜与十字丝间增加一补偿器 P,使 a 点发出的光线经过补偿器 P 的反射,刚好在十字丝分划板的 b' 处成像。

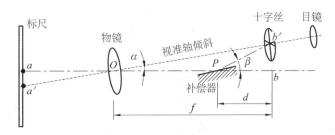

图 3-16　补偿器工作原理示意

三、自动安平水准仪技术参数

前面已经提及,现在生产的水准仪基本上均为自动安平水准仪。除了在微倾式水准仪的基础上直接增加自动安平补偿器而发展出来的传统自动安平水准仪外,之后又发明了各式各样的可自动安平的水准仪。表 3-1 中列举了几种自动安平水准仪及其主要技术参数。

表 3-1　自动安平水准仪主要技术参数

仪器名称、型号	自动安平补偿范围	视准轴自动安平精度	每千米往返测高差中误差	望远镜放大倍数物镜孔径	圆水准器格值	测微尺格值估读精度	备　注
苏一光 NAL232	$\pm15'$	$\pm0.4''$	±1.0 mm	32×40 mm	$8'/2$ mm		自动安平水准仪
苏一光 DS05	$\pm15'$	$\pm0.3''$	±0.5 mm	38×45 mm	$10'/2$ mm	0.1 mm 0.01 mm	自动安平精密水准仪
中纬 ZDL700	$\pm10'$	$\pm0.35''$	±0.7 mm	24×36 mm	$10'/2$ mm		数字水准仪
索佳 SDL1X	磁阻尼$\pm12'$ 液体$\pm8.5'$	$\pm0.3''$	±0.2 mm	32×45 mm	$8'/2$ mm		数字水准仪
威特 NA2000		$\pm0.8''$	±1.5 mm	$24\times$			1990 年生产,世界第一台数字水准仪

现在最为时髦的是数字水准仪,也称电子水准仪、光电水准仪,是一种自动化程度高且精度等级高的水准测量仪器。这种仪器具有如下特点。

① 将常规等分划区格式标尺的长度标记方式改为条纹编码的标尺长度注记方式。

② 采用 CCD（charge—coupled device，电荷耦合器件）摄像技术，测量时对标尺进行摄像观测。

③ 自动实现图像的数字化处理以及观测数据的测站显示、检核、运算等。

任务 6 认识水准尺及尺垫

一、水准尺

水准尺就是水准测量使用的水准标尺，也简称为标尺。水准尺一般用优质木材、铝合金或玻璃钢制成。对水准尺的生产使用有如下三个要求：(1) 材料变形越小越好；(2) 印刷刻字清晰且满足精度要求；(3) 使用方便轻巧。尺的造型有整形直尺、折叠尺及分节伸缩的塔形尺（塔尺）。整形的直尺有普通水准标尺和精密因瓦水准尺等。图 3-17 列举了几种形式的水准尺。

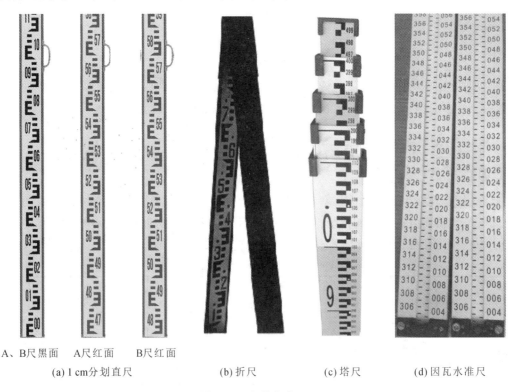

A、B 尺黑面　　A 尺红面　　B 尺红面

(a) 1 cm 分划直尺　　　　(b) 折尺　　　(c) 塔尺　　　(d) 因瓦水准尺

图 3-17　光学水准尺

木质标尺一般采用伸缩性小、不易弯曲变形且质地坚硬的木料，经专门干燥处理后制成。普通水准尺尺长为 3 m，有单面刻划和双面刻划两种，尺面分划采用区格式，每隔 1 cm 涂以黑白或红白相间的分格，每分米处注有阿拉伯数字，数字倒写或正写，观测时从望远镜中看到的是正字。初学者请注意：<u>字头位置所对应的分米级分划线便为该数字所指示的刻线</u>。

双面尺总是成对使用的。尺的一面为黑白相间的分格，称黑面尺（简称黑面），另一面为红白相间的分格，称红面尺（简称红面）。黑面尺尺底分划值起始为零，红面尺底面的分划值为某一数值 k，如 4.687 m 或 4.787 m。这样将红黑面分划值错开标注，一方面可以通过测站计算来检查出有可能出现的读数错误，另外还可以避免观测者读取黑面尺读数之后，再读取该尺另一面读数时会下意识地凑数。

图 3-17(c)所示的塔尺总长一般为 5 m,单面刻画或双面刻画,尺长度可根据需要拉伸或缩短。塔尺的测量精度较低,可用于要求不高的土方施工测量。

图 3-18(a)所示的精密水准尺,中间为伸缩性很小的镍钢材料。图 3-18(b)所示为用于数字化水准测量的精密条纹水准尺。现在又出现了一种用于沉降监测的软标尺,可以将其固定贴在墙(柱)上,电子、光学均可读数测量[见图 3-18(c)]。(注:另有彩图 3-18)

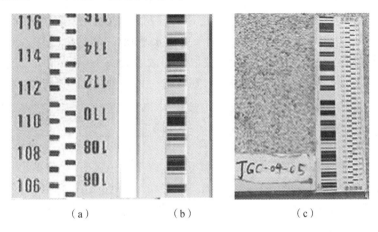

（a）　　　　　（b）　　　　　（c）

图 3-18　精密水准尺

二、尺垫

尺垫是用生铁铸成的垫件,一般有三角形和圆形两种,如图 3-19 所示(另有彩图 3-19)。尺垫的下部有三个短钝脚尖,上部有一个突起的半圆球顶。安放时,将尖角踩入地内,踏紧,然后在半圆球顶上垂直竖立水准标尺。

水准测量时,除了已知高程点和所求高程点以外,其余立尺点上都要安放尺垫来竖立水准尺,而且在一测站未完成所有观测计算时,必须一直保持尺垫稳定。另外在中途休息的间歇转点(类似于水准点的明显标志点)不能安放尺垫。

精密水准测量时,也可以用特制的具有一定重量的金属尺桩来代替尺垫。

【间歇转点】　线路水准测量需要中途休息收工时(如中途吃饭、天气变化、当天收工等),如果距离下一个水准点还较远,则必须选择一个或两个临时水准点作为间歇转点,简称间歇点。间歇点应选择坚固可靠、光滑突出、便于放置标尺的石头顶、消防栓顶、墙脚尖顶等明显位置,做好相关标记,用

图 3-19　尺垫

手机照相储存便于下次找寻。如果无此标志点,可用木桩钉入泥土中,木桩顶部钉好圆帽钉。

任务 7 掌握水准测量的外业工作

水准测量的外业工作包括野外踏勘、选点、埋石、外业观测等工作。水准测量的踏勘、选点、埋石工作也属于控制测量的内容,将在项目 7 中详细介绍,这里主要介绍水准测量的外业观测工作。

1. 安置水准仪

安置水准仪步骤:(1)解开三脚架绑腿皮带,松开架腿上的蝶形旋钮,揪住架头将其提升至与肩齐平的高度,拧紧蝶形旋钮;(2)张开三脚架,目估使架头大致水平,将三脚架脚尖踩入地下使其稳固(三条架腿的斜度要合适,不得过陡或过缓);(3)将水准仪取出安放在架头上,旋紧中心旋钮。注意安置好的仪器应较自己的眼睛位置稍低。当地面倾斜较大时,则应将一条架腿安置在倾斜地面的上方,另外两条架腿安置在下方,这样安置仪器更稳固。

2. 粗略整平仪器

如图3-20所示,当气泡中心偏离零点[见图3-20(a)],位于a位置时,粗略整平仪器的步骤如下:首先旋转1、2两个脚旋钮,使气泡沿1、2旋钮连线的平行方向移动至b处[见图3-20(b)]。转动脚旋钮时,左、右手应速度相同、方向相反(一个顺时针,一个逆时针);再转动另外一个脚旋钮3,转动方向如图3-20(b)所示箭头方向,使气泡居中[见图3-20(c)]。

气泡移动方向总是与左手大拇指移动方向一致。而脚旋钮顺时针方向旋转时该位置升高,反之降低,气泡总是往最高处移动。

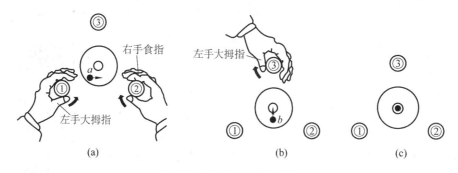

(a)   (b)   (c)

图3-20 圆水准气泡居中

3. 照准目标

步骤如下:① 转动照准部用粗瞄器瞄准后视水准尺;② 对目镜和物镜进行调焦,消除十字丝视差;③ 如果目标不清晰,则重复上述步骤②,直到同时看清楚十字丝和水准尺的像,转动微动旋钮使十字丝纵丝对准水准尺中线附近。

4. 读数

除了在生产测量中测量碎部点的高程时不需要测量视距外,在大部分情况下,水准测量中的读数均包括两项内容:读取视距和读取中丝读数。视距是上丝读数与下丝读数之差,再乘以100(视距测量的原理在项目5——距离测量中介绍)。实际中通常是用上、下丝读数相减来计算,如图3-21(a)所示的黑面读数,下丝读数减上丝读数为1362 mm−1245 mm=117 mm,即视距为0.117 m×100=11.7 m。

后视距或前视距一般只需测量一次,如读错、记错则无法从程序上检查出来,因此必须认真读数与记录。视距读出之后接着读取中丝读数,按米、分米、厘米和估读的毫米数一次性连续报出。一般习惯是只报四个数字,而不读出它们的单位,如图3-21所示各标尺的中丝读数(报数)分别为1303、1342、6130。

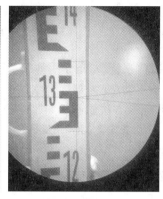

图 3-21　标尺读数

二、线路水准测量的一般内容

本项目开始就提到,由于水准仪获得的是水平视线,水准尺的高度又有一定限度,而且水准测量对视距也有一定的限量要求,所以当两点间的高差很大或相距太远时,只安置一次仪器还不能测出两点之间的高差,需要连续性地设站进行多站式水准测量。这种测量方法便称为**线路水准测量**,又称连续水准测量。

在图 3-2 中,从已知高程点 A 测到未知高程点 B 的过程中,在起点 A 和终点 B 上只需竖立一次水准尺、读取一个数,而在各转点 ZD_1,ZD_2,$\cdots$,ZD_{n-1} 上,则必须竖立两次尺、读两次数。例如,对于 ZD_1 点,在第一站读数为 b_1(前视读数),到第二站其读数为 a_2(后视读数),在 ZD_2,$\cdots$,ZD_{n-1} 各点上亦是如此。这样,便将已知点 A 的高程通过 ZD_1 传递到 ZD_2,ZD_2 传递到 ZD_3,$\cdots$,最后传递到未知点 B。测量上把这些起着传递作用的点称为**转点**。

显然,如果对某个转点上水准尺的观测出错(如点的位置变动、土质松软引起尺子下沉太多、读数记录错误等),那么,这个错误就会一直传递到最后一站,使未知点 B 对已知点 A 的高差中也带有这个错误,这是不允许的。因此,对于每个测站的观测都必须认真仔细,不能出错。同时,转点应选在土质坚实的地面上,并将尺垫置于转点的准确位置。尤其要注意的是,当把仪器从一个测站搬到下一测站时,前视尺垫坚决不能移动,且在观测过程中,不允许碰动尺垫,如有碰动,则由此站到起点(已知点)或间歇点的观测成果均应予报废,进行重测。

线路水准测量的外业工作主要有踏勘选点和外业观测。踏勘选点主要是根据水准测量的任务书要求,按照预先制订的粗略计划,在实地选好适当的水准路线和确定的水准点,埋设固定的水准标石[①]。下面主要介绍线路水准测量一站式测站外业工作的一般内容与步骤。

1. 测站观测作业步骤

对照图 3-2 及表 3-2,第一个测站的作业步骤大致如下。

(1) 后立尺员在 A 点竖立水准尺,作第一站的后视,观测员在适当地点(考虑视距限差要求及方便观测)安置水准仪,前立尺员保证前视距与后视距大致相等的前提下(一般用步测),选择 ZD_1 的位置作为第一个转点,安放尺垫并在其上竖立水准标尺,这是第一个测站的前视;

(2) 观测员架好仪器后,瞄准 A 点水准尺,读取后视距 56.8 记入手簿(表 3-2 第 3 栏),读取后视读数 1.552(中丝)记入第 5 栏;

---

①选点埋石的具体方法和注意事项请读者参阅 GB/T 12898—2009《国家三、四等水准测量规范》相关章节内容。

（3）照准前视 ZD_1 点水准尺，读取前视距 57.6、前视读数 1.108，记入手簿相应位置；

（4）计算测站的前后视距差 ΔS，记入第 4 栏。（注意检核，不同标准的水准测量对视距差有不同的要求，具体见相应规范要求）；

（5）计算测站高差。用后视读数减前视读数，记于手簿第 7 栏。至此，第一个测站的工作结束。

接着，转点 ZD_1 处立尺员保持尺垫不动（变为第二个测站的后视点），观测员将仪器迁至第二站，记录员则指示后立尺员向前转移。观测、记录方法如前。如此进行下去，直至到达 B 点全部观测完毕。

表 3-2　水准测量手簿

观测日期：2019.05.18　　　开始时间：9 时 10 分　　　结束时间：11 时 12 分　　　天气：晴

仪器：DS3　　　成像：清晰　　　观测者：张三　　　记录者：李四　　　检查者：王五

测站	测点	视距 S/m	视距差 ΔS $\sum \Delta S$	后视读数 a/m	前视读数 b/m	高差 h/m	备注
I	A	56.8	−0.8	1.552			起算点
	ZD_1	57.6	−0.8		1.108	0.444	
II	ZD_1	68.9	1.1	1.437			
	ZD_2	67.8	0.3		0.759	0.678	
III	ZD_2	79.8	0.9	2.463			
	ZD_3	78.9	1.2		1.041	1.422	
IV	ZD_3	89.6	−0.2	1.975			
	B	89.8	1.0		0.616	1.359	待求点
求和计算与检核		$\sum S = 589.2$	$\sum \Delta S = 1.0$	$\sum a - \sum b = 7.427 - 3.524$ $= 3.903$		$\sum h = 3.903$	

2. 表格求和计算与检核

表 3-2 中的最后一行是对视距、视距差、中丝读数、高差进行总合计。

其中第 3 栏 $\sum S$ 为视距总和，它代表了该段水准路线的长度。不同等级的水准测量对水准路线的长度有不同的要求，如国家标准 GB/T 12898—2009《国家三、四等水准测量规范》4.3 规定了三、四等水准测量各种情况的路线长度。水准路线的长短反映了水准点的密度，水准路线太长则水准点密度不够（还会影响水准测量成果的精度），太短则会引起不必要的浪费。

第 4 栏 ΔS 为视距差，国家标准 GB/T 12898—2009《国家三、四等水准测量规范》7.2.2 规定（见图 3-22），四等水准测量中，各测站视距差 ΔS 不能大于 3 m。$\sum \Delta S$ 为视距差的累积和，其要求同样与水准测量的等级有关，四等水准视距差的累积和 $\sum \Delta S$ 不能大于 10 m。

第 5、6、7 栏对记录中每一页的高差计算进行检核。利用式（3-5），先求得高差总和：

$$h_{AB} = h_1 + h_2 + \cdots\cdots + h_n = +3.903 \text{ m}$$

然后，计算后视读数总和与前视读数总和，以及二者之差，得

$$\sum a - \sum b = 7.427 \text{ m} - 3.524 \text{ m} = +3.903 \text{ m}$$

上述两数相等，说明各测站高差计算无误。

3. 往返测量的检核与计算

上述由 A 到 B 完成的一次高差测量的工作过程，称为往测。现往测共进行了 4 个测站，全部往测的

7.2.2 测站的视线长度(仪器至标尺距离)、前后视距差、视线高度、数字水准仪重复测量次数按表6规定执行。使用DS3级以上的数字水准仪进行三、四等水准测量观测,其上述技术指标应不低于表6中DS1、DS05级光学水准仪的要求。

表6 单位为米

等级	仪器类别	视线长度	前后视距差	任一测站上前后视距差累积	视线高度	数字水准仪重复测量次数
三等	DS3	≤75	≤2.0	≤5.0	三丝能读数	≥3次
	DS1、DS05	≤100				
四等	DS3	≤100	≤3.0	≤10.0	三丝能读数	≥2次
	DS1、DS05	≤150				

注:相位法数字水准仪重复测量次数可以为上表中数值减少一次。所有数字水准仪,在地面震动较大时,应暂时停止测量,直至震动消失,无法回避时应随时增加重复测量次数。

图3-22 GB/T 12898—2009《国家三、四等水准测量规范》技术要求(一)

记录计算如表3-2所示。为了检核,一般还规定尚需从 B 点测回到 A 点,称为返测。现返测的高差值为 -3.896 m(返测的记录表格在此省略)。

理论上,往测高差和返测高差应该大小相等、符号相反,即往、返测高差的代数和应等于零。但由于观测中不可避免地带有误差,使往、返测高差的代数和不等于零,而等于 W_h。W_h 称为高差闭合差或高差不符值。与表3-2相对应,该线路水准测量往返测的高差闭合差为

$$W_h = h_{往} + h_{返} = 3.903\ \text{m} - 3.896\ \text{m} = +0.007\ \text{m}$$

当 W_h 不超过规范规定时(未超限),取往、返测高差的平均值作为最后结果,即 $h_{AB} = (3.903\ \text{m} + 3.896\ \text{m})/2 = +3.900$ m。三、四等水准测量的测段,或路线的往返测高差闭合差限值要求如图3-23所示。

7.9.1 往返测高差不符值、环线闭合差和检测高差之差的限差应不超过表9的规定。

表9 单位为毫米

等级	测段、路线往返测高差不符值	测段、路线的左、右路线高差不符值	附合路线或环线闭合差		检测已测测段高差的差
			平原	山区	
三等	$\pm 12\sqrt{K}$	$\pm 8\sqrt{K}$	$\pm 12\sqrt{L}$	$\pm 15\sqrt{L}$	$\pm 20\sqrt{R}$
四等	$\pm 20\sqrt{K}$	$\pm 14\sqrt{K}$	$\pm 20\sqrt{L}$	$\pm 25\sqrt{L}$	$\pm 30\sqrt{R}$

注:K——路线或测段的长度,单位为千米(km);
L——附合路线(环线)长度,单位为千米(km);
R——检测测段长度,单位为千米(km);
山区指高程超过1 000 m或路线中最大高差超过400 m的地区。

图3-23 GB/T 12898—2009《国家三、四等水准测量规范》技术要求(二)

三、水准测量的主要方法与技术要求

在如图3-2所示的线路水准测量中,A 为已知水准点,B 为未知水准点,属于支线水准,或属于其他水准路线上的一段。支线水准一般用往返测量的方法来完成。

很明显,上述方法只有在完成了往返测之后,才能对测量结果进行一次性检验,检验结果如果超限,通常无法判断到底是往测出了问题还是返测出了问题。所以,在线路水准测量中,上述简单的一站式观测并不常用,而使用其他有可靠检核的方法。

水准测量的方法很多,主要根据水准测量的等级、参加人员的多少和使用的仪器类型来选择观测方法。最常用的有**改变仪器高法**、**双面尺法**、单程双转点法、单程双仪器法等。其中单程双转点法与单程双仪器法需要投入较多人员、仪器,在此不予专门介绍。

1. 改变仪器高法

每一测站按上述一站式方法测出一个高差后,重新安置仪器(将仪器升高或降低 0.1 m 以上),再测一次高差,具体观测步骤如下。

① 第一次观测。依次观测后视距 $S_后$、后视中丝读数、前视距 $S_前$、前视中丝读数等数据。

② 变动三脚架高度(10 cm 以上),重新安置水准仪。

③ 第二次观测。依次观测前视中丝读数、后视中丝读数。

④ 计算与检核。计算两次测得的高差较差,要求高差较差不得超过规标准定的数值。例如,《工程测量标准》(GB 50026—2020)规定,四等水准本测站两次仪器高测出的高差较差,不能超过 5 mm(见图 3-24)。

表 4.2.6 光学水准仪观测的主要技术要求

等级	水准仪级别	视线长度(m)	前后视距差(m)	任一测站上前后视距差累积(m)	视线离地面最低高度(m)	基、辅分划或黑、红面读数较差(mm)	基、辅分划或黑、红面所测高差较差(mm)
二等	DS1、DSZ1	50	1.0	3.0	0.5	0.5	0.7
三等	DS1、DSZ1	100	3.0	6.0	0.3	1.0	1.5
	DS3、DSZ3	75				2.0	3.0
四等	DS3、DSZ3	100	5.0	10.0	0.2	3.0	5.0
五等	DS3、DSZ3	100	近似相等				

注:1 二等光学水准测量观测顺序,往测时,奇数站应为后—前—前—后,偶数站应为前—后—后—前;返测时,奇数站应为前—后—后—前,偶数站应为后—前—前—后;

2 三等光学水准测量观测顺序应为后—前—前—后;四等光学水准测量观测顺序应为后—后—前—前;

3 二等水准视线长度小于 20m 时,视线高度不应低于 0.3m;

4 三、四等水准采用变动仪器高度观测单面水准尺时,所测两次高差较差,应与黑面、红面所测高差之差的要求相同。

图 3-24 GB 50026—2020《工程测量标准》技术要求(一)

表 3-3 是改变仪器高法水准测量的手簿记录计算。注意表中的视距只需测量一次,高差则需测量两次。表 3-3 中最后一行的求和与检核计算与表 3-2 稍有不同。

表 3-3 水准测量手簿(改变仪器高法)

观测日期:2019.05.25　　　开始时间:9 时 10 分　　　结束时间:11 时 12 分　　　天气:　晴

仪器:DS3　　　成像:　清晰　　　观测者:　张三　　　记录者:　李四　　　检查者:　汪久

测站	测点	视距 S	视距差 ΔS / ∑ΔS	后视读数 a/m	前视读数 b/m	高差 h/m	平均高差 $\bar{h}$/m	备注
I	A	56.8	−0.8	1.655 1.552			0.445	起算点
	TP_1	57.6	−0.8		1.209 1.108	0.446 0.444		
II	TP_1	68.9	1.1	1.437 1.338			0.678	
	TP_2	67.8	0.3		0.759 0.661	0.678 0.677		

续表

测站	测点	视距 S	视距差 ΔS / $\sum \Delta S$	后视读数 a/m	前视读数 b/m	高差 h/m	平均高差 $\bar{h}$/m	备注
Ⅲ	TP_2	79.8	0.9	2.463 2.355			1.423	
	TP_3	78.9	1.2		1.041 0.931	1.422 1.424		
Ⅳ	TP_3	89.6	−0.2	1.975 2.099			1.360	
	B	89.8	1.0		0.616 0.739	1.359 1.360		待求点
求和与检核计算		$\sum S=$ 589.2	$\sum \Delta S=$ 1.0	$(\sum a-\sum b)/2$ $=(14.874-7.064)/2$ $=3.906$		$\sum/2=$ 3.906	$\sum h=$ 3.906	

显而易见，与上述一站式水准测量相比，用改变仪器高法进行水准测量时，通过变动三脚架高度约10 cm进行两次高差观测，可以在测站内进行互相检核，减少读数（尤其是分米级读数）错误，提高观测的可靠性和精确度。该方法的特点是测站计算工作量较小，仪器操作工作量较大。

2. 双面尺法

双面尺法又称为红黑面尺法，是一种经常使用的水准测量方法。相对改变仪器高法而言，该方法现场计算工作量稍大，但野外操作量较小，因此备受推崇。双面尺法的基本工作原理有两个：① 同一水准尺的红面读数和黑面读数之差应为4.687 m或4.787 m（其差数亦不得超过一定的限值）；② 黑面读数的高差和红面读数的高差应相等（高差的差数应小于规范规定范围）。三、四等水准测量的观测限差要求如图3-25所示。

7.5.1 测站观测限差按表7规定执行。

表7

单位为毫米

等级	观测方法	基、辅分划（黑红面）读数的差	基、辅分划（黑红面）所测高差的差	单程双转点法观测时，左右路线转点差	检测间歇点高差的差
三等	中丝读数法	2.0	3.0	—	3.0
	光学测微法	1.0	1.5	1.5	
四等	中丝读数法	3.0	5.0	4.0	5.0

使用双摆位自动安平水准仪观测时，不计算基辅分划读数差。

对于数字水准仪，同一标尺两次观测所测高差的差执行基辅分划所测高差之差的限差。

图3-25 GB/T 12898—2009《国家三、四等水准测量规范》技术要求（三）

双面尺法根据标尺黑面、红面的刻划特点，按规定程序完成双面标尺的观测、计算、检核，具体操作步骤有两个方案。

① 方案一：后—前—前—后，即后尺黑面（上、下、中丝）—前尺黑面（上、下、中丝）—前尺红面（中丝）—后尺红面（中丝）。（如图3-26所示的顺序）

② 方案二：后—后—前—前，即后尺黑面（上、下、中丝）—后尺红面（中丝）—前尺黑面（上、下、中丝）—前尺红面（中丝）。

读者可根据自己的工作要求情况确定具体操作方案。图3-26所示是双面尺法测量工作原则和记录计算表格，表中(1)～(18)表示记录、检核、计算的顺序。

图3-26的表格中(1)～(8)为观测数据，(9)～(18)为计算数据。本测站各项限差对照图3-22和图3-25，对四等水准测量而言，数据(9)、(10)不大于100 m（S3水准仪），数据(11)不大于3 m，数据(12)不大于10 m，数据(13)、(14)不大于3 mm，数据(17)与(17′)相等且不大于5 mm。

- *"伴随观测，逐一检核，随时控制，逐步放行"。*
- *伴随观测，逐一检核：观测开始就接受检核，不能观测完再检核。*
- *随时控制，逐步放行：检核合格才容许下一步的观测工作。*

双面尺法观测记录实例　　　　　　　　　　　　　　　表 4-2

测站编号	后视尺 下丝 上丝 后视距 视距差 d	前视尺 下丝 上丝 前视距 Σd	方向及尺号	标尺读数 黑面	红面	K+黑−红	高差中数	备注
	(1)	(4)	后	(3)	(8)	(14)		记录计算检核说明
	(2)	(5)	前	(6)	(7)	(13)		
	(9)	(10)	后−前	(15)	(16)	(17)／(17)	(18)	
	(11)	(12)						
1	1.574 1.193 38.1 1.3	0.735 0.367 36.8 1.3	后 NO.5 前 NO.6 后−前	1.384 0.551 0.833	6.171 5.239 0.932	0 −1 1／1	0.8325	NO.5 K=4.787 NO.6 K=4.687
2	2.225 1.642 58.3 −0.4	2.302 1.715 58.7 0.9	后 NO.6 前 NO.5 后−前	1.934 2.008 −0.074	6.622 6.796 −0.174	−1 −1 0／0	−0.074	

图 3-26　双面尺法水准测量记录计算

四、野外观测工作的注意事项

野外观测工作的注意事项有很多，现采撷几条如下。

（1）野外作业前全组人员认真学习有关测量规范标准和技术设计书。小组的野外工作遵循"团结、紧张、严肃、活泼"的宗旨。

（2）观测水准仪应安置在土质坚实的地方，前立尺员仔细测量步伐，尽量使前后视距离相等。当前后视距相差过大时，以及视距差的累积值相差过大时，要指挥前尺员改变前尺位置，或者改变仪器位置以满足要求。

（3）观测时尽可能采用防晒措施，避免阳光直射仪器，影响测量精度。

（4）记簿者对观测者所读之数，应复诵（回报）一遍，确信无误后才记入手簿。要按格式立即记录，不准涂改。表格计算按顺序进行，迅速跟进。如有超限，及时提出重测。

（5）表格记录应该填写的栏目全部填满，不留空白。记录计算填写公正，字迹清楚，严禁涂改擦除。如有划改则须注明原因，且不能连续划改。原始读数尾数不能更改。

（6）水准尺必须竖直，尺上有圆水准器时，应注意使气泡居中，将尺扶稳。尺垫尽量选择在土质坚实的地面上，用脚踩紧。无论前尺或后尺，观测读数之后如碰动尺垫，或怀疑碰动，均应立即向测站如实报告，否则后果更加严重。

任务 8　掌握水准测量的内业工作

在完成外业踏勘选点之后，便可立即进行水准测量的详细技术设计。水准测量技术设计的内容主要包括测量的目的，任务介绍，地理概况，适用的规范，技术要求，水准线路的布设，工作日程安排，人员分配，观测实施，成果处理、检查提交，等等，具体可参见 CH/T 1004—2005《测绘技术设计规定》。

水准测量的内业工作很多，在这里我们主要介绍水准线路的布设、检核与野外观测数据的处理。

一、水准线路的布设与检核

在水准野外测量之前必须进行水准线路的布设，测量完成之后便要进行线路的检核。一般来说，水准线路可以布设成如下几种情况。

1. 附合水准路线

如图 3-27 所示,从某个已知高程的水准点 BM_A 出发,沿路线进行水准测量,经过某些未知水准点 A、B、C 等(图 3-27 上未画出这些点),最后连测到另一个已知高程的水准点 BM_B 上,这样的水准路线称为附合水准路线。

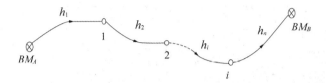

图 3-27 附合水准路线

理论上,线路上各转点之间的高差之和 $\sum h$,应该等于两个已知水准点的高差($H_终 - H_始$)。但是,由于水准测量中仪器误差、观测误差以及外界的影响,水准测量中不可避免地存在着误差,一般来说 $\sum h$ 和($H_终 - H_始$)不完全相等,两者之差称为高差闭合差 f_h。即

$$f_h = \sum h - (H_终 - H_始) \tag{3-13}$$

根据实测数据计算出的 f_h 大小不能超过一定限值,否则需进行重测。例如,四等水准测量要求参见 GB/T 12898—2009《国家三、四等水准测量规范》(见图 3-23),平原地带的附合路线闭合差限值为 $\pm 20\sqrt{L}$,山区地带的附合路线闭合差限值为 $\pm 25\sqrt{L}$。或参见《工程测量标准》(见图 3-28),平地的附合路线闭合差限值仍为 $20\sqrt{L}$,山地的附合路线闭合差限值为 $6\sqrt{n}$。

4.2.1 水准测量的主要技术要求应符合表4.2.1的规定。

表 4.2.1 水准测量的主要技术要求

等级	每千米高差全中误差(mm)	路线长度(km)	水准仪级别	水准尺	观测次数		往返较差、附合或环线闭合差	
					与已知点联测	附合或环线	平地(mm)	山地(mm)
二等	2	—	DS1、DSZ1	条码因瓦、线条式因瓦	往返各一次	往返各一次	$4\sqrt{L}$	—
三等	6	≤50	DS1、DSZ1	条码因瓦、线条式因瓦	往返各一次	往一次	$12\sqrt{L}$	$4\sqrt{n}$
			DS3、DSZ3	条码式玻璃钢、双面		往返各一次		
四等	10	≤16	DS3、DSZ3	条码式玻璃钢、双面	往返各一次	往一次	$20\sqrt{L}$	$6\sqrt{n}$
五等	15	—	DS3、DSZ3	条码式玻璃钢、单面	往返各一次	往一次	$30\sqrt{L}$	—

注:1 结点之间或结点与高级点之间的路线长度不应大于表中规定的70%;

2 L 为往返测段、附合或环线的水准路线长度(km),n 为测站数;

3 数字水准测量和同等级的光学水准测量精度要求相同,作业方法在没有特指的情况下均称为水准测量;

4 DSZ1级数字水准仪若与条码式玻璃钢水准尺配套,精度降低为 DSZ3级;

5 条码式因瓦水准尺和线条式因瓦水准尺在没有特指的情况下均称为因瓦水准尺。

图 3-28 GB 50026—2020《工程测量标准》技术要求(二)

【温馨提示】 如果测量线路坡度较大,由于测站较多,可选择采用 $6\sqrt{n}$ 作为检核要求。无论是平地还是山地,如果用 $20\sqrt{L}$ 和 $6\sqrt{n}$ 两个公式检验均不合格,就只能返工重测。

2. 闭合水准路线

如图 3-29 所示,从已知水准点 BM_A 出发,沿水准路线进行水准测量,经过某些未知水准点(A、B、C 等),最后又回到原已知水准点 BM_A,这样的水准路线称为闭合水准路线。

理论上,闭合水准路线的各点高差之和为零。但是,实测高差的和不一定等于零,其高差之和便为闭合水准路线的高差闭合差,即

$$f_h = \sum h \tag{3-14}$$

对 f_h 的要求同样可参照图 3-23 或图 3-28。

3. 支水准路线

从某个已知水准点出发,经过若干站水准测量之后,既不附合到另一个已知水准点上,也不走环线闭合到原来的已知水准点上,这样的水准路线称为支水准路线。支水准路线上一般只布设 1~2 个未知水准点,如图 3-30 所示。

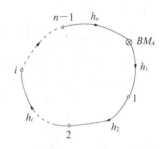

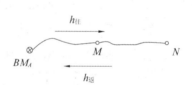

图 3-29　闭合水准路线　　　图 3-30　支水准路线

支水准路线一般要求进行往返测量。理论上,支线水准的往测高差的绝对值应该与返测高差的绝对值相等、符号相反。因此,实际测量的往、返测高差的和称为支水准路线的高差闭合差,即

$$f_h = h_{往} + h_{返} \tag{3-15}$$

支线水准对 f_h 的要求同样可以参照图 3-23 或图 3-28。如进行其他等级的水准测量,亦可参照其他相应规范或标准要求。

4. 水准网

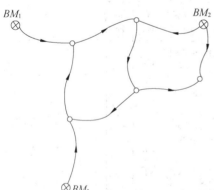

图 3-31　水准网示意图

水准网,是指由若干条水准路线相互连接而成的图形,如图 3-31所示。水准网有各种各样的形式,如附合水准网、闭合水准网、独立水准网等。水准网的平差计算较单一的线路水准测量的计算复杂很多,读者需要继续学习"控制测量"的相关内容,对其进行详细了解。

二、水准测量内业计算

水准测量外业工作结束后,要及时全面检查记录手簿,确认手簿记录与计算无误后,便开始进行内业计算。内业计算先计算路线的高差和,根据相应规范要求对闭合差进行检核。如果闭合差未超过规范要

求,则将路线闭合差按路程远近均匀分配至各测段,最后计算出各未知水准点的高程。如果是水准网,还要进行水准网的平差计算。这些工作称为水准测量的内业计算。

下面以闭合水准路线为例进行水准测量的内业计算介绍。

【例 3-1】 在如图 3-32 所示的闭合水准路线中,共布设了 A、B、C、D 四个未知水准点,加上已知水准点 BM,共五个水准点将整个闭合水准路线分成五个测段,现要求计算线路中四个未知水准点 A、B、C、D 的高程。

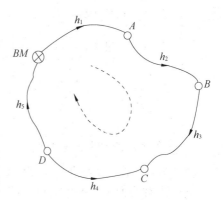

图 3-32 闭合水准测量计算图

[解] 水准测量的等级按 GB 50026—2020 中的五等水准测量要求(见图 3-28),具体计算步骤如下(见表 3-4)。

(1) 计算各测段间高差。

依据观测记录手簿上各测站的高差,分段求和,得出各测段的高差。如起始点 BM 和 A 点间经过 16 个测站的测量,对这 16 个测站的高差加总求和,得出 BM 点和 A 点间高差为 $+15.583$ m。以此类推,分别计算出各测段高差。

(2) 高差闭合差计算和检核。

依据手簿上各测站的视距,求和得出各个测段长,填入表格,再将各测段长累加得 $[D]$。各测段的测站数根据同样方法求和填入表格。

依据式(3-14)计算该闭合线路的水准测量高差闭合差 $f_h = \sum h = 0.033$ m $= 33$ mm。

根据图 3-28 所示五等水准测量要求,$f_{h容} = \pm 30 \sqrt{L} = \pm 69$ mm(注:此例为平缓地带)。$|f_h| < |f_{h容}|$,说明野外观测成果符合规范精度要求,可以进行下一步的闭合差分配,计算各水准点高程。

表 3-4 闭合水准路线

测段序号	点名	高差观测值 h_i'/m （1）	测段长 D_i/km （2）	测站数 n_i （5）	高差改正 $v_i = \dfrac{WD_i}{[D]}/mm$ （7）	高差最或然值/m （9）	高程/m （10）
	BM						67.648
1		15.583	1.534	16	-9	15.574	
	A						83.222
2		3.741	0.380	5	-2	3.739	
	B						86.961
3		-16.869	1.751	20	-11	-16.880	
	C						70.081
4		-8.372	0.842	10	-6	-8.378	
	D						61.703
5		5.950	0.833	11	-5	5.945	
	BM						67.648
(4) $W_{容} = \pm 30 \sqrt{[D]} = \pm 69$ mm $W = \sum h_i' = 33$ mm $= W_{容}$		(3) $[D] =$ 5.34 km	(6) $N = 62$	(8) $[v] = -33$ mm $= -W$	$\sum h = 0$	计算闭合

3. 分配闭合差

闭合差分配按与路线长度 L（即表 3-4 中的测段长 D）或与路线测站数 n 成正比例的原则，反号进行分配。用数学公式表示为

$$v_{h_i} = -\frac{f_h}{\sum L} \times L_i \qquad (3\text{-}16)$$

或

$$v_{h_i} = -\frac{f_h}{\sum n} \times n_i \qquad (3\text{-}17)$$

式中，$\sum L$ 表示水准路线总长度；L_i 表示第 i 测段的路线长；$\sum n$ 表示水准路线总测站数；n_i 表示第 i 测段测站数；f_h 表示水准路线高差闭合差；v_{h_i} 表示分配给第 i 测段观测高差改正数。

对计算出的各段改正数求和，结果应等于高差闭合差反号。如有微小差异则需进行相应调整以保证表 3-4 中的 $[v] = -W$。

将计算好的高差改正数与相应观测高差求和，得出高差最或然值。检核高差最或然值的和，应等于 0，即 $\sum h = 0$。

4. 高程计算

根据已知水准点高程和各点间高差最或然值，依次逐点推求各点改正后的高程，作为水准测量高程的最后成果。推求出的最后一个高程值应与最上面已知水准点高程值完全一致。至此，计算闭合。

附合水准路线、支水准路线，其内业计算的步骤与闭合水准路线相似。表 3-5 为一附合水准路线测量的计算样例，请读者自行领会。

表 3-5　附合水准路线测量成果计算表

点号	路线长度 L/km	观测高差 h/m	高差改正数 v_{h_i}/m	改正后高差 $\hat{h}_i$/m	高程 H/m	备注
BM_A					6.543	已知点
	0.60	+1.331	−0.002	+1.329		
A					7.872	
	2.00	+1.813	−0.008	+1.805		
B					9.677	
	1.60	−1.424	−0.007	−1.431		
C					8.246	
	2.05	+1.340	−0.008	+1.332		
BM_B					9.578	已知点
$\sum$	6.25	+3.060	−0.025	+3.035		

$f_{h容} = \pm 40\sqrt{L} = \pm 100 \text{ mm}$ $\qquad\qquad$ $v_h = -\frac{f_h}{\sum L} = -\frac{25}{6.25} \text{ mm/km} = -4 \text{ mm/km}$

$f_h = \sum h_测 - (H_终 - H_始)$

$\quad = +3.060 - (9.578 - 6.543) \text{ mm} = 25 \text{ mm} \leqslant f_{h容}$ $\qquad$ $\sum v_{h_i} = 25 \text{ mm} = -f_h$

任务 9 分析水准测量的误差并预防

任何一项测量工作,无论人们怎样去努力,其测量工作的成果仍含有一定误差。这些误差可分为三类:仪器误差、观测误差以及外界因素影响带来的误差。影响水准测量结果的误差很多,概括起来同样可分为上述三个方面的影响:仪器、人、外界条件。

一、仪器误差

水准仪使用前,应按规范规定进行水准仪的检验与校正,具体应参考仪器说明书进行,以保证仪器各轴线满足条件,不让仪器带"病"操作。由于仪器在生产结构上不可能做到完美无缺,仪器的检验与校正也不可能完全到位,这样,仪器使用时总会有一些残余误差存在,其中最主要的是管水准轴不平行于视准轴的误差,又称为 i 角残余误差、i 角误差。而水准尺作为水准测量的重要设备,使用前同样应进行仔细检验校准。

1. 望远镜调焦机构隙动差

望远镜的调焦机构是由机械器件装配而成的,装配器件时总会存在一定间隙。这种间隙将通过转动调焦旋钮引起调焦镜中心和视准轴的变化,从而给测站观测带来误差。这就是望远镜调焦机构隙动差对水准测量的影响。一般来说,调焦机构隙动差太大的水准仪不应该投入使用。

即使一台合格的水准仪,在测站观测中也只能用一次对光的观测方法(针对线路水准测量),即在一测站瞄准后视标尺调焦对光后,由于后视距与前视距基本相等,故在瞄准前视标尺时不必再调焦对光,否则会导致视准轴的 i 角发生变化,增加不必要的误差。

另外,操作人员还须养成这样的良好习惯:在每次调焦对光时,最后总是按旋进的方向结束旋转动作。

2. 管水准轴与望远镜视准轴不平行的误差

对于微倾式水准仪,当水准管调平后,管水准轴处于水平方向,但视准轴与管水准轴不完全平行,而存在一个小的上下方向的夹角 i。i 角的影响如图 3-33 所示。

在这种情况下,当不考虑其他因素影响时,后视读数将包含误差 Δ_1,前视读数将包含误差 Δ_2,两点间的高差为

$$h = (a - \Delta_1) - (b - \Delta_2)$$

或

$$h = (a - b) - (\Delta_1 - \Delta_2) \tag{3-18}$$

式中,$\Delta_1 - \Delta_2$ 是因管水准轴不平行于视准轴所产生的误差。由图 3-33 可知

$$\Delta_1 = D_1 \tan i_1, \quad \Delta_2 = D_2 \tan i_2$$

若要消除 i 角误差的影响,使 $\Delta_1 = \Delta_2$,就必须满足 $D_1 = D_2$ 和 $i_1 = i_2$。

$D_1 = D_2$ 说明前后视距要相等,具体如何要求,国家相关标准中有明确规定。

满足 $i_1 = i_2$ 的条件,应注意以下两点。

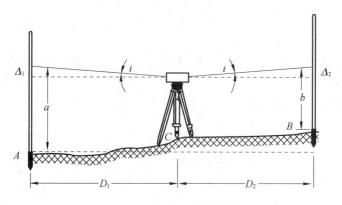

图 3-33 仪器 i 角误差影响

（1）避免因望远镜重新调焦而引起 i 角的变化。

在一个测站上，由后视转为前视时，望远镜不得重新调焦，否则会引起视准轴位置的变化，从而引起 i 角的变化。这就要求在一个测站上的前后视距应尽量相等，或者使 D_1 和 D_2 的差距保持在不需要重新调焦的范围内。如果 $D_1 = D_2$，不仅使 i 角变化得到控制，而且可以直接使 $(\Delta_1 - \Delta_2) \to 0$。

（2）避免因温度改变而引起 i 角变化。

由于温度改变会引起光学玻璃的密度变化，从而引起 i 角的变化。因此，为了保持仪器温度的稳定，除了仪器商在生产时要考虑采取一些必要措施外（如恒温材料、遮光装置等），还要求观测人员注意选择较适宜的天气测量（阴天最好），如遇太阳强烈的天气应张伞保护仪器不被暴晒。

当 $i_1 = i_2 = i$ 时，式(3-18)可以写成

$$h = (a - b) - (D_1 - D_2)\tan i \tag{3-19}$$

对于一个较远距离的水准测段，其高差为

$$\sum h = \sum (a - b) - \tan i \sum (D_1 - D_2) \tag{3-20}$$

在测量中，为了保持一定的工作速度，不可能使前后视距完全相等，故在一般情况下，上式中等式右边第二项往往不等于零。但是，在野外测量时，我们可以有意识地减小前后视距累积差 $\sum (D_1 - D_2)$，以限制该项误差对高差结果的影响。例如，当 $i = 20''$，$\sum (D_1 - D_2) = 10$ m 时，则

$$\tan i \sum (D_1 - D_2) \approx 1 \text{ mm}$$

对于一般水准测量来说，这一数值可以忽略不计。

对于自动安平水准仪，由于自动补偿不能完全到位，因而视准轴不能水平，于是同样存在一个类似于上述 i 角误差的视准轴倾斜误差 $\Delta \alpha$，又称作补偿误差，或补偿精度、安平精度（仪器说明书称谓）等。

自动安平水准仪的视准轴倾斜误差 $\Delta \alpha$ 对观测高差的影响不能像微倾式水准仪那样，用前后视距相等的方法来消除。该影响与倾斜误差 $\Delta \alpha$ 及测站前后视距的和成正比。因此，为了减小该项误差的影响，除了要仔细安置整平仪器、尽量减小倾斜误差 $\Delta \alpha$ 外，测站的前后视距之和也要尽可能得到控制。

根据 $\Delta = (S_1 + S_2)\Delta \alpha$，取 $\Delta \alpha = \pm 0.3''$、$\pm 0.5''$，可计算出该项误差在不同视距时的影响程度（见表 3-6）。

表 3-6 自动安平水准仪视准轴补偿误差对测站高差的影响（单位：mm）

$\Delta \alpha$	$S_1 + S_2$					
	20 m	50 m	100 m	150 m	200 m	300 m
$\pm 0.3''$	0.03	0.07	0.15	0.22	0.29	0.44
$\pm 0.5''$	0.05	0.12	0.24	0.36	0.48	0.73

由此可见,对于低等级的水准测量,该项误差影响可以忽略不计;但对于高等级水准测量来说,该项影响在测站视距(S_1+S_2)达到 150 m 以上时,还是需要注意的。

值得庆幸的是,由于在每个测站安置仪器时,如何使用脚旋钮粗略整平是随机的,各测站该项误差影响的大小将在$|\Delta|=|(S_1+S_2)\Delta\alpha|$的范围内随机变动,影响的符号也是随机的,具有偶然误差的性质,因此在计算测段总高差时,便可以抵消一部分。这也从一定程度上说明了为什么自动安平水准仪也能达到与微倾式水准仪相同级别的测量精度。

【问题探讨】 讨论自动安平水准仪的视准轴误差在高等级水准测量中的影响。

3. 水准尺的误差

(1)每米分划误差(每米真长误差)。

名义长为 1 m 的尺长间隔,其真长往往不等于 1 m,例如每米尺长误差为±0.2 mm,用这种水准尺进行高差测量,每 10 m 高差结果就包含有 2 mm 的误差。一般规定,每米真长误差不超过±0.5 mm,并应在观测结果中,加入尺长改正数,以消除其影响。

(2)分米分划误差。

亦即分米划线距起测分划线的误差,一般规定此误差不得超过±1.0 mm,否则,该尺不能用于作业。

(3)尺面弯曲的误差。

如图 3-34 所示,设标尺长度为 l,矢距为 a,则因尺面弯曲引起的尺长误差 Δl[1] 为

$$\Delta l = \frac{-8a^2}{3l}$$

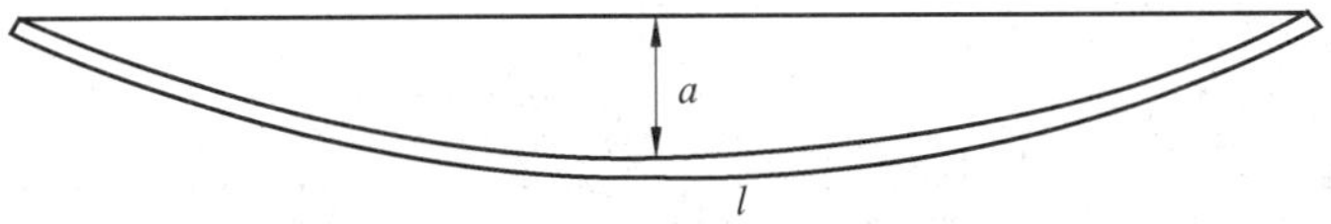

图 3-34 水准尺弯曲的影响

设要求尺面弯曲引起的尺长误差 $\Delta l\leqslant\pm0.1$ mm,当尺长 $l=3$ m 时,由上式可得

$$a \leqslant \pm\sqrt{\frac{3l\times\Delta l}{8}} = \pm\sqrt{\frac{3\times3000\times0.1}{8}}\text{ mm} \approx \pm10.6\text{ mm}$$

结果表明,当水准尺尺面弯曲的矢距 $a<10$ mm 时,由其引起的尺长误差 $\Delta l<0.1$ mm,故实际工作中,一般不考虑此项误差的影响。

为了防止尺面弯曲,要求存放水准尺时尺面不可向上向下,应使侧面向上平放。在作业过程中以及搬动水准尺时,也不可将尺面向上向下地扛在肩上。

(4)一对水准尺的零点差的误差。

水准尺尺底分划线的理论值应为零,故称其为零分划或零点。当一对水准尺的零分划实际不为零,且不相等时,其差值称为零点差。显然,每站高差中都包含有此项误差,当测站数为偶数时,在最后结果中将可消除其影响,故一般规定水准高差测量应以偶数站到达终点。若以奇数站到达则要加零点差改正。

二、观测误差

观测误差主要是由于人们在仪器操作时,受自身条件所限(如人眼分辨能力等),所引起的读数误差。

---

① 关于尺寸误差的计算公式可查阅参考文献[1]《地形测量学》第46页。

1. 水准管气泡居中误差

气泡居中误差主要与水准管分划值和人眼分辨能力有关,一般认为气泡居中的误差大约为 $\pm 0.15\tau$(τ 为水准管的分划值,又称水准管格值,可参见图 3-12)。则由此引起的在水准尺上的读数误差为

$$\Delta_{居中} = 0.15\tau S/\rho \qquad (3-21)$$

采用符合水准器读数时,气泡居中精度约可提高一倍,则式(3-21)写成

$$\Delta_{居中} = 0.15\tau S/(2\rho) \qquad (3-22)$$

当 $\tau = 20''$,标尺至仪器的距离 $S = 100$ m,取 $\rho = 206\ 265''$ 时,则

$$\Delta_{居中} = 0.15 \times 20'' \times 100\ 000/(2 \times 206\ 265'')\ \text{mm} \approx 0.73\ \text{mm}。$$

为了减少该项误差影响,应对视线长加以限制,观测时使气泡精确居中或符合。

对于自动安平水准仪,该项误差的影响则表现在自动安平补偿器的补偿精度上。由于仪器的制造难度大,使得补偿的精度局限于一定范围。例如苏州一光 NAL232 自动安平水准仪所能达到的补偿精度(即视准轴自动安平精度)为 $\pm 0.4''$。当标尺至仪器的距离 $S = 100$ m 时,则由此引起在水准尺上的读数误差为

$$\Delta_{补偿} = 0.4'' \times 100\ 000/206\ 265'' \approx 0.2\ \text{mm}$$

2. 照准误差

前面已经提及,人眼的分辨能力约为 $60''$,用望远镜观察可提高 v 倍,即用望远镜瞄准目标可能产生的照准误差为 $60''/v$,由此引起的读数误差为

$$\Delta_{照} = \frac{60''}{v} \times \frac{S}{\rho} \qquad (3-23)$$

当 $v = 28$,$S = 100$ m,$\rho = 206\ 265''$ 时,得

$$\Delta_{照} = \frac{60''}{28} \times \frac{100\ 000}{206\ 265''}\ \text{mm} \approx 1.04\ \text{mm}$$

3. 标尺读数误差

标尺读数误差即观测员对标尺格值的估读误差。估读误差与水准尺的基本分划值有关。如果是以厘米为基本分划的水准尺,通常要求估读到 1 mm。估读时,是以十字丝在尺面上的位置来判断的,如果从望远镜中观察到的十字丝的宽度已超过尺上基本分划的十分之一,即超过 1 mm,那么,估读到毫米的准确度就会受到影响。因此,估读误差又与望远镜的放大率和视线长度有关,放大率高,估读误差可以较小,视线长了,误差就会较大。一般认为,在视线 100 m 以内,厘米基本分划的标尺估读误差约为 1 mm。所以,我们应按国标规定的仪器等级和视距长度进行水准测量。另外,观测员作业时须认真、仔细、规范化操作,小心消除视差,提高读数精度。

对于数字化水准仪,则为电子显示读数,没有读数误差。

4. 水准尺倾斜误差

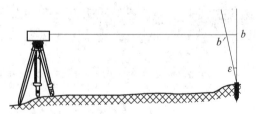

图 3-35　水准尺倾斜的影响

立于尺垫或水准点上的水准尺,若在观测时倾斜(沿视线方向),则肯定会使读数增大,如图 3-35 所示,恒有 $b' > b$。

设水准尺倾斜 ε 角时的读数为 b',则竖直时的读数 b 应为

$$b = b'\cos\varepsilon \qquad (3-24)$$

由此产生的读数误差为

$$\Delta b = b' - b = b'(1 - \cos\varepsilon)$$

将 $\cos\varepsilon$ 按泰勒级数展开，取至二次项，则得

$$\Delta b \approx \frac{1}{2}b'(\frac{\varepsilon}{\rho})^2 \qquad (3\text{-}25)$$

即水准尺倾斜引起的读数误差与读数的大小 b'（视线高度）成正比，同时与水准尺倾斜的角度 ε 的平方成正比。

目估立尺时，ε 可达 $2°$，当按最不利的情况考虑，取 $b' = 3$ m 时，由式（3-25）可算得 $\Delta b = 1.8$ mm。若要求读数误差 $\Delta b \leqslant 0.1$ mm，仍取 $b' = 3$ m，$\rho = 3\,438'$，则由式（3-25）得

$$\varepsilon \leqslant \pm \rho \sqrt{\frac{2 \times \Delta b}{b'}} \approx \pm 28'$$

目估立尺远远达不到这样的要求，故在水准尺上装圆水准器是必要的。如果标尺没有安装水准器，或水准器已经失效，则要求立尺人员站在标尺的侧面立尺，这样立尺员可以大致目测标尺是否有较大的前后倾斜。因为仪器操作员在望远镜中可以看到标尺左右倾斜，却无法看到标尺的前后倾斜。在极端不利情况下，可以使用前后摇尺法观测：立尺者将尺的顶端慢慢前后摇动，仪器观测到的最小读数便是标尺直立时的读数。

值得注意的是，虽然在用后视读数减前视读数时，对于每站高差可以抵消一部分水准尺倾斜误差，但对于往测一直是上坡的情况，后视读数总是大于前视读数，该项误差的符号为正，各站的误差累计，总高差数值将增大。而在返测时（一直是下坡），高差和倾斜误差的符号刚好和往测相反，即返测总高差的绝对值也因此加大。此时，往返测结果不能抵消标尺倾斜误差的影响。

故当使用装有圆水准器的标尺在陡坡地区作业时，立尺工作要更加认真，以尽量减小标尺倾斜误差的影响。

三、外界因素的影响

外界因素对水准测量的影响很多，这里主要介绍以下几种。

1. 仪器下沉（或上升）引起的误差

在观测过程中，仪器可能由于自重渐渐下沉，它将使读数减小；由于土壤的弹性，仪器也有可能上升，它将使读数增大。假设仪器下沉（或上升）的速度与时间成正比，如图 3-36 所示，若从读取后视读数 a_1 到读取前视读数 b_1 为止的一段时间内，仪器下沉了 Δ，则高差中必然包含这项误差，即有

$$h_1 = (a_1 - \Delta) - b_1$$

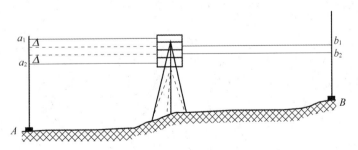

图 3-36　仪器下沉对高差测量的影响

为了减弱此项误差影响，可在同一测站进行第二次观测，而且在第二次观测时，先读前视读数 b_2，再读后视读数 a_2。这样，第二次所得高差为

$$h_2 = (a_2 + \Delta) - b_2$$

取两次高差的平均值为最后结果,即

$$h = (h_1 + h_2)/2 = [(a_1 - b_1) + (a_2 - b_2)]/2$$

上式可以消去仪器下沉对高差的影响。但是,实际上,由于下沉速度并不一定和时间成正比,因此采取上述"后、前、前、后"的程序观测,只能减弱其影响,而不能完全消除它。为了尽量减弱仪器下沉的影响,仪器应安置在土质坚实的地方,同时还应熟练掌握操作技术,设法提高观测的速度。

2. 尺垫下沉(或上升)引起的误差

如果在仪器搬站过程中,由于尺垫本身的重量或其他原因,尺垫逐渐下沉,将使下一站的后视读数增大 Δ,如图 3-37 所示。这项误差是除了首站之外的每一站均产生一个独立的下沉量,具有不断累加的系统性质,无法像对待仪器下沉误差那样,用双观测程序使之大致消除。

但是,如果进行的是往返测量,则在返测时,假定尺垫同样发生下沉,而且与往测的下沉量相同,则由于产生的误差的符号相同,均为正数(都是后视读数增大),而往测与返测的高差符号相反,因此,取往测和返测高差的平均值时,用往测高差结果减返测高差结果再除以 2,将会抵消或减弱此项误差的影响。

值得注意的是,工作中难以做到使返测立尺点与往测立尺点位置相同,而尺垫的升沉与天气、环境有关,不一定返测时情况还是相同(例如,下雨前后就大不相同),况且,许多水准测量并没有进行往返观测。所以,为了尽量减弱尺垫升沉的影响,应选择土质坚实的地方作为立尺点,同时熟练掌握操作技术,提高观测速度。

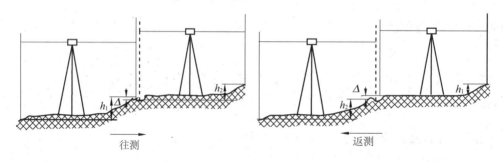

图 3-37 尺垫升沉对高差测量的影响

3. 地球曲率的影响

如图 3-38 所示,设按水平视线截取后视读数为 a、前视读数为 b,过仪器中心(视准轴与水准仪竖轴交点)作水准面,设其截在后视尺上的读数为 a'、前视尺上的读数为 b'。由图可以看出两点高差应为

$$h_{AB} = a' - b' = (a - \Delta_1) - (b - \Delta_2) = (a - b) - (\Delta_1 - \Delta_2)$$

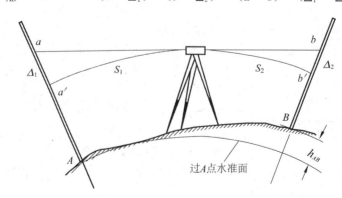

图 3-38 地球曲率对水准测量的影响

如果使 $\Delta_1=\Delta_2$，则仍有 $h_{AB}=a-b$。故将仪器安置在前、后视距离相等的中间位置，其观测所得高差就可以消除地球曲率的影响。

4. 大气折光的影响

光线通过不同密度的媒质时将会发生折射，且总是由疏媒质折向密媒质，因而水准测量时的实际视线并不是一条直线。一般情况下，大气层的空气密度上疏下密，测量视线通过这种大气层时，就将发生连续折射，成为一条向下弯折的曲线，使尺上的示数减小，如图 3-39(a)所示。但是，许多实验结果表明，当视线靠近地面(约 1.5 m 以下)时，离地面越近，空气越稀薄(尤其在晴天的早上，这种情况更显著)。所以说，水准测量最好选在阴天进行，且不要开工太早)，视线将成为一条向上弯折的曲线，使尺上的示数增大，如图 3-39(b)所示。此时前后视线折射方向刚好相反，这是很不利的情况。

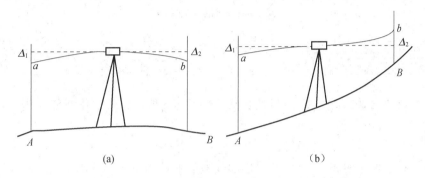

图 3-39　大气折光对标尺读数的影响

如图 3-39(a)所示，如果地面平坦，且视线方向上地面覆盖物的种类基本类似，则前后视线的折射方向相同(同时向上或向下)，有 $h_{AB}=(a+\Delta_1)-(b+\Delta_2)=a-b+(\Delta_1-\Delta_2)$，$\Delta=\Delta_1-\Delta_2$。则当在野外作业时，只要顾及前后视距大致相等，$\Delta_1\approx\Delta_2$，便可以大致抵消大气折光的影响。

如图 3-39(b)所示，$h_{AB}=(a+\Delta_1)-(b-\Delta_2)=a-b+(\Delta_1+\Delta_2)$，$\Delta=\Delta_1+\Delta_2$，这就是很不利的情况。当在山地或经过长坡度测量时，前后视线离地面的高度相差较大，它们所受大气折光的影响较复杂，而且由于时间、气候、温度的变化不定性，因此无法用往返测的方法来消除误差。这时，应该缩短视线的长度，提高视线的高度，以减弱大气折光的影响。一般规定，视线高度不要低于 0.3 m。

任务10 检验与校正水准仪

旧式的微倾式水准仪有五条主要的轴线：竖轴、管水准轴、视准轴、圆水准轴、十字丝中横丝。如图 3-40(a)所示，这些轴线应满足如下关系：① 管水准轴应与视准轴平行，$LL /\!/ CC$；② 圆水准轴平行于竖轴，$L'L' /\!/ VV$；③ 十字丝中横丝与竖轴 VV 互相垂直。自动安平水准仪没有水准管，当然也就没有管水准轴，只有竖轴、视准轴、圆水准轴、十字丝中横丝等四条主要轴线，如图 3-40(b)所示。自动安平水准仪应满足的条件为：① 圆水准轴平行于竖轴，$LL /\!/ VV$；② 十字丝中横丝垂直于仪器竖轴；③ 补偿器的补偿范围与补偿精度应满足要求。

而望远镜的视准轴不因调焦而有较大变动。这是普通水准仪与自动安平水准仪均应满足的要求。

由于现在使用的大都是自动安平水准仪，因此，下面主要介绍自动安平水准仪的检验与校正。(注意，以下四项检验中最重要的是第二项 i 角的检验，生产中必须经常进行。)

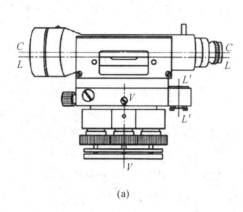 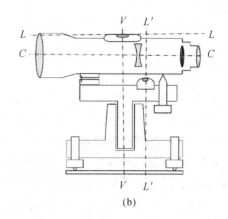

(a)　　　　　　　　　　　　　　(b)

图 3-40　水准仪的轴线

一、圆水准轴平行于仪器竖轴的检验与校正

自动安平水准仪的圆水准器居中，可以使自动补偿器达到能够正常工作的范围。

1. 检校目的

使圆水准轴平行于仪器的竖轴，即当圆水准器气泡居中时，竖轴位于铅垂位置。

2. 检校方法

（1）架好仪器，用常规方法（三个脚旋钮）将圆水准气泡居中，如图 3-41(a)所示。此时圆水准轴竖直，但仪器竖轴不一定竖直。

（2）将仪器照准部绕竖轴慢慢旋转，观察气泡是否偏移，旋转直到 180°停止，若气泡一直稳定居中，则表示圆水准器轴已平行于竖轴；若气泡偏离中央，则需要校正。如图 3-41(b)所示。

（3）用脚旋钮将气泡向仪器中心移动一半，如图 3-41(c)所示。

（4）用校正针校正水准器，使气泡完全居中，如图 3-41(d)所示。具体操作时，参照图 3-41(e)，圆水准器盒子的底部有三个校正螺钉（中间的固定螺钉可有可无），当用校正针旋动这三个校正螺钉时，水准气泡便会移动。操作时，三个校正螺钉先松后紧，校正完毕后，必须使三个校正螺钉都处于旋紧状态。

重复上述步骤，直至仪器转到任何方向气泡均稳定居中。

自动安平水准仪的水准器大多只有两个校正螺钉，而且就在水准器旁边位置，方便操作，只是操作时同样要将两个校正螺钉先松后紧，以免将螺钉和螺钉孔弄坏。

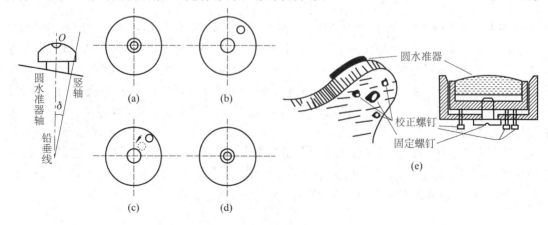

图 3-41　圆水准器校正方法

3.检校原理

检校原理可详见参考文献[7]《基础测绘学》第三章第十节。

二、望远镜视准轴应水平的检验（i 角检验）

1.检验目的

望远镜视准轴是否水平,是确保仪器能否正常工作的关键。若 i 角超限,必须送工厂检修。

2.检验方法

如图 3-42 所示,找一平坦地面架设水准尺,图中距离 S 大约为 30 m。先在前后视距均为 S 的两尺中央安置水准仪,测量出高差 $h_1 = a_1' - b_1'$,此为正确高差。即

$$h = a_1' - b_1' = a_1 - b_1 = h_1 \tag{3-26}$$

再搬动仪器至与 A 尺(或 B 尺)相距 10 m 左右,测量计算正确高差为

$$h = a_2' - b_2' = (a_2 - \Delta_a) - (b_2 - \Delta_b)$$
$$= a_2 - b_2 - (\Delta_a - \Delta_b) = h_2 - (\Delta_a - \Delta_b) \tag{3-27}$$

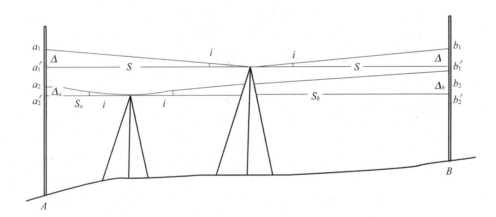

图 3-42　仪器 i 角的检验原理

根据相似三角形原理,可知

$$\begin{cases} \Delta_a = \dfrac{S_a}{S}\Delta \\[2mm] \Delta_b = \dfrac{S_b}{S}\Delta \end{cases} \tag{3-28}$$

根据式(3-26)及式(3-27)有：

$$\Delta_a - \Delta_b = h_2 - h_1$$

进而可以推出：

$$i = \frac{\Delta}{S}\rho = \frac{h_2 - h_1}{S_a - S_b}\rho \tag{3-29}$$

式(3-29)为计算水准仪 i 角的通用公式,取 $\rho = 206\,265''$。i 角的大小要求可根据水准测量的等级、现场测量的实际情况(前后视距差),以及仪器的标称精度确定。对于二等水准测量,要求两次读数之差不大于 0.4 mm,可推得一测站高差中误差为 0.28 mm,前后视距差不超过 1 m,代入式(3-29),可计算得 i 角不大于 58″。

实际中,往往无法满足前后视距差的要求。例如,在用二等水准观测沉降监测点时,受现场条件所限,前后视距差可能相差很远,此时对 i 角的要求就要显著提高。如果 i 角太大,则根本无法满足测量精度要求。

三、十字丝中横丝应垂直于仪器竖轴的检验

1. 检校目的

使十字丝中横丝垂直于竖轴,这样,当仪器整平后,竖轴竖直,中横丝水平,用中横丝上任意位置截取的读数就相同一致。

2. 检校方法

(1) 安置好仪器后,用中横丝左端照准一个不远处明显的点状目标 P,如图 3-43(a)所示。

(2) 旋动水平微动旋钮,如果标志点 P 不离开中横丝移动,如图 3-43(b)所示,则说明中横丝垂直于竖轴,不需要校正。若出现如图 3-43(c)、(d)所示情况,则需要校正。

注:实际中可以在不远处直立一根水准尺来代替 P 点,分别用十字丝中横丝的两端读取读数进行比较,并以此判断横丝是否水平。

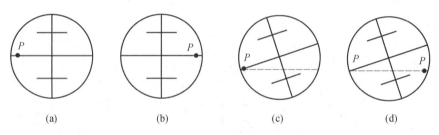

(a)　　　　　　(b)　　　　　　(c)　　　　　　(d)

图 3-43　十字丝横丝是否水平的检验

(3) 校正:如图 3-44(a)所示,先打开十字丝分划板的护罩,便可见到十字丝校正设备,如图 3-44(b)所示。用螺钉旋具松开四个十字丝固定螺钉。按横丝倾斜的反方向转动十字丝套筒组件,使目标 P 点移动至十字丝中横丝上。反复检验,直至目标 P 始终在十字丝中横丝上移动,校正完成。最后应旋紧四个十字丝固定旋钉,安装好护罩。

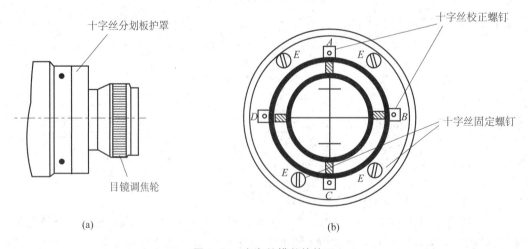

(a)　　　　　　　　　　　(b)

图 3-44　十字丝横丝的校正

四、自动安平水准仪补偿器性能的检验

1. 检验目的

确认仪器的自动补偿器是否在确定的补偿范围内正常工作。

2. 检验方法

(1)选择一平坦地带,在相距约 50 m 的两处竖立 A、B 前后标尺,在 A、B 连线中间架好仪器,安置仪器时使其中两个脚旋钮(1 号、2 号)的连线垂直于 AB 连线,如图 3-45(a)所示。用圆水准器整平仪器,读取前后水准尺上的正确读数,计算高差 $h_正$;

(2)旋转位于 AB 观测方向上的 3 号脚旋钮,让气泡中心偏离水准器 0.1 格[见图 3-45(b)],使仪器向前稍倾斜,读取前后水准尺上的读数,观察分析数据变化情况,计算高差 $h_前$。再次反向旋转这个脚旋钮,让气泡中心向相反方向偏离 0.1 格并读数,观察分析数据变化,计算 $h_后$;

(3)重新整平仪器,用位于垂直于视线 AB 方向上的 1 号或 2 号脚旋钮,先后使仪器向左、右两侧倾斜,并分别使气泡的中心偏离 0.1 格后读数,观察分析数据变化,计算出 $h_左$、$h_右$;

正常情况下,仪器竖轴向前、后、左、右倾斜时所测得的高差 $h_前$、$h_后$、$h_左$、$h_右$,分别与仪器整平时所得的正确高差 $h_正$ 进行比较,其差值 Δh 应比较接近而且数值较小,例如对于四等水准的区格式标尺,Δh 在 3 mm 左右时,可认为补偿器工作正常。若数值相差太大,应进行检修。

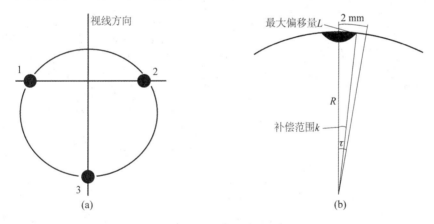

图 3-45 补偿器性能的检验

参考文献

[1]罗时恒.地形测量学[M].北京:冶金工业出版社,1985.

[2]张剑锋,邵黎霞.测量学[M].北京:中国水利水电出版社,2009.

[3]冯仲科.测量学原理[M].北京:国家林业出版社,2002.

[4]中华人民共和国国家质量监督检验检疫总局,中国国家标准化管理委员会.国家三、四等水准测量规范:GB/T 12898—2009[S].北京:中国标准出版社,2009:10.

[5]中华人民共和国住房和城乡建设部.工程测量标准:GB 50026—2020[S].北京:中国计划出版社,2021:2.

[6]中华人民共和国住房和城乡建设部.城市测量规范:CJJ/T8—2011[S].北京:中国建筑工业出版社,2012:6.

[7]徐兴彬,邱锡寅,黄维章,等.基础测绘学[M].广州:中山大学出版社,2014.

1. 名词解释:水准仪、水准测量,望远镜放大率、分辨率,水准点,间歇点。

2. 什么叫视差?产生视差的原因是什么?如何消除?

3. 已知 A 点高程 $H_A = 12.658$ m,水准测量 A 点标尺读数为 1.526 m,B 点标尺读数为 1.182 m,求 A、B 两点间高差 h_{AB} 为多少?B 点高程 H_B 为多少?水准测量视线高程 $H_{视}$ 为多少?绘图说明。

4. 水准测量中为什么要求前后视距尽量相等?如果不相等会有哪些误差影响?

5. 下列两个表格分别为改变仪器高法和双面尺法进行水准测量的外业记录手簿,请将表格中遗漏的数据补充完整。

表 3-7　改变仪器高法水准测量野外记录簿

测站	测点	视距 S	视距差 ΔS $\sum \Delta S$	后视读数 a/m	前视读数 b/m	高差 h/m	平均高差 $\bar{h}/m$	备注
I	A	56.6		1.655 1.554				起算点
	TP_1	57.6			1.209 1.108	0.446		
II	TP_1	68.9	1.1	1.437 1.338			0.678	
	TP_2	67.8			0.759 0.661	0.678 0.677		
III	$TP2$	79.8		2.463				
	TP_3	78.8			1.041 0.931	1.422 1.424		
IV	TP_3	89.6	−0.2	1.975 2.099			1.360	
	B	89.8			0.739	1.360		待求点
求和与检核计算		$\sum S=$	$\sum \Delta S=$	$(\sum a - \sum b)/2 =$ （　−　)/2 =		$\sum /2 =$	$\sum \bar{h} =$	

表 3-8　双面尺法水准测量野外记录簿

测站 编号	后 视 尺	下丝 上丝	前 视 尺	下丝 上丝	方向 及 尺号	标尺读数		$K+$黑−红	高差中数	备注
	后视距		前视距			黑面	红面			
	视距差 d		$\sum d$							
1	1573		0735		后 No.5	1384	0			No.5 $K=4.787$
	1194		0367		前 No.6		5239	+1		No.6 $K=4.687$
			36.8		后−前			−1　−1		

续表

测站编号	后视尺 下丝 上丝	前视尺 下丝 上丝	方向及尺号	标尺读数 黑面	标尺读数 红面	K+黑-红	高差中数	备注
	后视距	前视距						
	视距差 d	∑d						
2	2225	2305	后 No.6	1934	6620			
	1642	1712	前 No.5		6796	−1		
	58.3		后-前	−0.074				

6. 自动安平水准仪有哪几条主要轴线? 它们之间应满足哪些几何条件? 这些条件相互影响的顺序怎样?

7. 双面尺法闭合线路四等水准测量中,每测站有_____(7、8、9)个原始读数,需要现场计算的项目有_____(8、10、12)个,测站检核有_____项内容。除此之外,内业计算时对线路闭合差的要求是_____。

8. 测量用的望远镜由哪些主要部件组成? 各有什么作用?

9. 请绘图说明自动安平水准仪补偿器的工作原理。

10. 水准测量误差主要有哪些来源? 哪些误差可以用什么方法消除或减弱?

11. 完成表3-9中的附合线路水准测量成果整理,计算高差改正数、改正后高差和高程。

表 3-9 附合线路水准测量成果计算表

点号	路线长 L/km	观测高差 h_i/m	高差改正数 v_{h_i}/mm	改正后高差 $\hat{h}_i/\text{m}$	高程 H/m	备注
BM_A					7.967	已知点
	1.5	+4.362				
1						
	0.6	+2.413				
2						
	0.8	−3.121				
3						
	1.0	+1.263				
4						
	1.2	+2.716				
5						
	1.6	−3.715				
BM_B					11.819	已知点
$\sum$						

$f_h = \sum h_测 - (H_B - H_A) =$ $\qquad$ $f_{h容} = \pm 40\sqrt{L} =$

$v_{1\,km} = -\dfrac{f_h}{\sum L} =$ $\qquad$ $\sum v_{h_i} =$

项目 4

角度测量与全站仪

■ 内容提要

　　准确描述角度的概念,简述角度测量原理,归纳角度测量仪器,列表介绍全站仪技术参数,简要叙述水平角测量、垂直角测量,详细分析角度测量的误差来源,以及仪器检校的方法。

■ 关键词

角度测量、经纬仪、全站仪、水平角、垂直角、误差分析。

■ 展望未来

再过 10 年,全站仪会是什么样的?

任务 1 学习角度测量的基本原理

一、角度的概念

角度是两条相交直线形成的夹角。测量中的角度是指第一条直线顺时针旋转到第二条直线所转过的量度值。如图 4-1 所示,直线 OA 与直线 OB 的夹角为 $36°$,是直线 OA 绕顶点 O 顺时针旋转到 OB 扫过的角度。角度既是一个数学概念,又是一个具体的物理量,可以用角度尺测定其大小(见图 4-2)。

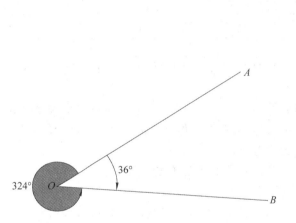

图 4-1 角度的概念

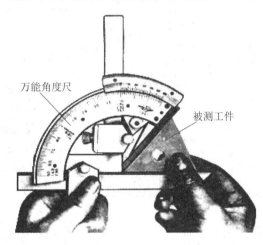

图 4-2 角度尺的应用

坐标系中的直线有确定的方向。根据上述定义,我们确定角度也是有方向的。图 4-1 所示直线 OA 与直线 OB 的夹角除了按顺时针方向旋转为 $36°$,还可以是让直线 OA 沿逆时针方向旋转至直线 OB 所形成的角度 $324°$。

通常情况下,数学坐标系中规定按逆时针方向旋转为正,而测量坐标系中刚好相反(参见图 2-11,高斯平面直角坐标系),是按顺时针方向旋转为正。我们生活中的手表、时钟,它们的时针、分针、秒针均是按顺时针旋转方向为时间增加方向,测量经纬仪中的水平度盘也是按沿顺时针方向读数增加来注记的。因此,角度具有顺时针方向和逆时针方向。

所以说,就像力的三要素那样,角度也同样具有**大小**、**方向**、**作用点**这三个基本要素。图 4-3 显示了在测量坐标系中各条直线之间的夹角关系。直线 AB 与直线 CD 相交于 O 点,直线 OC 与直线 OA 的夹角为 $46°$,直线 OA 与 OD 的夹角为 $134°$。而直线 OD 与直线 OA 的夹角为 $226°$,直线 OB 与 OD 夹角为 $314°$。

根据直线延长或缩短时其方向保持不变的性质,我们还可以推断出其他任意两根直线的夹角,例如直线 DC 与直线 OB 的夹角便为 $226°$(即直线 OC 与直线 OB 的夹角),等等。

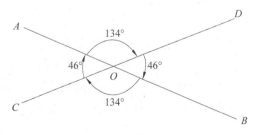

图 4-3 直线的夹角

二、角度的单位

一般情况，角度的单位有转、度、弧度和梯度。"转"通常是对高速旋转的物体进行速度描述的量度，如汽车发动机某时刻的旋转速度为 3000 r/s。因此，一转就是直线绕其端点旋转一周所形成的一个圆周角，即通常所说的 360°。"度"定义一个圆周角的大小为 360°，按六十进制，$1°=60'$，$1'=60''$。"弧度"定义一个圆周角的大小为 2π 弧度，它等于圆的周长 L 与半径 R 的比值，即 $2\pi=L/R$。"梯度"的含义是一个圆周角为 400^g。转、度、弧度、梯度四者的相互关系换算参见表 4-1。

表 4-1　角度的单位换算

名　称	单位	几个特征角值的相互换算								任意角
转	转（周）	0	1/12	1/8	1/6	1/4	1/2	3/4	1	0.238 037
度	deg	0°	30°	45°	60°	90°	180°	270°	360°	85.693 3°
弧度	rad	0	$\pi/6$	$\pi/4$	$\pi/3$	$\pi/2$	π	$3\pi/2$	2π	1.495 630
梯度	gra	0^g	$100/3^g$	50^g	$200/3^g$	100^g	200^g	300^g	400^g	$95.214\ 8^g$

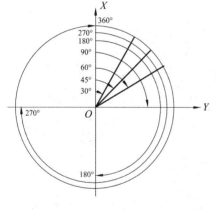

图 4-4　角度的单位与大小

如果要更加直观地阅读和理解表 4-1 中各角度的大小、位置，可参见图 4-4。

【温馨提示】　图 4-4 中各角度大小，实质上表示坐标轴 OX 与各条直线的夹角，而这些夹角也就是项目二中已介绍和项目七将要介绍的**坐标方位角**。

表 4-1 中"度"是我们角度测量中经常使用的单位。"度"的下级单位是"分"和"秒"。$1°=60'=3600''$。仪器测量时观测的角度是按六十进制（度、分、秒）显示的，但计算机、计算器的内部计算是按十进制（或二进制）进行的，显示器一般也按十进制显示，所以必须注意角度的六十进制与十进制的换算。例如，将十进制角度 85.693 3° 化为六十进制的度分秒：$85.6933°=85°+0.6933×60'=85°41.598'=85°41'+0.598×60''=85°41'35.88''$。

角度的弧度制就是该角度所对应的一段圆弧的长度 L_a 与圆半径 R 的比值 $\alpha=L_a/R$，用来表示这段圆弧所对应的圆心角的大小。实际上，L_a、R 都是长度单位，作为比值的弧度 rad 是无单位的，rad 只是一个代号！因此，弧度的单位 rad 经常可以不书写出来。1 弧度（1 rad）代表与半径相等的弧长所对应的圆心角 ρ，$\rho=1\ \text{rad}=1×180°/\pi≈57.295\ 780°≈3\ 438'≈206\ 265''$。

梯度按一百进位制，$1^g=100c$，$1c=100cc$。如 $95.214\ 8^g=95^g21c48cc$。梯度的大小同样可依比例进行换算。

【例 4-1】　将 85.6933° 换算为转、弧度、梯度。

［解］　$360°:1=85.693\ 3°:X_转$，则 $X_转=85.693\ 3°/360°=0.238\ 037$（转）

$180°:\pi=85.693\ 3°:X_{弧度}$，则 $X_{弧度}=\pi×85.693\ 3°/180°=1.495\ 630$（rad）

$90°:100^g=85.693\ 3°:X_{梯度}$，则 $X_{梯度}=100^g×85.693\ 3°/90°=95.214\ 8^g$

三、水平角与垂直角

测量工作中要考虑测定的角度一般仅限于水平角与垂直角，而不考虑两条相交直线在空间平面上的倾斜夹角。如果要测定在山坡上的各条高压线之间的夹角,或是高压线与电线杆、加固线等的夹角,则另需专门的测量与计算。

1. 水平角

水平角是指两条空间相交直线投影在水平面上之后,一条直线与另一条直线的夹角。

如图 4-5 所示,O、A、B 是地面上任意三点,在 O 点的水平面上设一个水平度盘。水平度盘的刻度是 $0°\sim360°$,按顺时针方向刻划(见图 4-6)。在 O 点分别瞄准 A、B 两点进行角度观测,得视线 OA、OB。$\angle AOB$ 是一个位于倾斜面上的任意空间角度。要直接测定该空间角度是困难的,即使能够测定,用它来计算点的平面坐标也会很不方便,因此我们通常不会去关心该倾斜角 $\angle AOB$ 到底有多大。但是我们可以将观测线 OA、OB 投影在 O 点水平度盘所在的水平面上,得 OA'、OB' 两条水平线,并获得这两条线在水平度盘上的度盘值 a、b(仪器读数),它们是观测视线 OA 与 OB 在水平度盘上的方向观测值,简称方向值。根据水平角的概念,OA' 与 OB' 两条水平线的夹角 $\angle A'OB'$ 就是直线 OA 与直线 OB 的水平角。水平角的大小为

$$\beta = b - a \tag{4-1}$$

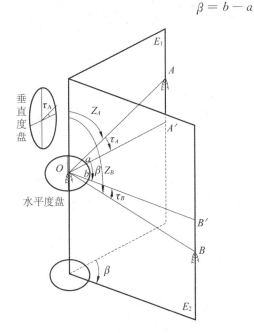

图 4-5 角度测量中的水平角与垂直角

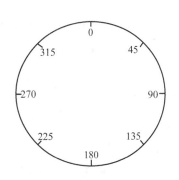

图 4-6 水平度盘刻划顺序

2. 垂直角

测站点至观测目标的方向线与水平面间的夹角,称为**垂直角**。据此可推得,图 4-5 中垂直面 E_1 内 $\angle AOA'$ 是 O 点观测 A 点的垂直角 τ_A,从 O 点观测 B 点的垂直角为 $\tau_B = \angle BOB'$。垂直角一般又称作**竖直角**,在不同场合它还有各种不同的称谓:天文地理学中的太阳**高度角**,GNSS 测量中的卫星**高度角**,工程测量中的**倾角(倾斜角)**,等等。垂直角根据仪器中的垂直度盘读数和计算获得。图 4-7 为垂直度盘构造示意图。

从图 4-5 中还可以看出,垂直角也有方向之分。垂直角在水平线以上者为正,为仰角,在水平线以下者为负,为俯角。也就是说,当观测线沿顺时针方向旋转到水平线时垂直角为正,沿逆时针方向旋转到水平线时垂直角为负,

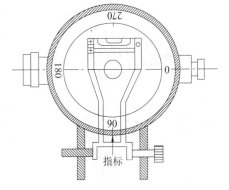

图 4-7 垂直度盘构造图

这与本任务开头对角度的定义是相吻合的。即如图 4-5 所示的 τ_A 为正，τ_B 为负。垂直角的取值在 $-90°$ 与 $+90°$ 之间，即 $-90° \leqslant \tau \leqslant 90°$。

如图 4-5 所示的 Z_A、Z_B 称为天顶距。**天顶距**是指天顶方向线（铅垂线的反方向线）沿顺时针方向旋转到观测线所转过的角度，即天顶线与观测线的夹角。因此，天顶距的取值在 $0°$ 与 $180°$ 之间，即 $0° \leqslant Z \leqslant 180°$。从图 4-5 还可以看出，垂直角 τ 与天顶距 Z 具有如下关系：

$$\tau + Z = 90° \tag{4-2}$$

任务 2　了解角度测量仪器的结构

一、角度测量仪器的种类

根据上述角度测量原理可知，角度测量仪器应具有带刻度的水平度盘和垂直度盘，能够精确瞄准目标、方便读数，还需要可以将水平度盘置平和将垂直度盘垂直的设备（水准器）。

角度测量仪器主要就是经纬仪。现代生产和使用的经纬仪不仅可以测量角度，还可以测量距离。这些既可以测角度，又可以测距离的经纬仪主要有以下几种。

1. 罗盘经纬仪

如图 4-8 所示（注：另有**彩图** 4-8），罗盘经纬仪可以粗略对中整平，用望远镜视距测量，水平度盘为磁罗盘，用磁针指示方向，测量时轻巧快捷。此仪器在建立地质物化探详查网时经常使用，点位精度可达 1/500。

2. 普通经纬仪

以前的普通经纬仪可分游标经纬仪（见图 4-9）和光学经纬仪（见图 4-10）两类（注：另有**彩图** 4-9 及 **彩图** 4-10），它们分别安装金属圆环度盘和光学玻璃度盘，均为光学读数系统。我国普通经纬仪有 DJ07，DJ1，DJ2，DJ6 等，D 是"大地"第一个拼音字母，J 是"经纬"第一个拼音字母，后面的数字代表仪器的精度等级，指一测回测角观测时，一个方向的方向值的中误差，如 2″、6″等。

图 4-8　罗盘经纬仪

图 4-9　游标经纬仪

图 4-10　光学经纬仪

3. 光电经纬仪

光电经纬仪也称电子经纬仪(见图 4-11,另有**彩图 4-11**),装备有光电度盘和光电读数系统,电子显示屏显示角度测量结果,测量员可以直接在屏幕读数,减轻了测量员的操作负担,提高了工作效率。光电经纬仪在 20 世纪八九十年代获得广泛生产应用,随即便被可同时进行光电测角和光电测距的全站仪取代。

4. 全站仪及其技术参数

全站仪是一种综合光电测角与光电测距两种功能的现代化测量仪器(见图 4-12,另有**彩图 4-12**)。全站仪的光电测角技术与光电经纬仪类似,它集成了光学经纬仪、光电经纬仪的全部功能和优点,另外增加了光电测距的功能。

图 4-11　光电经纬仪

图 4-12　全站仪

表 4-2 列举了几种全站仪的主要技术参数。

表 4-2　几种全站仪主要技术参数一览表

名称型号	测角精度	最小显示度盘格式	自动安平补偿范围、安平精度	放大倍数物镜孔径分辨率	水准器格值	有棱镜测程测距精度	无棱镜测程测距精度	数据存储接口	备注
南方 NTS662	±2″	1″ 光电增量 对径分划	±3′,1″ 双轴液体电子补偿	30× 45 mm, 3″	管 30″/2 mm 圆 8′/2 mm	三棱镜 2600 m 单棱镜 1800 m 2 mm+2ppm. D		RS-232C	连续工作 8 小时 图形显示
苏一光 RTS632B	±2″	1″ 光电增量	±3′,1″ 液体电容补偿	30× 40 mm, 4″	管 30″/2 mm 圆 8′/2 mm	三棱镜 2600 m 单棱镜 2200 m 2 mm+2ppm. D		8000 点内存 RS-232C	连续工作 8 小时
拓普康 GTS-750	±1″	1″ 对径双探测	±6′,1″ 双轴补偿	30× 45 mm, 2.8″	管 30″/2 mm 圆 10′/2 mm	9 棱镜 5000 m 三棱镜 4000 m 单棱镜 3000 m 无棱镜 500 m 有:2+2,无:10+10		RS-232C、 64M 内存 64M SD 卡	连续工作 8 小时
徕卡 TM30 测量机器人	±1″ ±0.5″	绝对编码 四重探测		30×		3500 m 0.6+1ppm. D	1000 m 2+2ppm. D	256M 内存 1G CF 卡	智能识别 数字影像 彩色触屏 无线蓝牙

二、角度测量仪器的结构

图 4-13、图 4-14 所示分别为经纬仪和全站仪的结构组成图。它们具有相同的基本轴系，即竖轴 VV、横轴 HH、视准轴 CC 这三条主要结构轴，外加管水准轴 LL。这些轴系之间必须满足如下关系：① 竖轴竖直，$VV\perp LL$；② 横轴与竖轴垂直，$HH\perp VV$；③ 视准轴与横轴垂直，$CC\perp HH$。

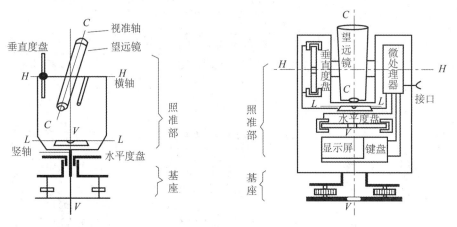

图 4-13　经纬仪结构示意　　　　　图 4-14　全站仪结构示意

传统的光学经纬仪一般认为是由基座、水平度盘、照准部三大部分组成。现在的全站仪也可认为是由基座、度盘、照准部三大部分组成。

1. 基座

同水准仪的基座类似，经纬仪基座也是由以三个脚旋钮连接起来的上下两块金属板组成，是照准部的支承装置。上部金属板中央的空心轴套用于安放仪器的竖轴、水平度盘以及支承整个照准部，基座上的圆水准器可以将基座连同仪器照准部大致整平。仪器安装好后，基座不能转动，其上面的照准部则可以自由旋转。旋转基座上的三个脚旋钮可用于仪器的对中和精确整平。连接基座与照准部的固定旋钮（锁定杆），一般不得松开。

不过，当今全站仪的基座除了具有上述功能用途外，有些还增加了新的功能，如徕卡 TC2000 全站仪的基座便装有一对仪器动态测角系统的固定光栅探测器，与装在照准部的活动光栅探测器配合使用，实行对水平角的动态测量。

2. 度盘

传统经纬仪的水平度盘通常又简称度盘，位于照准部与基座之间。游标经纬仪的水平度盘为金属圆环，光学经纬仪的水平度盘为玻璃圆环。根据仪器精度等级的不同，这些度盘上刻有各种不同规格的刻划线和数字，全周数字按顺时针方向注记 0～360。旋转照准部进行水平角测量时，水平度盘一般固定不动，当旋转仪器瞄准目标方向时，可以用仪器相应的读数测微装置读取度盘上的目标方向值。用复测经纬仪进行测角时，则可以用复测机钮将水平度盘套紧在竖轴上随照准部一起转动。

垂直度盘简称为竖盘，固定在横轴的一端与望远镜一起绕横轴转动，一般也按顺时针方向注记 0～360（也有按逆时针方向注记的），垂直度盘必须位于垂直面内。

传统经纬仪的度盘采用各种各样的测微装置来提高读数精度：游标经纬仪采用游标盘读数，光学经纬仪主要有分划尺测微、单平板玻璃测微、光楔测微等。

如今，全站仪的光电度盘已经在原来光电经纬仪度盘的基础上得到了更好的发展与完善。现在全站仪主要有光栅度盘、编码度盘以及动态测角等几种形式的测角度盘。

全站仪的水平度盘配置有多种方法,主要以键盘的按键功能或触摸屏的触摸功能来实现。以南方全站仪为例,水平度盘按键功能有0SET、HOLD、HSET,此外还有度盘注记顺序设置按键HR、HL。

● 0SET功能:把水平度盘显示设置为零,也就是瞄准目标后置零。

● HOLD功能:相当于光学经纬仪的复测机钮,启动此键可以将水平度盘读数固定不变,待精确瞄准起始目标之后再按一次该键,便又恢复角度变化的测角状态。该功能可用于复测法测角,也可用于施工放样时的方位角度盘配置。

● HSET功能:相当于光学经纬仪的度盘变换钮,启动HSET功能可根据需要输入角度值实现水平度盘的配置。具体如下:转动照准部瞄准起始方向,启动HSET功能,仪器显示窗提示输入角度,按需要输入角度值(方位角)实现水平度盘的配置。

● HR、HL功能:HR把水平度盘配置为顺时针方向旋转时,角度方向值增加顺时针注记格式;HL刚好相反,将水平度盘配置为逆时针注记顺序。

3.照准部

照准部是角度测量仪器的主要组成部分,它位于仪器的上部,能绕竖轴转动。照准部主要有望远镜、横轴、竖轴、水准器、支架和操作机构等。光电经纬仪和全站仪的照准部还有键盘等。

(1)角度测量仪器上的望远镜在结构、功能上与水准仪望远镜基本相同,所不同的是它随照准部绕竖轴旋转时,还可以绕横轴在垂直面内旋转,如图4-15所示。

其望远镜的对光操作也与水准仪的望远镜相同:① 对准明亮天空旋转目镜调焦轮,使眼睛看清楚十字丝像;② 对准目标转动物镜对光旋钮,眼睛看清楚物像A;③ 消除视差。视差即移动眼睛可发现十字丝像与虚像B的相对晃动现象。存在视差,则表明物像A没有落在十字丝板焦面上,重复①、②操作可消除视差。

(2)水平制动、微动旋钮是用于控制照准部水平转动的旋钮。如图4-15所示,全站仪的水平制动、微动旋钮同轴成套设置,水平制动旋钮设在内侧,水平微动旋钮设在外侧,操作方便。松开水平制动旋钮,照准部可以自由水平转动;旋紧水平制动旋钮,照准部不能转动。水平微动旋钮只有在旋紧水平制动旋钮之后才可以操作使用,它用来在水平方向上精确瞄准目标。

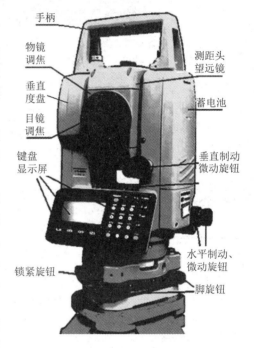

图4-15 全站仪式样图

与水平制动、微动旋钮类似,垂直制动、微动旋钮的配合使用可以使望远镜在垂直方向上瞄准目标。

【温馨提示】 当我们操作水平微动旋钮、垂直微动旋钮,或是其他任何仪器的微动旋钮时,都请养成一个这样的良好习惯:总是按照旋进的方向来结束最后的旋转动作。

(3)全站仪的对中器有光学对中器、激光对中器,当仪器对中整平之后,可使仪器中心、水平度盘中心与地面标志点位于同一条铅垂线方向上。如图4-16所示,光学对中器主要由目镜、分划板、物镜、直角转向棱镜等部件构成。激光对中器装备有激光发射器,提供可见红色光斑,直接射向地面的标志点对中。除此以外,仪器箱内一般还配有一个垂球,使用时将其挂在三脚架挂钩上用于粗略对中。

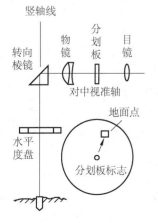

图4-16 光学对中器光路图

（4）全站仪的键盘上布置有若干个按键。按键用于测量指令的操作，显示窗显示测量指令和测量结果等信息。关于键盘的应用将在后面内容逐步介绍，图4-17所示是某全站仪键盘工作样图。

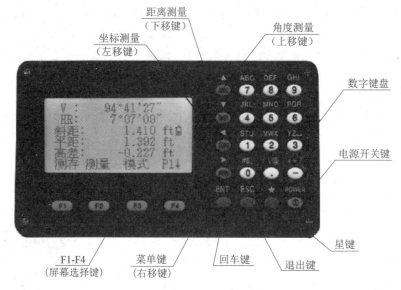

图4-17 全站仪键盘

（5）照准部上的电池是全站仪工作的动力源泉，安装电池与取下电池都要小心谨慎，左手扶持住仪器，右手装卸电池，不要强行用力。仪器使用过后注意及时充电。

任务 3 掌握仪器安置的方法

角度测量仪器安置的基本目的是使仪器的中心与地面点标志中心位于同一条铅垂线上，使仪器的水平度盘处于水平。与水准面垂直的铅垂线是一条最重要的测量基准线。

全站仪的安置与以前经纬仪的安置完全相同。具体的安置方法根据操作者的习惯不同和现场条件不同而稍有差异，仪器操作者可以在自己长期的实践中摸索出一套快、准、稳的仪器安置方法。现介绍一套较为规范常用的仪器安置程序，供读者参考。

一、三脚架安置

图4-18 三脚架的安置

三脚架的安置（见图4-18）有四个要点：高、平、中、稳。

（1）高——高度适当。解开三脚架绑腿皮带，松开架腿上的蝶形旋钮（箍套旋钮），揪住架头将其提升至与胸齐平的高度，拧紧蝶形旋钮。

（2）平——架头概平。张开三脚架架腿，目估使架头大致水平。

（3）中——大致对中。架头上有一个卡住连接螺钉的活动金属环，用手指将其往上抬平顶住架头，从螺钉的中孔观察，观察地面标志点则可确定大致对中。或在架头中心处自由落下一个小石头，控制其落下点位与地面点的偏差在3 cm之内，也可实现大致对中。

（4）稳——稳固可靠。将三脚架脚尖踩入地下使其稳固。三条架腿的斜度要合适，不得过陡或过缓。当地面倾斜较大时，应将一条架腿安置在倾斜地面的上方,另外两条架腿安置在下方,这样安置三脚架才比较稳固。

二、仪器安置

1. 仪器架稳

确保仪器制动旋钮为松开状态,左手握住仪器手柄,右手提基座,将仪器取出平衡放在架头上,左手不放松,右手立即旋紧中心旋钮,回身关好仪器箱。仪器注意轻拿轻放(与架头接触时不要听到一声响)。仪器架好后,望远镜应较自己的眼睛位置稍低,否则可伸缩三脚架的架腿调整脚架高度。

2. 仪器对中

对于激光对中器,打开激光对中器开关,可看到地面的红色标点(标点的直径可根据个人喜好自行聚焦调节),先用双手相对转动两个脚旋钮,再转动第三个脚旋钮,同时观察地面激光点移动情况,直到激光点与地面点重合为止。

如果是光学对中器,则转动目镜调焦轮调焦,使之能从目镜中同时看清光学对中器的分划板圆圈和地面标志点,双手转动脚旋钮,观察对中标志与地面点的相对位置的变化情况,直到对中圆圈与地面点重合为止。(如果在目镜视场内看不到地面标志,则需整体平移脚架。重新踩稳三脚架腿尖,使其稳固地插入土中。)

3. 脚架整平

① 任选三脚架的两个架腿,转动照准部使管水准轴与所选的两个架腿地面支点连线平行,松开其中一架腿的箍套旋钮(见图 4-19),双手握住架腿上下段结合部位,用力控制使架腿升降至管水准器气泡居中,旋紧箍套旋钮。

② 转动照准部使管水准轴转动 90°,升降第三架腿使管水准器气泡居中。

脚架整平是一项重要的手上工夫,升降架腿时,要稳定使用内力,使架腿缓缓上下,而不能移动架腿的地面支点;脚架整平一般应重复一两次才能完成,之后圆水准气泡应处于居中状态(所以,脚架整平也可以只观察圆水准器气泡使之居中)。

4. 精确整平

精确整平之前先检查一下对中情况。如相差很小,可以稍稍松开中心紧固螺钉,轻轻平移仪器基座至对中精确,旋紧螺钉;如相差较大,则自上述第②步开始重复。对中情况无误则继续下面步骤。

① 任选两个脚旋钮,转动照准部使管水准轴与所选两个脚旋钮中心连线平行,相对转动左右两个脚旋钮使管水准器气泡居中,如图 4-20 所示。气泡在整平中的移动方向与转动脚旋钮左手大拇指运动方向一致。

○ 脚旋钮

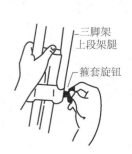

图 4-19　松开三脚架架腿

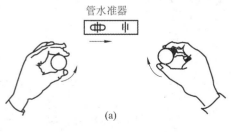

(a)

图 4-20　仪器精确整平 1

② 转动照准部90°,旋转第三个脚旋钮使管水准器气泡居中,如图 4-21 所示。重复上述步骤直到任意转动照准部位置,管水准器气泡均精确居中。

整平完成,再一次检查仪器对中情况,确保对中、整平均完美无误。图 4-22 所示是仪器安置的流程图。

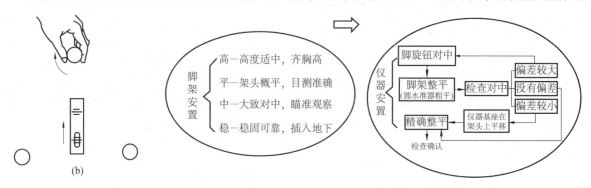

图 4-21　仪器精确整平 2　　　　　　　　　　　图 4-22　仪器安置流程图

任务 4　学习水平角测量的几个方法

水平角的测量方法根据观测方向数的多少、测量精度和仪器构造的不同,可分别采用测回法、全圆方向法以及复测法。

一、测回法

测回法是测角的基本方法,用于 2 个(3 个亦可)目标方向之间的水平角观测,这也是最简单的测角方法。在普通控制测量、工程测量中均经常使用。

如图 4-23 所示,欲测量直线 OA 与直线 OB 之间夹角的大小,则以 O 点为测站,按上述方法安置好仪器,在 A、B 点设置标志(如标杆或觇牌等),用测回法观测 OA 与 OB 两直线之间的水平角 β 的具体步骤如下:

(1) 松开制动旋钮,使仪器处于盘左位置(垂直度盘在望远镜左边,又称正镜),用望远镜的粗瞄标志大致瞄准方向 A;反复用目镜、物镜调焦,消除视差;旋紧水平与垂直两套制动旋钮,用相应的微动旋钮精确瞄准目标的底部(见图 4-24),将水平度盘读数置零(后视读数 $a_{左}$),记入如表 4-3 所示的手簿第 4 栏。(本例中全站仪的精度为 $2''$,一级导线测量,备注栏中的限差标准根据国标的归零差要求反算得出)。

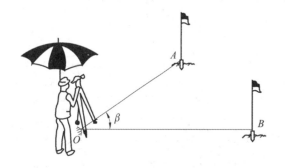

图 4-23　仪器安置流程图

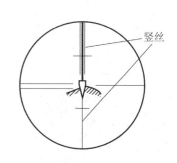

图 4-24　尽量瞄准标杆的底部

（2）松开制动旋钮，用相同方法瞄准右方目标 B，读取水平度盘读数 $b_左$（前视读数），同样记入手簿的第 4 栏，如 $83°33'10''$。

以上称上半测回。角值计算：$\beta_左 = b_左 - a_左 = 83°33'10''$。结果记入手簿第 5 栏中。

（3）松开制动旋钮，纵转望远镜成盘右位置（亦称倒镜），按上述方法先瞄准目标 B，读水平度盘读数 $b_右$，为 $263°33'21''$，记入手簿第 4 栏。

（4）松开制动旋钮，瞄准目标 A，读取读数 $a_右$，为 $180°00'04''$，记入手簿第 4 栏。

以上步骤（3）、（4）称下半测回。其角值 $\beta_右 = b_右 - a_右 = 83°33'17''$，记入手簿第 5 栏。如果上述角值计算的结果为负值，应将计算结果加上 $360°$。

上、下两个半测回合称一测回。一测回角值为 $\beta = (\beta_左 + \beta_右)/2 = (83°33'10'' + 83°33'17'')/2 = 83°33'14''$，记入手簿第 6 栏。注意第 5 栏中数据的限差要求。

同样方法继续测量第二测回，测量过程见表 4-3。如果测角精度要求较高，往往要观测好几个测回才算结束。此时，各测回按 $180°/n$ 变动水平度盘起始位置，这样可减弱度盘分划不均匀误差的影响。如果观测两个测回，则第二测回的起始读数配置为 $180°/2 = 90°$。如果第 6 栏数据的限差要求合格，则计算第 7 栏的最后平均值。

表 4-3　测回法观测手簿

测回	垂直度盘位置	目标	水平度盘读数/(° ′ ″)	半测回角值/(° ′ ″)	各测回角值/(° ′ ″)	各测回平均角值/(° ′ ″)	备注
1	2	3	4	5	6	7	8
1	左	A	0 00 00	83 33 10	83 33 14	83 33 15	各测回盘左、盘右互差不超过 18″
		B	83 33 10				
	右	A	180 00 04	83 33 17			
		B	263 33 21				
1	左	A	90 00 00	83 33 17	83 33 16		各测回角值互差不超过 12″
		B	173 33 17				
	右	A	269 59 55	83 33 16			
		B	353 33 11				

【温馨提醒】　本项目"思考与练习"第 7 题是测回法观测的另一种手簿记录格式。

二、全圆方向观测法

如图 4-25 所示，当观测方向多于 3 个时，每半测回都从一个选定的起始方向（零方向）开始观测，在依次观测所需的各个目标之后，应再次观测起始方向（称为归零），这称为全圆方向观测法，简称全圆方向法。

综合上述测回法的观测过程与全圆方向法的定义，可以得出如下结论：

（1）只有 2 个观测方向时，优先用测回法，测回法也属于方向观测法；

（2）有 3 个观测方向时，可用测回法，也可用全圆方向法；

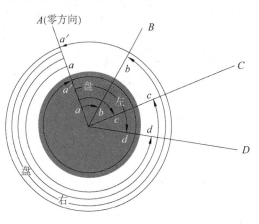

图 4-25　全圆方向法观测示意图

（3）观测方向多于 3 个时，必须用全圆方向法。

可见，测回法与全圆方向法的实质区别就是，前者目标少，不需归零；后者方向多，需归零。测全圆方向法的测站技术限差要求均参见图 4-26。

表 3.3.8　水平角方向观测法的技术要求

等级	仪器精度等级	半测回归零差（"）限差	一测回内 2C 互差（"）限差	同一方向值各测回较差（"）限差
四等及以上	0.5″级仪器	≤3	≤5	≤3
	1″级仪器	≤6	≤9	≤6
	2″级仪器	≤8	≤13	≤9
一级及以下	2″级仪器	≤12	≤18	≤12
	6″级仪器	≤18	—	≤24

注：当某观测方向的垂直角超过 ±3° 的范围时，一测回内 2C 互差可按相邻测回同方向进行比较，比较值应满足表中一测回内 2C 互差的限值。

图 4-26　GB 50026—2020《工程测量标准》节选

全圆方向法在实际施测中，应选择一个背景明亮、成像清晰、稳定可靠且距离适中的目标为起始方向，这对满足归零差的技术要求、提高观测精度都非常有益。现以图 4-25 所示的 A、B、C、D 四个目标方向为例，叙述全圆方向法的操作步骤。

（1）如图 4-25 所示，安置仪器于 O 点，盘左位置，观测所选定的起始方向为 A，置零，读取水平度盘读数 $a(0°00'00'')$，记入表 4-4 的第 3 栏。

（2）顺时针方向转动照准部，依次瞄准 B、C、D 各点，分别读取读数 $b(57°33'07'')$，$c(98°30'18'')$，$d(142°22'45'')$，同样记入表 4-4 的第 3 栏（从上往下顺序）。

（3）再次瞄准目标 A，读取读数 $a'(0°00'03'')$，此次观测称归零。将读数记入第 3 栏。a 与 a' 之差称半测回归零差，如果归零差的绝对值不超过国家标准的规定（见图 4-26），则进行下半测回观测，如果归零差超限，则此半测回应返工重测。上述操作称上半测回。

（4）纵转望远镜成盘右位置。逆时针方向依次瞄准 A、D、C、B、A 各点，并将观测读数记入表 4-4 的第 4 栏（从下往上顺序），称下半测回。

如需观测几个测回，则各测回开始时同样按 $180°/n$ 角度变动水平度盘起始位置。现在观测两个测回，则第二测回的起始读数按 $180°/2=90°$ 配置。第二测回的测量过程见表 4-4 测回"2"，但表中两个测回的"同方向较差"超限，需继续测第三测回，以观后效。（表 4-4 中略去测量结果。）

现依照表 4-4 说明全圆方向法的计算步骤：（归零差的计算与要求上面已有介绍）

（1）计算两倍照准差（2C）：

按习惯，盘左读数用 L 表示，盘右读数用 R 表示，则有

$$2C = L - (R \pm 180°) \tag{4-3}$$

上式括号中盘右读数 R 大于 180° 时取"－"号，小于 180° 时取"＋"号。按各方向计算 2C 并填入第 5 栏。表中计算出的 2C 本身的大小反映出仪器视准轴的偏斜程度，并不代表观测质量好坏，但测回内的 2C 互差反映了观测精度。方向观测法的 2C 互差要求见图 4-26。超过限差时，应在原度盘位置上重测。

（2）计算各方向的平均读数 $\bar{x}$：

$$\bar{x} = [L + (R \pm 180°)]/2 \tag{4-4}$$

计算的结果称为方向值，填入第 6 栏。

（3）计算各测回归零后的方向值。将各方向的平均读数减去起始方向的平均读数值（起始方向的两平均读数再取平均值），即得各方向的归零方向值，填入第 7 栏。同时将起始方向的归零值归算为零。

（4）计算各测回归零后方向值的平均值。取各测回同一方向归零后的方向值的平均值作该方向的

最后结果,填入第8栏。在取平均值之前,应计算同一方向归零后的方向值各测回的差数有无超限,如果超限,则应重测。(表4-4中各测回较差超限,需重测)。

(5)计算各目标间水平角值。将第8栏中相邻两方向值相减即可求得,可记于第8栏剩余的相应空白处位置。

表 4-4　全圆方向观测法观测手簿

测量日期:_____　　仪器:NTS662　　方向略图:

天气:晴　　观测:张三

测站点:O　　记录:李四

测回	目标	水平度盘读数		2C/(″)	平均读数/(°′″)	归零后各测回方向值/(°′″)	归零后各测回方向平均值/(°′″)	备注
		盘左 L/(°′″)	盘右 R/(°′″)					
1	2	3	4	5	6	7	8	9
1	A	0 00 00	180 00 02	−2	(0 00 02) 0 00 01	0 00 00	00 00 00	归零差为3″、−2″,绝对值均小于12″。2C互差为11″<18″。
	B	57 33 07	237 33 00	+7	57 33 04	57 33 02	57 33 14	
	C	98 30 18	278 30 09	+9	98 30 14	98 30 12	98 30 25	
	D	142 22 45	322 22 37	+8	142 22 41	142 22 39	142 22 42	
	A	0 00 03	180 00 04	−1	0 00 04			
2	A	90 00 00	269 59 58	+2	(89 59 58) 89 59 59	00 00 00		归零差、2C互差均合要求。目标B、C的"同方向各测回较差超限!"
	B	147 33 27	327 33 21	+6	147 33 24	57 33 26		
	C	188 30 41	8 30 31	+10	188 30 36	98 30 38		
	D	232 22 47	52 22 39	+8	232 22 43	142 22 45		
	A	89 59 56	269 59 58	−2	89 59 57			

其实,测回法除了按表4-3的格式测量记录外,也可参照全圆方向法的格式(见表4-4)进行测量记录,这样就可以在一个测回内对两倍照准差2C进行检核。

三、复测法

水平角测量的复测法是利用复测经纬仪的度盘和照准部可以一起转动的特点,重复测量所求角度,使之在度盘上累积,然后除以重复测量的次数,求得角度的观测结果。这样,不仅可以减少大量的令人烦恼的读数与记录,节省观测时间,而且可以削弱读数误差的影响,从而提高测角的速度和精度。

显然,复测法必须使用复测经纬仪进行观测,以前的精密光学经纬仪一般均配有复测机钮装置,用于复测法测量水平角。

四、水平角测量方法分类

全国科学技术名词审定委员会公布的《测绘学名词》(第四版,2020年)只对"方向观测法""复测法"进行了定义,而对"测回法""全圆方向观测法"并无确切定义。其中对"方向观测法"的定义为"从起始方向开始依次观测所有方向,从而确定各方向相对于起始方向的水平角的观测方法"。可见,方向观测法(可简称方向法)是包含测回法和全圆方向观测法(简称全圆方向法)的,而且,从仪器操作的观测过程来考虑,测回法属于方向观测法,而全圆方向法又是按"测回"来观测的(有时又称作"全圆测回法"),二者互相体现、互相包含,成为水平角测量中最常见的观测方法。如果参照《测绘学名词》关于水平角测量方法的介绍思路,可以将各种水平角测量的观测方法进行如下分类统计(见图4-27)。另外,有的测量规范中提出的分组观测法,是指当一个测站方向数太多时,将这许多方向分成若干个组(各组间有共同的零方向)进行观测,并进行测站平差,最后获得各方向的水平方向值(该方法可以在一定程度上避免归零差超限)。显然,该方法的实质也是方向观测法。

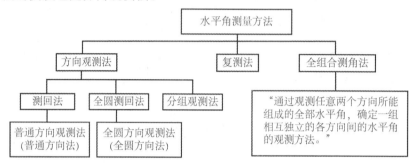

图4-27　水平角测量方法统计

任务 5　学习垂直角测量的各项内容

我们已经知道,测量中的角度是一条直线沿顺时针方向旋转到另一条直线所形成的夹角,水平角是测出两条直线的水平方向值相减,两条直线的位置及其方向值的大小均是随机的。垂直角却有点不同,它是方向线与水平直线在同一垂直面内的夹角,夹角的大小为测线在垂直面内的方向值与水平直线的方向值相减的结果,显然,这个水平直线的方向值应该恒定为0(或者使铅垂线为90°)。但是,人类的能力毕竟有限,在围绕如何使这个水平直线读数不断接近0的问题上,测绘工作者已经探索了数百年,至今仍在艰苦求索之中。

一、垂直度盘的结构原理

无论是过去的老式经纬仪,还是今天的光电经纬仪或全站仪,垂直度盘在仪器中的位置、与其他部件的结构关系,以及操作使用上的技术要求等,均没有发生变化。图4-28所示为光学经纬仪垂直度盘构造示意图。

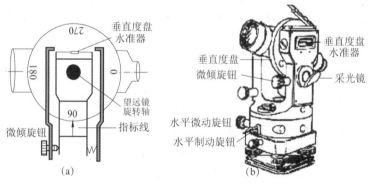

图4-28　光学经纬仪垂直度盘构造示意

图中的垂直度盘固定在望远镜旋转轴的一端,观测时望远镜绕横轴转动,同时带动垂直度盘一起转动。垂直度盘指标线同垂直度盘水准管连接在一起,不随望远镜转动,只有通过调节垂直度盘水准管微倾旋钮,才能使垂直度盘指标线与垂直度盘水准管(气泡)一起做微小移动。在正常情况下,当垂直度盘水准管气泡居中时,垂直度盘指标线才处于正确的铅垂线位置。所以每次用望远镜照准目标后,均应先调节垂直度盘水准管使气泡居中,才能进行垂直度盘读数。

垂直度盘的刻线分划与水平度盘相似,但其注记形式较多,常见为全圆式,即按 0~360 注记,而注记又有顺时针注记和逆时针注记两种形式,如图 4-29 所示均为顺时针注记。因此在仪器操作之前应仔细阅读仪器使用说明书。

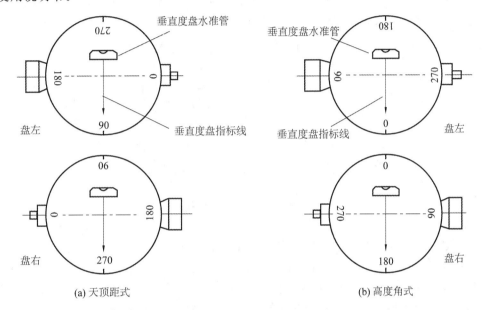

(a) 天顶距式   (b) 高度角式

图 4-29　垂直度盘的注记形式

图 4-29(a)所示为天顶距注记形式,表示望远镜瞄准目标时,指标线指示的读数 L 为目标测线的天顶距。图中盘左位置时的天顶距 $Z_左$、垂直角 $\tau_左$ 的计算公式为

$$\begin{cases} Z_左 = L \\ \tau_左 = 90° - L \end{cases} \tag{4-5}$$

设 R 为盘右读数,则盘右位置时的天顶距 $Z_右$、垂直角 $\tau_右$ 为

$$\begin{cases} Z_右 = 360° - R \\ \tau_右 = R - 270° \end{cases} \tag{4-6}$$

将盘左、盘右两个位置的垂直角取平均值,得

$$\tau = (R - L - 180°)/2 \tag{4-7}$$

图 4-29(b)所示为高度角形式,表示望远镜瞄准目标时,指标线的读数 L 为目标测线的高度角。此时盘左位置的天顶距 $Z_左$、垂直角 $\tau_左$ 为

$$\begin{cases} Z_左 = L - 270° \\ \tau_左 = 360° - L \end{cases} \tag{4-8}$$

盘右的天顶距 $Z_右$、垂直角 $\tau_右$ 为

$$\begin{cases} Z_右 = 270° - R \\ \tau_右 = R - 180° \end{cases} \tag{4-9}$$

将盘左、盘右两个位置的垂直角取平均值,得

$$\tau = (R - L + 180°)/2 \tag{4-10}$$

注意,上述各种情况的天顶距与垂直角均应满足 $\tau + Z = 90°$。

二、指标差与垂直角的计算

上面已经提及,对垂直度盘而言,强制性地使望远镜水平视线的读数为0,是仪器生产与安装过程中一件很困难的事情。也就是说,假定望远镜视准轴水平,而且垂直度盘水准管气泡居中时,度盘的指标线并没有对准相应的常数($0°、90°、270°$),而是比该常数增大或减小了一个角值,这个角值就是我们在垂直角测量时经常碰到的一个名词——指标差,如图4-30所示的x。

可见,无论垂直度盘水准管的气泡居不居中,指标差都在那里。只不过如果气泡不居中的话,指标差会大很多。与水准测量相比较,这个指标差就相当于水准仪中的i角。

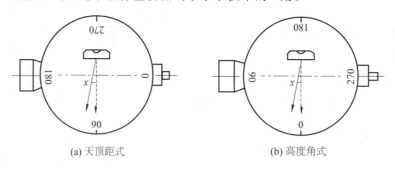

(a) 天顶距式　　　　　(b) 高度角式

图4-30　垂直度盘指标差x

垂直度盘指标差x本身有正有负,为了确定指标差的符号,参照本项目开头对角度的定义,可规定:垂直度盘指标差是铅垂线与指标线的夹角。即当指标线偏移方向与垂直度盘注记方向一致时,x取正,反之x取负。图4-30所示的垂直度盘指标差x为正。

由于垂直度盘的刻度注记方式不同,故按垂直度盘示数计算垂直角的公式也各不相同,但它们的计算原理是相同的。现以天顶距式注记的垂直度盘为例,详细说明垂直角和指标差的计算方法。

如图4-31所示盘左位置,尽管垂直度盘水准器气泡已居中,但由于垂直度盘指标差x的存在,当视准轴水平时,指标线的示数为$90°+x$,当望远镜带动垂直度盘慢慢转动瞄准目标方向时,指标线的示数也从$90°+x$慢慢变化为L。显然有

$$\tau = \tau_左 + x = 90° - L + x \tag{4-11}$$

类似,盘右位置也存在相同的指标差x,操作仪器时其指标线读数从$270°+x$变化为R,有

$$\tau = \tau_右 - x = R - 270° - x \tag{4-12}$$

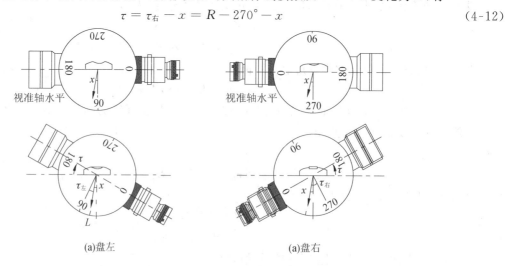

(a)盘左　　　　　(a)盘右

图4-31　垂直角与指标差的计算(天顶距式)

式(4-11)与式(4-12)相加除2,得

$$\tau = (\tau_左 + \tau_右)/2 = (R - L - 180°)/2 \tag{4-13}$$

从式(4-13)可以看出,取盘左、盘右所测垂直角的平均值,可以消除指标差的影响。因此,在实际工作中,垂直度盘指标差本身的大小对测量的结果并无影响,可以通过盘左盘右的测值给予抵消。不过,如果指标差太大会不方便计算,因此其大小还是应该得到控制。

式(4-11)与式(4-12)相减,可以算得

$$x = (\tau_右 - \tau_左)/2 = (L + R - 360°)/2 \tag{4-14}$$

这便是通过仪器盘左、盘右读数计算指标差的公式。

野外观测时,如果用人工记录、计算,则按式(4-13)计算垂直角比较麻烦,可先按式(4-14)计算指标差,再按式(4-11)计算垂直角。即

$$x = (L + R - 360°)/2 \tag{4-15}$$

$$\tau = 90° - L + x \tag{4-16}$$

对于如图 4-29(b)所示以高度角注记的垂直度盘,可以类似推导出以下计算公式:

盘左:

$$\tau = \tau_左 + x = 360° - L + x \tag{4-17}$$

盘右:

$$\tau = \tau_右 - x = R - 180° - x \tag{4-18}$$

综合:

$$\tau = (\tau_左 + \tau_右)/2 = (R - L \pm 180°)/2 \tag{4-19}$$

$$x = (\tau_右 - \tau_左)/2 = (L + R - 540°)/2 \tag{4-20}$$

得到以下实用公式:

$$x = (L + R - 540°)/2 \tag{4-21}$$

$$\tau = 360° - L + x \tag{4-22}$$

可见,不论是天顶式注记还是高度角式注记,只要是顺时针注记,都可用 $\tau = (\tau_左 + \tau_右)/2, x = (\tau_右 - \tau_左)/2$ 这两个通用公式计算垂直角和指标差。对于逆时针注记的垂直度盘,则按同样方法可推证出相同公式:

$$\tau = (\tau_左 + \tau_右)/2 \tag{4-23}$$

$$x = (\tau_左 - \tau_右)/2 \tag{4-24}$$

三、垂直度盘指标线自动归零

如前所述,经纬仪的垂直度盘紧随望远镜转动,但垂直度盘的读数指标线是固定不动的。图 4-28 所示指标线与外部垂直度盘水准器相结合,微动微倾旋钮,使水准器气泡居中,则指标线位于铅垂线的正确位置。在这样的前提下,如果视准轴水平,指标线所指最接近 90°,如果视准轴对准目标,则指标线所指就代表目标线在垂直度盘上的正确读数。因此,每次读数之前,都要使垂直度盘指标水准管气泡居中。这项操作称为指标线人工归零,它大大影响了观测速度,加重了操作人员的劳动强度。

于是,在水准仪自动安平补偿器的启示下,人们也慢慢摸索生产出经纬仪的自动安平补偿器,称**垂直度盘指标自动归零补偿器**[1]。这种补偿器将原有的成像透镜悬吊起来,当仪器倾斜了一小角后,能自动调整成像光路,使垂直度盘读数为水准管气泡居中时的读数,即总能使指标影像处于正确位置,让指标差接近零。补偿器的工作范围一般为 $3'$ 左右,补偿误差为 $\pm 2'' \sim \pm 4''$。这样,不仅提高了作业速度,还提高了垂直角观测的精度。

---

[1] 自动归零补偿器结构示意图及其工作原理,可查阅参考文献[6]《基础测绘学》。

四、垂直角野外测量

为了计算高差,在设站安置好仪器后,首先要量取仪器高和觇标高。仪器高是测站标志顶面至望远镜旋转轴的垂直距离,觇标高是望远镜照准点至被测目标点标志顶面的垂直距离。垂直角观测方法有中丝法和三丝法,三丝法要求用十字丝的三根横丝去照准目标读数,一般只在较高等级的高程控制测量中使用。中丝法只以十字丝中横丝瞄准目标读数,是最为常用的垂直角观测方法。

一般来说,水平角测量时尽量用竖丝瞄准目标的底部,且尽量使目标靠近横丝。垂直角测量则必须用横丝瞄准目标的顶部,而且尽量靠近竖丝(见图 4-32)。全站仪测量,一般用望远镜十字丝中心去瞄准反射棱镜的中心。做控制测量(如导线支点)时,如果棱镜杆较高无法立直,观测水平角就要尽量瞄准目标底部;测垂直角还是应该瞄准棱镜的中心,因为此时的觇高是从棱镜杆脚尖底量取至棱镜中心。无论是何种觇标,工作前后均要仔细用小钢尺测量核对觇标高度。

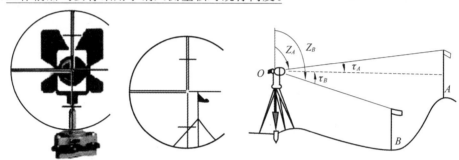

图 4-32 垂直角测量瞄准

垂直角观测步骤通常如下。

(1) 在测站点 O 安置仪器,对中、整平,用小钢尺量出仪器高 i。

(2) 盘左瞄准目标 A,使望远镜十字丝的中丝切于目标 A 某一位置(如测钎或花杆顶部,或水准尺某一分划,或觇牌中心),读取垂直度盘读数 $L(L=86°43'24'')$,记入表 4-5 第 4 栏。松开制动旋钮,同样方法瞄准其他目标读数、记录,完成上半测回(盘左)观测。

(3) 松开制动旋钮,将垂直度盘调整至盘右状态,依次瞄准目标,使望远镜中丝切于各目标的与盘左相同位置,读取垂直度盘读数 R,记入表 4-5 第 5 栏,完成下半测回(盘右)观测。

以上为一个测回观测。如需观测多个测回,则按上述步骤重复进行。

两个方向、两个测回的垂直角测量记录、计算见表 4-5。

表 4-5 垂直角观测记录手簿

测量日期:_____		仪器: NTS662				
天气: 晴		观测: 张三		示意图		
仪器高: 1.50		记录: 李四				

测站	目标 (觇高)	测回	垂直度盘读数/(° ′ ″)		指标差 x/ (″)	垂直角/ (° ′ ″)	垂直角平均值/ (° ′ ″)	备注
			盘左	盘右				
O	A 2.20	1	86 43 24	273 16 48	+6	+3 16 42	+3 16 39	
		2	86 43 18	273 16 30	−6	+3 16 36		
		3						
	B 2.01	1	92 37 12	267 22 54	+3	−2 37 09	−2 37 12	
		2	92 37 00	267 22 30	−15	−2 37 15		
		3						

表中的指标差对于同一仪器在同一时段内通常是一个固定值。但是,由于观测中不可避免地含有各种误差(主要为盘左盘右间的瞄准误差),使得各方向计算出的指标差互不相同。对此,国家有关测量规范进行了相应规定。GB 50026—2020 规定了垂直角测量的指标差互差和垂直角测回较差,如图 4-33 所示。对照表 4-5 数据,可发现表中指标差互差超限(应返工),不过最后的测回较差未超限。

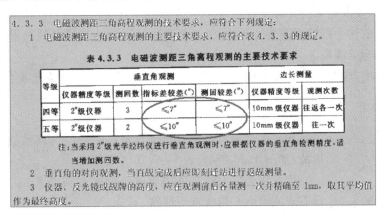

图 4-33　GB 50026—2020《工程测量标准》节选

任务 6 详细分析角度测量误差

类似于水准测量的误差分析,对于角度测量我们也按照仪器误差、观测误差、外界环境影响带来的误差这三大类来分别分析。

一、仪器误差

就像图 4-13 所描述的那样,竖轴 VV、横轴 HH、视准轴 CC 这三条轴是仪器的三条主要结构轴。这三条轴的关系必须满足:$CC \perp HH$;$HH \perp VV$;$LL \perp VV$。其中 LL 为照准部的管水准轴,$LL \perp VV$ 代表仪器竖轴必须垂直。

仪器误差主要也是这三轴误差(竖轴误差、横轴误差、视准轴误差),以及照准部偏心差、度盘偏心差、度盘刻划误差等。其中前者属于校正后残存的,误差过大时仪器使用者可以随时检验校正;后者属于制造方面的,如出现问题只能送厂进行"质量三包"。

1. 照准部偏心差

仪器中的照准部绕竖轴旋转,如果这个旋转中心与度盘刻划中心不重合,则会对水平度盘的读数产生影响。如图 4-34 所示,度盘刻画中心为 C,照准部旋转中心为 C_1,二者不重合,相距为 e。二者相重合时,正确读数盘左为 L,盘右为 R。但由于仪器是绕 C_1 旋转的,盘左、盘右的读数就相应变成了 L_1、R_1,分别相差了一个角值 x,x 便称为照准部偏心差。

当用望远镜瞄准不同方向时,照准部偏心差对各个方向的影响是不相同的。但是对一个确定的方向来说,盘左、盘右观测值的影响

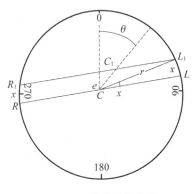

图 4-34　照准部偏心差

在数值上相等,符号相反。如图 4-34 所示方向,照准部偏心差的影响为 x,盘左观测时的观测值为 $L_1 = L - x$,盘右观测时的观测值为 $R_1 = R + x$。故计算取盘左、盘右的平均值便可以消除照准部偏心差的影响。

上述情况是针对单指标器读数的光学经纬仪或全站仪。对于以前的游标经纬仪,因为是采取对径分划两个指标器读数,只要取两个游标的读数平均值(一个盘位),便可以消除照准部偏心差的影响。当然,对于同样采取对径分划两个指标器读数的全站仪(一个盘位),也会达到同样的效果。所以,后来出产的全站仪大多使用对径标志读数。

至于偏心差与瞄准方向(水平角大小)的影响关系,可查阅参考文献[6]《基础测绘学》相应章节介绍。

2. 水平度盘偏心差

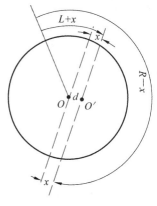

图 4-35 水平度盘偏心差

水平度盘偏心差 x 是指度盘刻划中心 O 与度盘旋转中心 O' 不重合造成的,如图 4-35 所示。

度盘偏心差对观测值的影响与照准部偏心差相同,可以通过对盘左、盘右观测值取平均值进行消除。

对于单指标读数的垂直度盘,其偏心差由于盘左、盘右读数不是相差 $180°$,故垂直度盘读数中包含的偏心差,不能通过对盘左、盘右两读数取平均值来消除其影响。因此,现在先进的全站仪垂直度盘也是采用对径标志读数,既可以消除此项误差影响,又可以提高读数(机器读数)精度。

新仪器出厂时,仪器均经过严格检验,各轴系关系是正确无误的,但经过一段使用,尤其是不规范的使用,甚至对仪器不加爱护、保养、剧烈振动,便会出现上述照准部旋转轴轴心相对于旋转轴套的位移,也会出现度盘连同度盘轴套的偏离。虽然可以通过对径标志读数或取盘左盘右平均读数来抵消,但如果该两项误差已经过大,则通常只能送厂大修。因此,测绘工作者必须养成良好的操作习惯,在外业观测、路途运输、室内储存时均要倍加小心,严格按操作规程执行。

3. 水平度盘刻划误差

水平度盘刻划误差又称度盘分划误差,包括度盘的偶然刻划误差、长周期误差和短周期误差。其中长周期误差指分划线在两个半圆周度盘上系统变化的误差,短周期误差指在每隔一小段弧上循环出现的分划误差。现代精密测角仪器的度盘分划误差为 $1'' \sim 2''$。水平角观测时,在多个测回观测之间,变换不同的度盘位置,可以削弱该项误差对观测结果的影响。

对于垂直度盘也同样具有类似误差的影响。

4. 垂直度盘指标差

垂直度盘指标差的影响前面已详细讨论了。理论和实践均说明,垂直度盘指标差与望远镜视准轴误差具有相同性质,也可通过对盘左、盘右观测值取平均值的方法来消除指标差对垂直角观测的影响。但需注意,如果盘左、盘右瞄准目标的误差太大,造成指标差失真,此时取盘左、盘右的平均值已无意义。

5. 视准轴不垂直于横轴的误差

视准轴应垂直于横轴,否则产生视准轴误差。如图 4-36 所示,HH' 为望远镜横轴,AB 为视准轴的正确位置(即 $AB \perp HH'$),AB'' 和 AB' 分别为视准轴在盘左和盘右时的实际位置,则 AB''(或 AB')偏离正确位置 AB 的角度 C 称为视准轴误差。图 4-36 中的情况,正好满足式(4-3):$2C = L - R \pm 180°$。

设 AB''、AB、AB' 在水平面上的投影分别为 Ab''、Ab、Ab',视准轴误差的水平投影为 ε,$\tau = \angle BAb$ 为视准轴方向的垂直角(注意 C 与 τ 的大小无关),则由图可以看出:

$$\tan\varepsilon = bb'/Ab, \quad \tan C = BB'/AB, \quad \cos\tau = Ab/AB, \quad bb' = BB'$$

于是：

$$\tan C/\cos\tau = BB'/Ab = bb'/Ab = \tan\varepsilon$$

即

$$\tan\varepsilon = \tan C/\cos\tau$$

因 ε、C 均较小，故

$$\varepsilon = C/\cos\tau \tag{4-25}$$

由此可得到如下结论：① 视准轴误差 C 对观测方向值的影响，与视线方向垂直角 τ 的余弦函数成反比。当 $\tau=0$ 时，$\varepsilon=C$ 为最小值。垂直角 τ 愈大，对方向值的影响（即 ε 值）愈大，因此，当对垂直角较大的方向进行水平角测量时，须特别留意该项影响。当垂直角 τ 达到 $90°$ 时，ε 为最大值也为 $90°$。② 由于视准轴误差 C 在盘左、盘右的数值相同，符号相反，故取盘左、盘右读数的平均值，可以消除其对观测方向值的影响。

6. 横轴不垂直于竖轴的影响

横轴应垂直于仪器竖轴，否则便产生横轴误差。如图 4-37 所示，zz' 表示处于水平位置的横轴，z_1z_1' 为倾斜了 i 角的横轴，H 为通过横轴 zz' 的水平面，V 为过目标点 N 且平行于 zz' 及 z_1z_1' 的垂直面。

假定视准轴垂直于横轴，由图 4-37 可以看出：当横轴水平时，望远镜视准轴 AN 在水平面 H 上的投影为 An，此时如果视准轴慢慢倾斜 i 角变成 z_1z_1'，则视准面 ANn 也会跟着慢慢倾斜 i 角，变成 AMn，视准轴 AM 在水平面 H 上的投影为 Am，则 $\angle mAn = \varepsilon$ 为横轴倾斜时对观测方向值产生的影响。

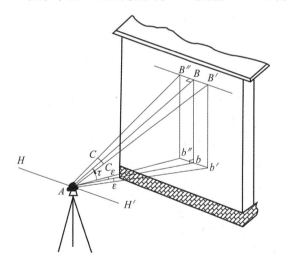
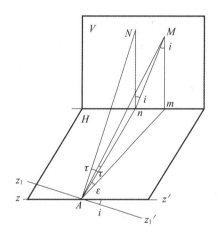

图 4-36　视准轴不垂直于横轴的影响　　　图 4-37　横轴不垂直于竖轴的影响

设视线 AN 的垂直角为 τ，旋转过程中恒有 $\angle MAn = \angle NAn = \tau$。由 $Rt\triangle Amn$、$Rt\triangle AMn$ 及 $Rt\triangle Mmn$ 可得

$$\tan\varepsilon = mn/An \quad \sin i = mn/Mn$$

所以

$$\tan\varepsilon/\sin i = Mn/An = \tan\tau$$

即

$$\tan\varepsilon = \sin i \tan\tau$$

由于 ε、i 均较小，上式可写成：

$$\varepsilon = i\tan\tau \tag{4-26}$$

上式说明：① 横轴倾斜对观测方向值的影响，随视线垂直角 τ 的正切函数呈正比例变化，当 $\tau=0$ 时，

$\varepsilon=0$，即当望远镜水平瞄准时，横轴倾斜对水平方向的观测结果没有影响。而垂直角愈大，其影响也愈大，当垂直角达到 $90°$ 时，其影响 ε 达到最大值，为 $90°$；② 以盘左、盘右观测同一目标时，因 ε 的数值相同而符号相反（i 的符号相反），故取盘左、盘右读数的平均值就能够消除横轴倾斜误差的影响。

7. 竖轴不垂直的影响

三轴之中假定视准轴垂直于横轴，横轴也垂直于竖轴，但如果竖轴本身不竖直的话，前面这两个垂直关系也就失去了意义。仪器的竖轴是否垂直，由照准部的水准管气泡是否居中来决定。换句话说，如果照准部水准管发生倾斜，将会导致竖轴倾斜，所以说，竖轴倾斜误差就是指仪器竖轴不垂直于照准部管水准轴的误差。即当仪器整置到水准管气泡居中时，竖轴相对铅垂线倾斜了角度 δ，这个角度称为竖轴倾斜误差。

竖轴倾斜从两个方面影响观测方向值，一是使横轴倾斜，二是使度盘倾斜，具体影响情况请查阅参考文献[6]《基础测绘学》。总之，仪器竖轴误差无法用盘左、盘右取平均值的观测方法消除其影响，因此在水平角观测时，务必细致地做好仪器的整平工作，且在作业前认真地检验和校正照准部水准管。在视线倾角比较大的情况下观测水平角时，更要特别注意仪器的精确整平。

【问题思考】 竖轴倾斜对垂直度盘读数的影响如何？

二、观测误差

观测误差主要指仪器对中误差、目标偏心差、照准误差和读数误差。而读数误差对全站仪来说，由于观测者可以直接从显示屏上读取角度的数值，从而避免人为读数误差。

1. 仪器对中误差

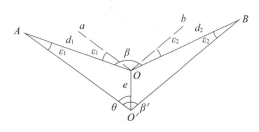

图 4-38 对中误差对水平测角的影响

如图 4-38 所示，由于测站对中不准确，使仪器中心 O' 偏离测站点中心 O 一段距离 e，此距离 e 为仪器对中线量误差，又称**对中偏心距**。

图中 A、B 为两地面观测点，Oa、Ob 分别与 $O'A$、$O'B$ 平行，仪器在实地中心 O' 所测的角度为 β'，而正确的角度应为 β，则对中误差 e 引起的角度偏差为

$$\Delta\beta = \beta - \beta' = \varepsilon_1 + \varepsilon_2 = \varepsilon$$

式中，ε_1、ε_2 为对中误差对 A、B 观测方向值的影响。

设 OA、OB 的距离分别是 d_1、d_2，$\angle AO'O = \theta$，故 $\angle OO'B = \beta' - \theta$。在 $\triangle AO'O$ 和 $\triangle BO'O$ 中，应用正弦定理，有

$$\frac{\sin\varepsilon_1}{e} = \frac{\sin\theta}{d_1}$$

一般 ε_1 很小，故上式可表示为

$$\varepsilon_1 = \frac{e \cdot \sin\theta}{d_1} \leqslant e/d_1$$

这是对中误差 e 对单个方向的观测值影响。

同理：

$$\varepsilon_2 = \frac{e \cdot \sin(\beta' - \theta)}{d_2}$$

于是：

$$\varepsilon = \varepsilon_1 + \varepsilon_2 = e \cdot \left(\frac{\sin\theta}{d_1} + \frac{\sin(\beta' - \theta)}{d_2} \right) \tag{4-27}$$

由上式可见,对中误差对水平角的影响与偏心距 e 成正比,与测站至目标的距离 d 成反比,还与偏心角 θ、水平角 β' 的大小有关,θ 越接近 $90°$、β' 越接近 $180°$,其影响越大。

从影响最大值的情况考虑,令 $\theta=90°$,$\beta'=180°$,再假定 $d_1=d_2=d$,则式(4-27)变为

$$\Delta\beta = \varepsilon_1 + \varepsilon_2 = e/d + e/d = 2e/d$$

取 $e=3$ mm,当 $d=200$ m 时,$\Delta\beta=6.2''$;当 $d=100$ m 时,$\Delta\beta=12.4''$;当 $d=50$ 米时,$\Delta\beta=24.8''$。可见,对中误差在短边的情况下须特别留意。

可采取如下措施:① 在测角中必须做好仪器精确对中,尤其是距离较短时;② 如果在测量时由于客观原因(如通视问题)仪器必须偏离地面点的位置观测,则可以实地测定偏心距 e 及 θ,用式(4-27)对观测值进行改正,消除对中误差的影响。

2. 目标偏心差

如图 4-39(a)所示,照准目标底端虽然与地面点重合,但标杆树立不垂直,如果无法瞄准标杆底部,那么标杆顶端中心与地面点中心存在偏心差——偏心距 e。

如图 4-39(b)所示,照准目标为三脚标。三脚觇标在野外安装时因故无法与地面标志点对中,这时标杆顶端的照准圆筒中心与地面点中心存在偏心距 e。

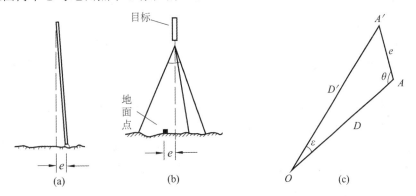

图 4-39　目标偏心差的影响

目标偏心差 e 对水平角的影响和对中误差对水平角的影响具有完全相同的含义。

如图 4-39(c)所示,仪器在 O 点瞄准目标 A,却无可奈何地瞄到了目标 A',于是产生了目标偏心差 e。由此对该方向的观测值产生误差:

$$\varepsilon = \frac{e\sin\theta}{D} \tag{4-28}$$

消除目标偏心差的办法有:① 竖直标杆,尽量瞄准标杆底部;② 使用垂球线、特制觇牌等专用瞄准标志;③ 测定偏心距 e、偏心角 θ 等参数,用公式(4-28)计算目标偏心差,消除误差影响。

3. 照准误差

测角时人眼通过望远镜照准目标而产生的误差称为照准误差。照准误差又称瞄准误差,它与人眼的分辨率 P 及望远镜的放大倍率 v 有关:

$$m = P/v \tag{4-29}$$

一般认为,人眼的分辨率为 $60''$(少部分人除外),若望远镜的放大倍率为 v,则分辨能力就提高了 v 倍。如 DJ6 经纬仪的放大倍率通常为 28 倍,故照准误差大约为 $m=\pm2.1''$。也就是说,用望远镜观察与用肉眼观察相比较,人眼的分辨能力从 $60''$ 提高到了 $2.1''$。

事实上,照准误差还与望远镜的分辨率、物镜孔径的大小(亮度)、十字丝粗细度有关,也与目标的颜色、形状、大小及目标影像的亮度和清晰度有关,另外还与仪器操作对视差的消除是否彻底,照准部位是否严格准确等息息相关。因此,实际的照准误差往往会大于上述结果。所以,工作时除了选择适合的仪

器,清晰的照准标志,良好的气候条件及有利的观测时间外,更重要的是应仔细做好调焦和照准工作。

4. 读数误差

对老式经纬仪来说,读数误差与读数设备的精度质量、光路照明情况以及观测人员的经验有关,其中主要取决于读数设备的精度质量。一般认为 J6 型仪器估读误差不超过 $6''$,J2 型仪器的读数误差约为 $1''$。

光电经纬仪和全站仪采用光电扫描计数,观测者直接从显示屏上读数,没有读数误差。

三、外界环境的影响

外界环境的影响很多,包括大气密度变化、大气透明度的影响,温度、湿度、气压对仪器的影响,目标相位差、旁折光(或垂直折光)的影响,观测地的车辆、行人、施工机械的影响,等等。

(1)地球表面不同的地物具有不同的大气密度,如图 4-40(a)所示。大气密度与测区的海拔高程相关,也与视线距地面的高度有关,又随气温与湿度的变化而变化。大气密度不同会引起大气折射,如图 4-40(b)所示,而大气密度的变化不定会导致大气折光的错乱变化,使成像不能稳定;夏天的水泥地面热辐射强烈,造成目标影像跳动。

(2)空气中的各种 PM10、PM2.5 尘埃太多,影响大气透明度,造成目标成像不清。

(3)烈日暴晒使仪器三脚架发生扭转,土壤松动使水准气泡偏离,大风也会使仪器及目标的标杆摇摆不定。

观测中应当避免这些不利的气候地理条件,尽量选择多云、阴天、气候稳定的天气观测,将仪器安置在坚实的土层上,安排专人打伞遮阳、挡风避雨,等等。

(4)在地表面、水面及地面构造物墙面附近,大气密度的非均匀性表现比较突出,观测视线通过时不可能是一条直线,存在**旁折光** δ 的影响,如图 4-40(c)、图 4-40(d)所示。

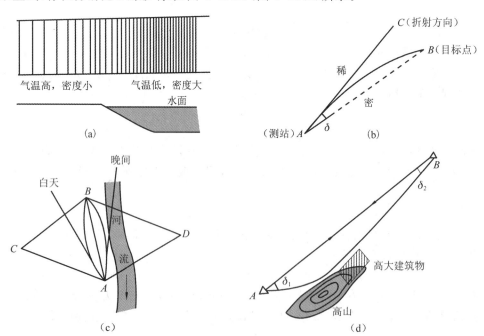

图 4-40 大气折射对角度测量的影响

在垂直角测量中产生影响的是垂直折光。

因此,观测视线不应紧贴地表面,应离开地表面、水表面及地面构造物一定的距离。

（5）太阳光照射使圆形目标形成明暗各半的影像，瞄准时往往以暗区的中心线为标志线，这样便产生**目标相位差** Δ 的影响，如图 4-41 所示。为了避免这种情况，可以制作类似百叶窗结构的照准圆筒，如图 4-42 所示。

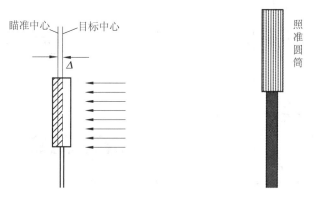

图 4-41　相位差的影响　　　　图 4-42　避免相位差

【温馨提示】　外界环境对角度测量的影响比较复杂，一般难以确定估计。读者可以阅读"控制测量"相关书籍，了解详细的讨论和计算分析。在较低等级的控制测量中，我们能做的只是尽量避免那些不利的外界环境因素，选择有利的观测条件，抓住较好的观测时段，同时努力提高我们的观测技术水平。

任务 7　学会对测角仪器进行检验与校正

对于一台仪器，如果不是个人专用，在每次领用时就应该仔细检查一番。首先松开仪器各制动旋钮，环视仪器的整体外观，看看有没有擦坏损伤的地方；接着将仪器放置在稳定的台面，检查圆水准器、水准管整平是否一致，照准部、望远镜旋转是否平滑，各微动旋钮隙动差是否太大，电池电量是否充足够用，按键是否正常，等等。

一、测角仪器应当满足的几何条件

由测角原理可知，要准确地测量水平角和垂直角，无论是普通经纬仪还是全站仪，在结构上均须满足如下要求（见图 4-43）：

（1）仪器的水平度盘应水平。

由于水平度盘与竖轴 VV 垂直这一条件在仪器加工和装配时已经保证，因此，要使水平度盘处于水平位置，竖轴 VV 必须竖直。而竖轴 VV 的竖直又是根据照准部水准管气泡是否居中来判断的。因此，照准部管水准轴 LL 必须垂直于仪器的竖轴 VV。只有这样，当照准部水准管气泡居中（管水准轴 LL 水平）时，才能保证竖轴竖直，从而也就使水平度盘能够处于水平位置。

（2）望远镜做俯仰转动时，视准面应为一个垂直面。

该条件同时涉及水平角测量和垂直角测量。要使视准面成为一个垂直面，必须使视准轴 CC 垂直于横轴 HH，以及横轴 HH 垂直于竖轴 VV。如果 $CC \perp HH$，则当望远镜绕横轴旋转时，视准轴扫出的是一个与横轴正交的平面。这时，若 $HH \perp VV$，则当 VV 竖直时，HH 一定水平，望远镜视准轴扫出的不仅是一个与横轴正交的平面，而且是一个竖直的平面。因此，只有同时满足 $CC \perp HH$ 和 $HH \perp VV$ 这两个条件，视准面才能成为一个垂直面。

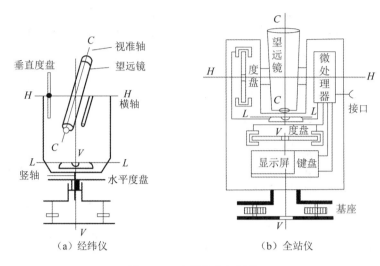

图 4-43　仪器的几何轴线

（3）垂直度盘应处于竖直位置,垂直度盘指标的位置应该正确。

由于垂直度盘与横轴垂直这一条件在仪器加工和装配时已经满足,因此,只要横轴 HH 水平,垂直度盘也就竖直了。

经纬仪垂直度盘指标的位置(对于光学经纬仪应是指标影像的位置),如果没有自动归零装置的话,是要通过调节垂直度盘指标水准管的气泡来确定的,因而,必须使垂直度盘指标管水准轴与垂直度盘指标线之间的相对位置正确,以便在指标水准管气泡居中时,垂直度盘指标处于正确位置。如果有自动归零装置,则仪器没有该垂直度盘指标水准管。

（4）此外,为了便于精确瞄准目标,当仪器整平后,望远镜十字丝的竖丝应竖直。

综上所述,仪器应满足的几何条件有:

① 竖轴应垂直于管水准轴($VV \perp LL$);

② 横轴应垂直于竖轴($HH \perp VV$);

③ 视准轴应垂直于横轴($CC \perp HH$);

④ 垂直度盘指标线与垂直度盘指标管水准轴应处于正确的相对位置,即垂直度盘指标差应为零;

⑤ 十字丝竖丝应垂直于横轴。

仪器在使用和搬运过程中,各项几何条件往往会发生变化。因此,即使是一台新仪器,在作业前也一定要进行检验,查明该仪器是否满足上述几何条件,不满足者,应通过校正或修理使之满足。

二、仪器的检验与校正

下面的各项检验校正,应该按顺序逐项进行,尤其是第一项竖轴,如果没有首先检校好,则仪器安平后竖轴一直处于倾斜状态,此时进行其他的项目检校就失去意义。

1. 竖轴应垂直于管水准轴

竖轴是否垂直于照准部管水准轴,主要取决于水准管两端支柱的高度是否合适,而支柱的高度是由控制支柱的校正螺钉来调节的。假如水准管支柱的高度合适[见图 4-44(d)],当水准气泡居中(管水准轴水平)时,竖轴处于竖直位置(与铅垂线重合),水平度盘处于水平位置。此时,不论仪器转到哪个位置,水准气泡均居中。假如水准管支柱高度不合适,如图 4-44(a)所示,管水准轴便不平行于水平度盘。当气泡居中时,虽然管水准轴水平了,但竖轴不竖直,水平度盘亦倾斜 α 角度,只要仪器绕倾斜的竖轴稍稍旋转一下,气泡就会偏离居中位置。

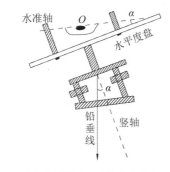

（a）气泡居中，水准轴水平

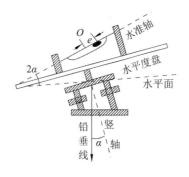

（b）旋转照准部180°，气泡偏差为 e

（c）用脚旋钮改正 $\dfrac{e}{2}$

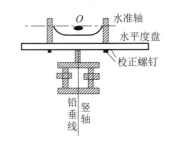

（d）用水准器校正螺钉改正 $\dfrac{e}{2}$

图 4-44　照准部水准管的校正

由此可知，检验本项条件是否满足，与水准仪圆水准器的检验方法基本相同。

（1）检验方法。

使仪器大致整平后，转动照准部使水准管与任意两个脚旋钮的连线平行，调节这两个脚旋钮使气泡严格居中。然后，将仪器旋转180°，如果气泡仍居中，表明管水准轴已垂直于竖轴，如气泡不再居中[见图 4-44（b）]，则需要进行校正。

（2）校正方法。

先用脚旋钮使气泡退回偏离的一半[见图 4-44（c）]，再拨动装在水准管一段支柱上的上、下两个校正螺钉，把水准管的一端升高（或降低），使气泡居中[见图 4-44（d）]。

重复上述步骤，直至仪器转到任何方向气泡均稳定居中（气泡在旋转时偏离零点在半个分划以内）。

（3）检校原理。

将水准仪的圆水准器换成水准管，其检校原理便与水准管相同。

对于测角仪器上的圆水准器，则可在水准管校正完毕的基础上，严格整平仪器，如果圆水准气泡不居中，则可拨动圆水准器下面的校正螺钉使气泡居中，校正时注意三个小螺钉先松后紧，配合使用，校正完成后，确保三个校正螺钉的紧固力均衡一致。

2. 十字丝的竖丝应垂直于横轴

（1）检校目的。

此项目的目的是使十字丝的竖丝垂直于横轴。这样，当仪器整平纵转望远镜时，竖丝位于铅垂面，便可以用竖丝任意位置瞄准目标观测水平角，同时可以检查目标杆（棱镜杆）是否偏斜。

（2）检验方法。

如图 4-45（a）所示，用十字丝竖丝的上端（或下端）瞄准远处一个清晰的目标点 P。用望远镜微动旋钮使望远镜上仰（或下俯），如果目标点 P 始终在竖丝上移动，则表明满足条件，如图 4-45（b）所示；如果目标点 P 偏离竖丝，如图 4-45（c）和图 4-45（d）所示，则需校正。

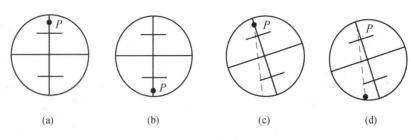

(a)   (b)   (c)   (d)

图 4-45 十字丝的检验与校正

（3）校正方法。

十字丝的竖丝应垂直于横轴的检验方法与水准仪横丝应垂直于竖轴的校正方法相同，具体操作方法可参照"图 3-44 十字丝横丝的校正"。

3. 视准轴应垂直于横轴

图 4-43 所示的视准轴 CC 是十字丝交点与物镜光心的连线，当视准轴不垂直于横轴，亦即视准轴的位置有了变动时，由于物镜光心一般不会变动，所以视准轴位置的变动就是由十字丝交点位置不正确引起的。

变动的视准轴 CC 与正确的视准轴形成一个水平夹角 C，称为视准轴误差，简称视准差。这时纵转望远镜时，视准轴 CC 的运动轨迹便不是垂直面，而是一个圆锥面，盘左盘右两条视线之间便形成两倍视准差 2C，2C 的存在虽然可以通过对盘左盘右观测读数取平均值给予抵消，但过大的 2C 值将会给观测工作带来不便。仪器商一般会将自己仪器的 2C 控制在一定范围内。

检校视准轴应垂直于横轴，通常采用下列简单办法。

（1）检验步骤。

以大致水平的视线，在盘左位置瞄准远处一个明显的目标 P（或在墙上预先画好的十字标志），读取水平度盘读数，设为 L，然后，以盘右位置瞄准同一目标，又读取水平度盘读数，设为 R。若 $L = R \pm 180°$，则表明视准轴已垂直于横轴，否则就不垂直，偏离的角度便是视准差 C。当 C 值超过规定时，须进行校正。

（2）校正方法。

接上，先按下式计算出盘右时正确读数 $m_右$：

$$m_右 = [R + (L \pm 180°)]/2$$

保证盘右精确瞄准目标 P，调节水平微动旋钮，使盘右读数为 $m_右$，再从望远镜中观察，此时可发现十字丝交点偏离了目标。参照图 3-44 所示十字丝校正螺钉位置，先卸下十字丝校正螺钉保护罩，稍许松开十字丝的上、下校正螺钉，再将左、右校正螺钉一松一紧，使十字丝竖丝精确瞄准目标。反复进行直至目标 P 始终在十字丝竖丝上移动，校正完成。校正完成后，确保四个校正螺钉的紧固力均衡一致。最后应旋紧被松开的四个十字丝固定螺钉，装好护罩。

（3）检校原理。

检校原理详见参考文献[6]《基础测绘学》第四章第七节。

4. 横轴应垂直于竖轴

横轴应垂直于竖轴的检验步骤、校正方法及检校原理详见参考文献[6]《基础测绘学》第四章第七节。值得提出的是，经纬仪的横轴是密封的，为了不破坏仪器的密封性能，一般作业人员在野外只需进行该项检验便可，无须打开仪器密封盖板校正仪器。而且，现今生产的仪器一般都能保证横轴与竖轴的垂直关系。因此，如果必须校正横轴，通常由专门的仪器检修人员在室内进行。如果是全站仪发生这种情况，作业人员更加不可随便打开仪器密封盖板，只需将测量结果向上汇报，送站返修。

5. 垂直度盘指标差应为零

垂直度盘指标差的检校应根据指标差归零的方法不同有所区分。归零的方法有手动水准器归零和自动归零。这里主要介绍自动归零的测角仪器垂直度盘指标差的检校。

垂直度盘指标差自动归零的仪器有很多,除了老式的自动安平光学经纬仪、光电经纬仪外,现在出产的全站仪几乎全为自动归零仪器。

现以国产南方 NTS662 全站仪为例介绍该项检验与校正工作。

(1) 检验自动归零在补偿范围内是否能够正常工作。

① 安置整平仪器,旋转照准部使望远镜视准轴刚好与脚旋钮 A 位于同一垂直面,如图 4-46 所示,望远镜水平指向正前方,选择天顶距显示模式,用上下微动旋钮使垂直度盘读数为 $0°0'0''$;

② 顺时针慢慢旋转脚旋钮 A,使仪器上仰,同时观察垂直度盘读数 L 的变化情况,直至该读数不再变化为止(南方全站仪的读数消失,并显示"b"字样),记下读数为 L'。同样,逆时针旋转脚旋钮 A 使仪器下俯,得到读数 L'';

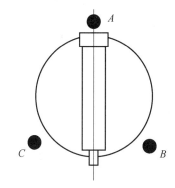

图 4-46 测定竖盘自动归零的补偿范围

③ 计算 $|L'-L''|=2m$,此 m 便为该仪器的实际补偿范围,应与仪器说明书中的标称范围一致。南方 NTS662 全站仪标称补偿范围为 $m=3'$(见表 4-2)。如果相差较大则应进行校正。

【举一反三】 将上述检验工作中的望远镜垂直角从 $0°0'0''$ 改为 $±20°0'0''$ 试试,之后再用盘右试试,再随机用三个脚旋钮移动试试,看看情形各为如何。

(2) 检校垂直度盘指标差的大小。

① 安置整平仪器,用望远镜盘左瞄准一个明显目标,得垂直度盘读数 L;

② 旋转望远镜盘右瞄准该目标,得读数 R;

③ 计算指标差 $x=(L+R-360°)/2$。

南方公司在仪器说明书中要求,对其全站仪的垂直度盘指标差不要大于 $10''$,否则应重新设置(具体参见说明书)。

6. 光学对中器的检验与校正

前面所做的各项检校工作,均只需仪器整平,而无须仪器对中,这说明在正式工作之前必须先将仪器本身调整好,调整完后就要考虑对中问题了。对中涉及的实际工作是,要将仪器中心与地面控制点建立起一条铅垂线,因此我们常说铅垂线是测量工作中最重要的一条基准线。

旧式仪器常用的光学对中器有两种:一种装在仪器的照准部上,另一种装在仪器的三角基座上。无论哪一种,包括后来出现的激光对中器,都要求对中器垂直方向的视准轴与仪器的竖轴相重合。图 4-47(a)所示为对中器的光路图,图 4-47(b)所示为带对中器的基座。

(1) 装在照准部上的光学对中器。

① 检验步骤。将仪器安置整平到三脚架上,在一张毫米格纸上沿厘米分划线画一个十字交叉,放在仪器正下方的平坦地面上。对中器对好光(目镜、物镜调焦),移动白纸使其十字交叉点与对中器的中心标志重合。旋转照准部,每转 $90°$,观察对中器的中心标志与十字交叉点的重合度,如果照准部旋转时,光学对中器的中心标志一直与十字交叉点重合,则说明对中器视准轴与仪器竖轴相重合,不必校正。如不重合,则形成一个游离于交叉点的危险圆圈(一般为心形椭圆圈),需按如下方法进行校正。(激光对中器亦可按此法进行检验。)

② 校正方法。将光学对中器目镜与调焦手轮之间的校正螺钉护盖取下。固定好十字交叉毫米纸并在纸上标记出仪器每旋转 $90°$ 时中心标志落点位置,如图 4-48(a)所示的 A、B、C、D 点。用直线连接对角

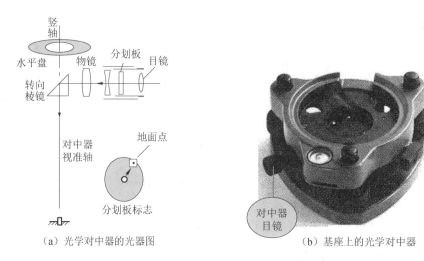

（a）光学对中器的光器图　　　　　　　　　（b）基座上的光学对中器

图 4-47　光学对中器

点 AB 和 CD，两直线交点为 O，此即为危险圆圈的几何中心。用校正针调整对中器的四个校正螺钉，使对中器的中心标志与 O 点重合。重复检验步骤，检查校正至符合要求。将护盖安装回原位。

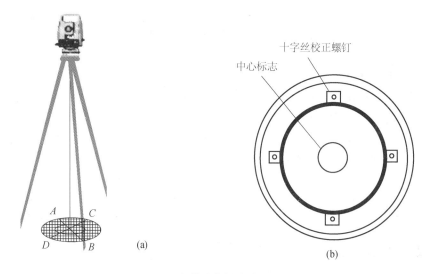

图 4-48　光学对中器的检验与校正

（2）三角基座上的光学对中器。

① 检验步骤。先安置整平好仪器。沿基座的边缘，用铅笔把基座的三条边线轮廓画在三脚架顶部的平面上。然后在地面放一张毫米纸，从光学对中器视场里标出刻划圈中心在毫米纸上的位置。稍许松开中心连接螺钉，转动基座 120° 后固定，注意需将基座底板放在所画的轮廓线里并重新整平，如此三次分别标出刻划圈中心在毫米纸上的位置。若三点重合，则说明基座对中器正常，否则找出误差三角形的中心以便改正。

② 校正方法。用拔针或螺钉旋具转动光学对中器的调整螺钉，使其刻划圈中心对准三角形中心点。

7. 补充说明

本节介绍的上述六个方面的检验与校正，只是常规经纬仪或全站仪的一般性检校工作。对于全站仪，除了要做上述基本的检校工作外，还要做许多其他的检验、校正、设置等工作，而且根据全站仪的品牌、型号的不同，其功能、特点均有很大不同，性能方面也各有千秋，因而它们在仪器的检校、设置方面也有所不同。因此，当我们接触一款新仪器时，首先须仔细阅读仪器的使用说明书，按其指示和指引进行仪器的各项检验检查,如发现异常,能自己动手校正的,可以自己小心仔细地动手校正,不能自己动手的,则须向上汇报,送站检修。

关于全站仪测距方面的检校与设置,将在项目 5 介绍。

参考文献

[1]罗时恒.地形测量学[M].北京:冶金工业出版社,1985.

[2]张剑锋,邵黎霞.测量学[M].北京:中国水利水电出版社,2009.

[3]冯仲科.测量学原理[M].北京:国家林业出版社,2002.

[4]中华人民共和国国家质量监督检验检疫总局,中国国家标准化管理委员会.国家三、四等水准测量规范:GB/T 12898—2009[S].北京:中国标准出版社,2009:10.

[5]中华人民共和国住房和城乡建设部.工程测量标准:GB 50026—2020[S].北京:中国计划出版社,2021:2.

[6]徐兴彬,邱锡寅,黄维章,等.基础测绘学[M].广州:中山大学出版社,2014.

思考与练习

1.如图 4-49 所示,三条直线 AB、CD、EF 相交于 O 点。根据角度的定义及已知信息,求下列各直线之间的夹角:AB 与 OF,OD 与 FE,DC 与 OD,FE 与 OB。

2.将 $86°41'36''$ 换算为转、弧度、梯度;将弧度 0.659π 换算为转、梯度及六十进制的度、分、秒。

3.图 4-5 中,观测 OB 视线得到的水平方向值 $b=139°55'05''$,观测 OA 视线得到的水平方向值 $a=39°15'22''$,求水平角 $\angle AOB$。

4.简述角度测量仪器的基本结构及仪器的等级类型的含义。

5.全站仪的管水准器、圆水准器各有什么作用?举例说明二者的整平精度一般相差多少。

6.与普通经纬仪度盘相比,全站仪度盘在结构上有何区别?比较国内外全站仪度盘的读数精度情况如何。

7.完成下列测回法观测手簿的计算工作(见表 4-6),根据规范要求进行有关限差分析(按一级、5″仪器),并绘制好方向略图。

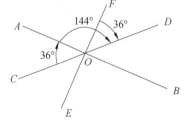

图 4-49 题 1 图

表 4-6 水平角观测手簿(测回法)

测量日期:＿＿＿＿ 天气:＿＿＿＿ 测站点:_A_		仪器:＿＿＿＿ 观测:＿＿＿＿ 记录:＿＿＿＿		方向略图:				
测回	目标	水平度盘读数/(° ′ ″)		2C/(″)	平均读数/(° ′ ″)	各测回角值/(° ′ ″)	各测回平均角值/(° ′ ″)	备注
		盘左	盘右					
1	C	0 00 01	180 00 04					
	B	183 33 10	3 33 21					
2	C	90 00 02	269 59 55					
	B	273 33 17	93 33 11					

8.默记并口述全站仪安置的步骤。

9.下列叙述正确的是( )(多项选择)。

A.罗盘经纬仪、游标经纬仪、光学经纬仪、全站仪均可测角和测距

B.经纬仪安置时先考虑精确整平再考虑精确对中

C.全站仪初始设置时,HR代表照准部顺时针旋转时水平角增加,HL则刚好相反

D.全站仪测水平角时瞄准棱镜杆上的棱镜要比瞄准棱镜杆的底部准确一些

E.普通经纬仪有读数误差,全站仪没有读数误差

F.盘左盘右观测可以消除竖轴不垂直对垂直角的影响

G.全站仪的三个主要轴系关系是竖轴竖直,横轴与竖轴垂直,视准轴与横轴垂直

H.照准误差与仪器的对中误差密切相关

I.目标偏心差可以通过偏心观测准确获得

10.试述测角仪器对中、整平的目的意义。它们与水准仪的安置有何区别?

11.仔细分析照准部偏心差与度盘偏心差对水平角测量的影响,指出它们的区别与联系。

12.完成下列方向观测法手簿计算(见表4-7),根据规范要求进行限差计算与分析(按一级、5″仪器)。注意绘好方向略图。

表4-7　方向观测法记录手簿

测量日期:_____　仪器:_____
天气:__晴__　观测:_____　方向略图:
测站点:_O_　记录:_____

测回	目标	水平度盘读数/(° ′ ″) 盘左	水平度盘读数/(° ′ ″) 盘右	2C/(″)	平均读数/(° ′ ″)	归零后各测回方向值/(° ′ ″)	归零后各测回方向平均值/(° ′ ″)	备注
1	A	0 00 02	180 00 00		(0 00 03) 0 00 01	0 00 00	00 00 00	
	B	77 33 17	257 33 10					
	C	98 30 18	278 30 09					
	D	142 22 45	322 22 37					
	A	0 00 05	180 00 05					
2	A	90 00 00	269 59 58			00 00 00		
	B	167 33 37	347 33 31					
	C	188 30 41	8 30 31					
	D	232 22 47	52 22 39					
	A	89 59 56	269 59 58					

13.用全站仪测量角度时,盘左、盘右观测可以消除下列哪些误差影响?

a.视准轴误差;b.对中误差;c.度盘偏心差;d.旁折光误差;e.照准部偏心差;f.竖轴误差;g.横轴误差;h.照准误差。

14.指出仪器检校应该按何顺序进行,其中哪些必须先检校?哪些可先可后?

15.完成下列垂直角测量的手簿计算工作(见表4-8),根据国家标准分析和检查有关限差要求(按四等、2″仪器)。

表 4-8　垂直角观测记录手簿

测站	目标（觇高）	测回	垂直度盘读数/(°′″)		指标差/(″)	垂直角/(°′″)	垂直角平均值/(°′″)	备注
			盘左	盘右				
O	A 2.20	1	92 37 12	267 22 54				
		2	92 37 03	267 22 30				
		3	92 37 15	267 22 54				
	B 2.01	1	86 43 24	273 16 42				
		2	86 43 20	273 16 20				
		3	86 43 22	273 16 45				

项目 5

距离测量

■内容提要

介绍长度的单位基准、水平距离投影面，钢尺量距工作方法与误差分析，视距测量方法与误差分析，光电测距原理、全站仪光电测距、光电测距误差分析。

■关键词

钢尺量矩、直线定线、余尺长、视距测量、光电测距、全站仪、误差分析。

任务 1 学习距离测量的基本知识

　　距离测量是测量的基本工作之一，也是最重要的基本工作之一。中国古代的"左准绳、右规矩"，指的就是左手握绳量距，右手持规测角。这是因为有了距离和角度，便能够确定出点的位置——坐标。

　　距离是指两点间的最短长度，因此距离测量又称长度测量。距离分水平距离和倾斜距离，也就是通常所说的**平距**和**斜距**。如果测得的是倾斜距离，通常还必须改算为水平距离。

一、长度的单位

　　长度测量的单位古今中外各不相同，仅中国古代所使用过的长度单位有据可查的就有数十种之多。流传下来比较有影响的有里、步、丈、尺、寸等。国际单位制的长度单位"米"（meter，metre）起源于法国。1790 年 5 月，主要由法国科学家组成的特别委员会，建议以通过巴黎的地球子午线全长的四千万分之一作为长度单位米，次年获法国国会批准。接着于 1792～1799 年，对法国的北部海滨城市敦刻尔克至西班牙的巴塞罗那进行子午线测量，并根据测量结果制成一根 3.5 mm×25 mm 矩形截面的铂杆（platinum metre bar），以此杆两端之间的距离定为 1 m，交法国档案局保管，所以也称为**档案米**。这就是最早关于"米"的定义。

　　由于档案米的变形情况严重，于是，1872 年放弃了"档案米"的米定义，而以铂铱合金（90% 的铂和 10% 的铱）制造的**米原器**作为长度的单位。米原器是根据档案米的长度制造的，当时共制出了 31 只，截面近似呈 X 形，把档案米的长度以两条宽度为 6～8 μm 的刻线刻在尺子的凹槽（中性面）上。1889 年在第一次国际计量大会上，把经国际计量局鉴定的第 6 号米原器（31 只米原器中在 0℃ 时最接近档案米的长度的一只）选作国际米原器，并作为世界上最有权威的长度基准器保存在巴黎国际计量局的地下室中，其余的尺子作为副尺分发给与会各国。规定在周围空气温度为 0℃ 时，米原器两端中间刻线之间的距离为 1 米。1927 年第 7 届国际计量大会又对米定义做了严格的规定，除温度要求外，还提出了米原器须保存在 101.325 kPa（标准大气压）下，并对其放置方法做出了具体规定。

　　但是使用米原器作为米的客观标准也存在很多缺点，如材料变形、测量精度不高（只能达 0.1 μm），很难满足计量学和其他精密测量的需要。另外，万一米原器损坏，复制将无所依据，特别是复制品很难保证与原器完全一致，给各国使用带来了困难。因此，采用自然量值作为长度单位基准器的设想越来越为人们所向往。20 世纪 50 年代，随着测量同位素光谱光源的技术发展，人们发现了一种宽度很窄的同位素谱线——氪-86，加上干涉技术的成功，人们终于找到了一种不易毁坏的长度自然标准，即以光波波长作为长度单位的自然基准。

　　1960 年 10 月，第 11 届国际计量大会确定了长度（m）、时间（s）、质量（kg）、温度（k）、电流（A）、光强（cd）、物质的量（mol）等七个基本单位的国际单位制（SI 制），同时对米的定义做出如下更改："米的长度等于氪－86 原子的 2p10 和 5d1 能级之间跃迁的辐射在真空中波长的 1 650 763.73 倍"。这也是米的第二次命名。这一自然基准量性能稳定，没有变形，容易复现，具有很高的精度。从此，世界各国需要鉴定尺长时，再不必去法国巴黎与米原器进行比对，而可以自行解决。我国于 1963 年也建立了氪-86 同位素长度基准。米的定义更改后，国际米原器仍按原规定保存在法国巴黎国际计量局的地下室中。

　　随着科学技术的进步，1967 年的第 13 届国际计量大会规定了时间"秒"的新定义——铯-133 原子基态的两个超精细能级之间跃迁所对应的辐射的 9 192 631 770 个周期的持续时间。之后，人们对时间和光速的测定已达到了很高的精确度。1975 年第 15 届国际计量大会决议,把真空中光速值定为 $c =$ $(299\ 792.458 \pm 0.001) \text{km/s}$。

因此,1983 年 10 月在巴黎召开的第 17 届国际计量大会上又通过了米的新定义:"米是光在真空中 1/299 792 458 秒的时间间隔内所行进的路程长度"。这是国际上第三次定义米的长度含义。根据光的 速度为 299 792 458 米/秒,也可看出米的定义与光速的关系。

二、水平距离的投影面

距离测量有平距与斜距之分。斜距为任意两点之间连线的长度,这是比较直观的概念。但对于水平 距离,由于我们的测量活动是在地球表面进行的,还定义了水准面及参考椭球面,因此,有必要继续定义 水平距离为斜距投影到某高程面(如大地水准面或参考椭球面)上的长度[①]。不过大地水准面是一个千 变万化、无法捕捉的复杂曲面,我们便用参考椭球面来代替它。但实际中到底是用参考椭球面还是用某 一具体选定的高程面,下面的分析将给出答案。

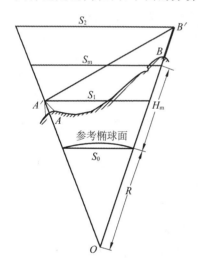

图 5-1 距离在水准面上的投影

在图 5-1 中,先要假设仪器铅垂线指向参考椭球体的中心(其影 响大小将在本项目任务 5 中介绍)。图中设 A、B 为地面上两点,仪器 A' 瞄准目标 B' 测量的斜距为 d,d 在过仪器中心 A' 点高程面上的投 影长度为 S_1(此处以直线长度代替曲线长度,下同。至于用弦线代替 弧线的误差,也将在本项目任务 5 中详述,这里先给予忽略),在过瞄 准点 B' 高程面上的投影长度为 S_2,在参考椭球面上的投影长度为 S_0,从图中可见,$S_1 \neq S_2 \neq S_0$,即地面上两点连线在不同高程面上的 投影长度是不相等的。

设 S_1 和 S_2 的平均长度为 S_m,其平均高程为 H_m,地球曲率半径 为 R,由图可知

$$\frac{S_0}{R} = \frac{S_m}{R + H_m}$$

即

$$S_0 = \frac{S_m R}{R + H_m} = \frac{S_m}{1 + \frac{H_m}{R}} \approx S_m \left(1 - \frac{H_m}{R}\right)$$

则距离误差为

$$\Delta S = S_0 - S_m = \frac{S_m H_m}{R} \tag{5-1}$$

这里的 ΔS 就是水平距离的投影面改正,又称**海平面改正**(从平均高程面到平均海水面的改正)。

相对误差为

$$\frac{\Delta S}{S_m} = \frac{H_m}{R} \tag{5-2}$$

如果要求距离误差不超过其长度的 $1/T$,即

$$\frac{\Delta S}{S_m} = \frac{H_m}{R} < \frac{1}{T}$$

则有 $H_m < \frac{R}{T}$,取 $R = 6371 \text{ km}$,则:

---

①见参考文献[1]《地形测量学》第五章第 1 节。

当 $\dfrac{1}{T}=\dfrac{1}{10000}$，$H_m<637$ m；当 $\dfrac{1}{T}=\dfrac{1}{50000}$，$H_m<127$ m；当 $\dfrac{1}{T}=\dfrac{1}{100000}$，$H_m<64$ m。

这就是说，当要求距离误差不超过 1/10000、1/50000 和 1/100000 时，只要边长的平均高程分别不大于 637 m、127 m 和 63 m 时，可认为 $S_0=S_m$，能够直接用大地水准面代替当地的高程面进行测量计算。反过来说，如果平均高程大于上述相应数据，则不能简单地用大地水准面代替边长的平均高程面。

实际测量时，可先大致估算一下整个测区的平均高程，再根据按现场工程建设精度情况制定的测量技术要求，考虑是否选用大地水准面作为测区基准面。

考虑式(5-2)，将其转化为

$$H_m=\dfrac{\Delta S\times R}{S_m} \tag{5-3}$$

对于像高速铁路这样的高精密带状线性工程，一般均需考虑此项距离改化。例如，TB 10601—2009《高速铁路工程测量规范》1.0.3 条规定，"高速铁路工程测量平面坐标系应采用工程独立坐标系统，在对应的线路轨面设计高程面上坐标系统的投影长度变形值不宜大于 10 mm/km"，代入式(5-3)得 $H_m=$ 63.71 m。在此情况下，如果铁路长 10 km，则会产生 100 mm 的投影长度变形，100 km 则会产生 1000 mm 的变形，以此类推。显然这是不容许的，实际工作中必须建立相应的高程投影面进行距离改化。

如果选择了独立基准面，便须将各条边长投影到独立基准面上。具体的改正计算步骤见本项目任务 4。

三、距离测量的技术要求

对距离测量各项误差的具体要求参照国家标准规定执行。如图 5-2 所示，GB 50026—2020《工程测量标准》规定了各等级导线控制测量中的距离测量误差大小。

表 3.3.1　各等级导线测量的主要技术要求

等级	导线长度(km)	平均边长(km)	测角中误差(")	测距中误差(mm)	测距相对中误差	测　回　数				方位角闭合差(")	导线全长相对闭合差
						0.5"级仪器	1"级仪器	2"级仪器	6"级仪器		
三等	14	3	1.8	20	1/150000	4	6	10	—	$3.6\sqrt{n}$	≤1/55000
四等	9	1.5	2.5	18	1/80000	2	4	6	—	$5\sqrt{n}$	≤1/35000
一级	4	0.5	5	15	1/30000	—	—	2	4	$10\sqrt{n}$	≤1/15000
二级	2.4	0.25	8	15	1/14000	—	—	1	3	$16\sqrt{n}$	≤1/10000
三级	1.2	0.1	12	15	1/7000	—	—	1	3	$24\sqrt{n}$	≤1/5000

注：1　n 为测站数；
　　2　当测区测图的最大比例尺为 1：1000 时，一、二、三级导线的导线长度、平均边长可放长，但最大长度不应大于表中规定相应长度的 2 倍。

图 5-2　GB 50026—2020《工程测量标准》节选

测量距离的方法随精度要求和所用仪器工具的不同而不同。例如，可用钢尺直接丈量距离，可用光学视距法间接测定距离，更可用光电测距和 GPS 测距等。

钢尺、皮尺量距属于直接测量，视距法、电磁波、GPS 等测距属于间接测量。

任务 2 用钢尺量距

虽然钢尺量距的测量工作在很多情况下都已经被全站仪测距取代,尤其在进行导线控制测量时更是如此。但在日常土木工程、建筑施工测量中,钢尺量距由于方便快捷、简单易行、精度可靠,仍然无法由其他测量工具取代。

GB 50026—2020《工程测量标准》中规定了非常详细的有关钢尺量距的技术要求与工作方法。

一、测量工具

钢尺量距的工具主要是钢尺,精度较低的有皮尺、测绳等,当然也有比钢尺性能更优、测距精度更高的因瓦基线尺。相对钢尺而言,皮尺轻巧、造价低,其内含金属丝,对皮尺的伸缩变形起一定的控制作用;测绳更加细长,用布料或塑料包裹住多根镀锌钢丝芯线固成一体,既有较高的抗拉强度,又减少拖地时的摩擦阻力,方便野外生产使用。而因瓦基线尺主要用于完成特殊任务的距离测量,如比长台测量、基线测量、精密钢尺比长等。

区别于那些以前用于设计绘图的 1 m 左右的硬质合金钢尺(这里所说的钢尺是用薄带钢制成的带状尺),尺宽 10～15 mm,厚度约为 0.4 mm;长度有 20 m、30 m 及 50 m 等各种。钢尺卷放在圆形盒内或金属架上(见图 5-3)。钢尺的基本分划单位为毫米,在每厘米、每分米及每米处有数字注记。一般钢尺在起点处一分米内刻有毫米分划,有的钢尺在整个尺长内都刻有毫米分划。

根据零点位置的不同,钢尺有端点尺和刻线尺之分(见图 5-4)。端点尺是以尺的最外端作为尺的零点,方便于在建筑物室内从墙边开始丈量;刻线尺在尺的前端刻有细线,作为尺的零点。使用钢尺时必须注意钢尺的零点位置,以免发生错误。

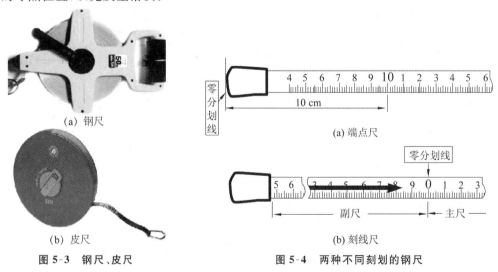

(a) 钢尺

(b) 皮尺

图 5-3　钢尺、皮尺

(a) 端点尺

(b) 刻线尺

图 5-4　两种不同刻划的钢尺

二、直线标定

如果要量测的两点间距离较远,一个尺段无法量完,则需在两点间标定出若干测点,组成若干测段,而且保证这些点位在同一条直线上,这项工作就是直线标定,也叫**直线定线**。

一般情况下,采用目估定线;当精度要求较高时,采用仪器定线。

1. 目估定线

目估定线方法如图5-5所示:A、B为待测距离的两个端点,先在A、B点上竖立标杆,测量员甲立在A点后1～2 m处,用一只眼睛由A瞄向B(可使视线与标杆边缘相切),指挥测量员乙持标杆在2号点左右移动,直到A、2、B三标杆在一条直线上,在标杆位置打下木桩(木桩顶露出地面2～3 cm即可),再用标杆在木桩上面定出精确位置之后打下带十字线的标志铁钉。直线定线一般应由远而近,即先定点1,再定点2,以此类推。注意每个尺段均不能大于钢尺的名义长度。

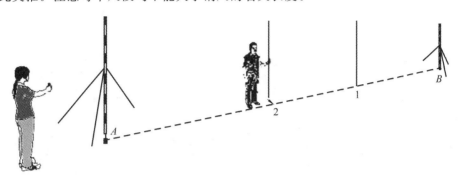

图 5-5 目估定线

2. 仪器定线

如图5-6所示,A、B为地面上互相通视的两点(如不通视,则需计算方位角以确定方向),现需要标定出直线AB。先在A点安置仪器对中整平,在B点竖立标杆,测量员用望远镜瞄准B点标杆(尽量瞄准底部),制动照准部,上下转动望远镜,指挥另一测量员用标杆或测钎依次定出各点,打下木桩及标志钉(如果要求更高,可现浇混凝土插金属铁芯或铜杆标志)。

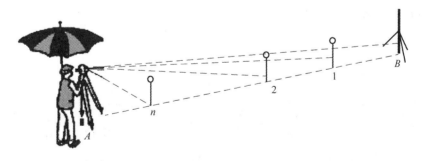

图 5-6 仪器定线

三、一般钢尺量距

1. 平坦地带量距

如图5-7所示,欲测定A、B两点的距离,可先在直线上A、B处附近竖立标杆,作为丈量时的参照依据;清除直线上的障碍物以后,即可开始丈量。丈量工作一般由3～4人进行,后司尺员手持尺的零端对准A点,前司尺员持尺的末端对准B点,当两人拉平、拉紧钢尺时,由第三人喊口令"预备—好",前后同时读数,记录员记录数据并立即计算。每一尺段测两次(尺位稍许移动几厘米),两次长度较差不超过

1 cm 则接受,取平均值。如此继续丈量,直至完成最后不足一整尺段的长度 l_{n+1},称之为**余尺长**。AB 总长结果为 $D_{AB}=l_1+l_2+\cdots+l_n+l_{n+1}$。

如果测距要求不高,为提高工作效率可以使每一尺段均为**整尺段**来丈量,测完 n 个整尺段之后,最后实测不足整尺段的余尺长度 l_{n+1}。总长为 $D_{AB}=n\times l+l_{n+1}$。

2.倾斜地面量距

(1) 如果 A、B 两点间有较大的高差,但地面坡度比较均匀,大致成一倾斜面,如图 5-8 所示,则可沿地面丈量倾斜距离 d,用水准仪测定两点间的高差 h,按下式即可计算水平距离 D。

$$D=\sqrt{d^2-h^2} \tag{5-4}$$

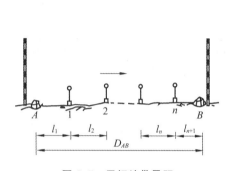

图 5-7 平坦地带量距

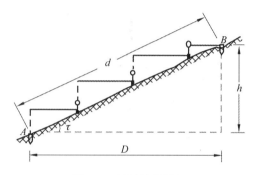

图 5-8 倾斜地带量距

也可以想办法用测角仪器测出 AB 的垂直角 τ,用垂直角计算水平距离:

$$D=d\cos\tau \tag{5-5}$$

(2) 当地面起伏高低不平时,就要采用**水平悬空测量**(见图 5-8)。此时需用三脚架吊垂球对准地面上的尺段测点,司尺员前、后同时抬高钢尺并拉平、拉紧,使钢尺悬空进行水平测量(如为整尺段时则安排一人在中间托尺)。

为了提高量距精度,钢尺量距要求往、返丈量。返测时要重新进行定线定点(普通量距可免)。把往测、返测所得结果的差数除以往、返测距的平均值,称为距离丈量的相对误差 K。即 $\Delta D=D_{往}-D_{返}$,$D_{平均}=(D_{往}+D_{返})/2$,于是

$$K=\frac{|\Delta D|}{D_{平均}}=\frac{1}{D_{平均}/\Delta D} \tag{5-6}$$

四、精密钢尺量距

通常一般钢尺量距精度能达到边长的 1/1 000～1/3 000,当量距精度要求更高,例如要求达到边长的 1/10 000～1/30 000 时,应采用精密方法进行丈量。

精密量距更加需要区分平坦地带和倾斜地面。如果是倾斜地面,则严格按上述倾斜地面量距的措施进行。

精密量距所采用工具在普通量距的基础上,增加弹簧秤、温度计、尺夹等。钢尺应经过检验,配有检定的尺长方程,尺长方程的格式为

$$l=l_0+\Delta l_0+\alpha(t-t_0)l_0 \tag{5-7}$$

式中,l 表示野外丈量时某尺段的实际尺长;l_0 表示丈量出的该尺段名义长;Δl_0 表示该尺段的尺长改正;α 表示线膨胀系数;t 表示丈量该尺段时现场测量的温度;t_0 表示钢尺检定时温度,一般为 20 ℃。

精密钢尺量距的记录计算工作可参见参考文献[15]《基础测绘学》相关内容,在此不予详述。

五、钢尺量距的误差

钢尺量距的误差主要包括尺长误差、温度变化误差、拉力变化误差、尺子倾斜误差、定线不直误差、钢尺垂曲和反曲的误差、丈量本身的误差等,具体可参见参考文献[15]《基础测绘学》相关内容,在此不予详述。总之,在平坦地区,如做精密钢尺量距,将考虑各种改正,钢尺量距的精度可达边长的 1/10 000 以上;普通钢尺量距的精度,可达边长的 1/2 000~1/3 000;在起伏不平的测量困难地区,只要仔细丈量,其精度也不会低于边长的 1/1000。

任务 3 用视距进行距离测量——视距测量

在光电测距出现以前,距离测量主要靠钢尺量距,但钢尺量距需要动用大量的人力资源,工作效率不高,而且受地形条件的限制较多,因此,人们广泛采用视距测量的方法测量距离,为此还发明有各种各样的专用视距测量仪。这些专用视距仪可用于精密视距测量,100 多米远的测距误差可达边长的 1/3 000~1/10 000。

在 200 多年来的经纬仪、平板仪地形测图中,碎部点的测量一直在使用视距测量的方法测距,这种方法操作起来方便快捷,不受地形条件限制,更重要的是还可以同时测出高差。虽然视距测量的误差约为边长的 1/300,测量精度低于钢尺量距,但已能满足碎部点位置的精度要求,因此被广泛应用于碎部测量中。

一、视距测量基本原理

光学视距测量的基本原理如图 5-9 所示。假设有一点光源在 A 处发光,照射在相距 D 的 B 标尺上,其中有两根关于 AB 对称的光线 AN、AM 直达标尺的 N、M 点,如果知道张角 γ 的大小及 NM 的长度 l,便可用下式计算 A、B 之间的距离 D。

$$D = \frac{l}{2} \cot \frac{\gamma}{2} \tag{5-8}$$

视距测量的基本方法有**定角测量**、**定长测量**,这里的"角"是三角形的顶角 γ,"长"指三角形底边的长度 l。

在图 5-10(a)所示的定角测量中,当处于 O 点仪器内的角度 γ 不变,标尺相对仪器随意移动时,l 会发生变化,按公式(5-8)计算的距离 D_1、D_2、D_n 便各不相同。通常的水准仪、经纬仪均是用这种方法进行视距测量。全站仪除用光电测距外,如果电池断电也可以用标尺按此法进行距离测量。

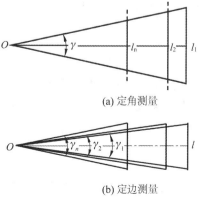

(a) 定角测量

(b) 定边测量

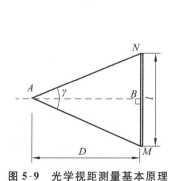

图 5-9 光学视距测量基本原理　　图 5-10 视距测量的两种基本方法

如图 5-10(b)所示,固定视距尺的长度 l 不变(定长视距仪),用测角仪器测量出可变化的角度 γ,同样按式(5-8)计算出各距离 D_1、D_2、D_n。横基线尺测量便属于这种视距测量,用 J2 型经纬仪直接测定 120 m 远的距离时,测距精度可达边长的 1/3000,如增加一个几何图形在两个地点摆站观测,满足同样的测距精度 1/3000,测程可提高数倍之多。

除此之外,也可以使角度与边长均发生变化,这称作**变长变角视距测量**,如哈默视距仪测量便属于此类。对这些比较特别的视距测量方法,有兴趣的读者可查阅参考文献[1]《地形测量学》。

二、视距测量公式推导

在项目三水准测量中我们已经接触到视距的概念。水准测量中的视距等于仪器至水准标尺之间的距离,是上、下丝读数的差值乘 100。我们在线路水准测量中都必须测量前后视距,以此来计算和限制测站的前后视距差、测段的视距累积差,以及水准路线的线路总长。

但是我们知道,水准测量时望远镜的视准轴是水平的,如果水准仪换成经纬仪、全站仪等,使望远镜倾斜观测,那视距会怎样呢?

1. 视准轴水平时的视距测量

水准测量时,测量视距是用水准仪的望远镜十字丝分划板上的上、下两根视距丝,去截取水准标尺上的相应刻线 $l_上$、$l_下$,用两读数的差值乘 100,便得到我们所需的仪器至标尺之间的距离:$S=(l_上-l_下)\times100$。如图 5-11(a)所示。

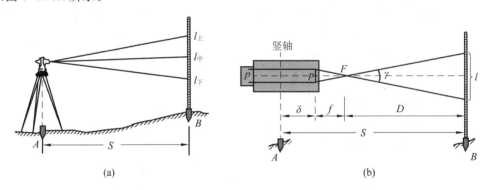

(a)　　　　　　　　　　　　(b)

图 5-11　视准轴水平时的视距测量

如图 5-11(b)所示,在点 A 安置仪器,B 点立标尺,瞄准 B 点视距尺,设望远镜视线水平,且与视距尺垂直。十字丝上、下丝间隔为 p,仪器竖轴至物镜相距 δ,物镜焦距 f,物镜前焦点到标尺距离为 D,点 A、点 B 相距 S,上、下视距丝在标尺上截取读数之差为 l。

根据图中的两个相似三角形可得:

$$D=l\times f/p$$

从点 A 到点 B 的距离为

$$S=D+f+\delta=(l\times f/p)+(f+\delta)=kl+c \tag{5-9}$$

式中,k 表示视距乘常数;c 表示视距加常数;l 表示上下丝读数差。

设计制造仪器时,通常使 $k=100$,c 一般不超过 0.5 m。

由图 5-11(b)还可以得出

$$\tan\frac{\gamma}{2}=\frac{p}{2f}=\frac{1}{2k} \tag{5-10}$$

因 k 是常数 100,代入式(5-10)可以算得 $\gamma=0°34'23''$。所以说,水准仪、经纬仪的普通视距测量是一种定角测量。

以上是外调焦望远镜的情况。对于内调焦望远镜，可以选择有关参数，使 c 尽可能等于零，而 $k=100$ 仍然不变，所以式(5-9)可以写成

$$S = kl = 100l \qquad (5\text{-}11)$$

这也就是水准测量的视距计算公式，该视距是水平距离。

2. 视准轴倾斜时的视距测量

实际中用经纬仪进行视距测量时，要应对地面起伏较大、有一定坡度的情况。这时视线不垂直于视距尺，不能用前述公式计算水平距离。

如图 5-12 所示，仪器 O 安置在 A 处，标尺 NMP 立在 B 处，视准轴 OE 为倾斜直线，其垂直角为 τ，视距丝在标尺上的读数 $NM=l$，过 E 点作直线 $N'M'$ 垂直于 OE，并令 $N'M'=l'$，则按式(5-11)有 $d=kl'$。于是

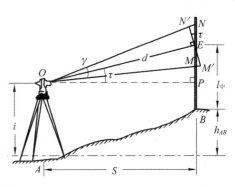

图 5-12　视准轴倾斜时的视距测量

$$S = d\cos\tau = kl'\cos\tau \qquad (5\text{-}12)$$

由图 5-12 还可以看出

$$l' = 2d\tan\frac{\gamma}{2} = 2S\sec\tau \cdot \tan\frac{\gamma}{2}$$

$$l = NP - MP = S\tan\left(\tau + \frac{\gamma}{2}\right) - S\tan\left(\tau - \frac{\gamma}{2}\right) = S\left(\frac{\tan\tau + \tan\dfrac{\gamma}{2}}{1 - \tan\tau \cdot \tan\dfrac{\gamma}{2}} - \frac{\tan\tau - \tan\dfrac{\gamma}{2}}{1 + \tan\tau \cdot \tan\dfrac{\gamma}{2}}\right)$$

$$= \frac{2S\tan\dfrac{\gamma}{2} \cdot \sec^2\tau}{1 - \tan^2\tau \cdot \tan^2\dfrac{\gamma}{2}}$$

于是

$$\frac{l'}{l} = \left(2S \cdot \sec\tau \cdot \tan\frac{\gamma}{2}\right)\frac{\left(1 - \tan^2\tau \cdot \tan^2\dfrac{\gamma}{2}\right)}{2S\tan\dfrac{\gamma}{2} \cdot \sec^2\tau} = \cos\tau\left(1 - \tan^2\tau \cdot \tan^2\frac{\gamma}{2}\right)$$

即

$$l' = l\cos\tau\left(1 - \tan^2\tau \cdot \tan^2\frac{\gamma}{2}\right)$$

将上式代入式(5-12)，得

$$S = kl\cos^2\tau\left(1 - \tan^2\tau \cdot \tan^2\frac{\gamma}{2}\right) \qquad (5\text{-}13)$$

由式(5-10)知 $\tan\dfrac{\gamma}{2}=\dfrac{1}{200}$，考虑在 $\tau=45°$ 很不利的情况下，上式括号中第二项为 1/40 000，这在视距测量中完全可以忽略不计。于是，式(5-13)可以写成

$$S = kl\cos^2\tau = 100l\cos^2\tau \qquad (5\text{-}14)$$

式(5-14)便是视准轴倾斜时视距测量的平距计算公式。如果是水准测量，视准轴水平，倾斜角 $\tau=0$，式(5-14)与式(5-11)完全一致。

3. 视距测量中的高差计算

继续观察图 5-12 中的几何关系，有

$$h_{AB} + l_{\text{中}} = i + S\tan\tau$$

于是 A、B 两点间的高差为

$$h_{AB} = S\tan\tau + i - l_{中}$$

将式(5-14)代入得

$$h_{AB} = \frac{1}{2}kl\sin2\tau + i - l_{中} = 50 \times l\sin2\tau + i - l_{中} \tag{5-15}$$

三、视距测量的误差分析

同样可以将视距测量误差分为仪器、人、环境三方面的影响。其中,仪器和视距尺本身的影响因素有视距丝的粗度,标尺的分划误差,视距乘常数 k 的误差,测定垂直角的误差。人为方面的影响因素有标尺前后倾斜,上下丝读数的时间差,估读误差。外界条件影响因素有大气的垂直折光,空气对流,空气透明度不够,其他气象条件的影响。参考文献[15]《基础测绘学》第五章详细分析了视距测量的各项误差影响,在此不予详述。

从实验资料分析可知,在较好的条件下,普通视距测量的相对误差约为 $1/300 \sim 1/200$,在不利的条件下甚至低于 $1/100$。

任务 4 用光电信号测距——光电测距

一、概述

通过以上的讨论可知,无论是钢尺量距还是视距法测距,都存在着一些明显的缺点,例如,钢尺量距虽然精度高,但工作劳动强度大,效率低,受地形条件限制多。视距法测距速度快、效率高,但精度不高。

在本项目开头时已经介绍,20 世纪六七十年代,科学家们已经能很精确地测定出光在真空中的传播速度为 $c_0 = (299\,792.458 \pm 0.001)\,\text{km/s}$,之后长度单位"米"的定义也由此尘埃落定,而此时对时间的测定也已经达到非常精准的程度——1 秒等于铯-133 原子基态在两个超精细能级之间跃迁辐射振荡 9 192 631 770 个周期的持续时间。有了这样巨大的科学成就作坚强后盾,光电测距就自然产生了。为区别于上述钢尺量距和视距测距,我们将所有利用光和电进行距离测量的仪器、设备和技术统称为光电测距。

光电测距的基本原理很简单。无论是光,还是电,如红外光、激光、无线电、X 射线(伦琴射线)、γ 射线等,根据物理学电磁理论,它们都属于电磁波的范畴,在真空中的传播速度是相同的。所以我们又可以说,各种光电测距统称为电磁波测距。

如图 5-13 所示,安置在 A 点的光电测距仪发出电磁波,遇 B 点的反射镜又回到测距仪,测距仪测出电磁波往返传播的时间 t_{2D},则 A、B 间距离 D 为

$$D = \frac{1}{2}ct_{2D} \tag{5-16}$$

式中,$c = c_0/n$ 为光在大气中的传播速度,c_0 为光在真空中的传播速度,等于 299 792 458 m/s;n 为大气折射率,与光波波长、气温、气压、湿度、空气的组成(CO_2 含量)等因素有关,一般认为在 0 ℃、101.325 kPa 下,大气折射率 n 约为 1.000267。

将 $c = c_0/n$ 代入式(5-16)得

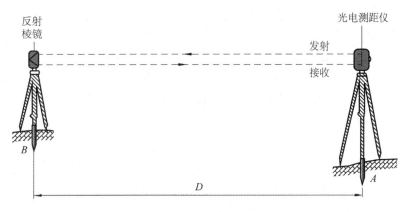

图 5-13　光电测距的基本原理

$$D = \frac{1}{2n} c_0 t_{2D}$$

微分得

$$\Delta D = -\frac{\Delta n}{2n^2} c_0 t_{2D}$$

相对误差

$$\frac{\Delta D}{D} = \frac{\Delta n}{n} = \frac{0.000\ 267}{1.000\ 267} \approx \frac{1}{3700}$$

结果表明,如果用光在真空中的传播速度 c_0 代替光在大气中的传播速度 c,大约会产生 1/3700 的测距误差。这样的误差对于碎部测图一般没问题,但对于控制测量就一定不能忽略(从图 5-2 中的技术要求就可见一斑),因此,实际工作中我们必须即时测定现场气温与大气压,按全站仪说明书的要求输入相关数据,仪器会自动计算该项大气折射改正。

二、光电测距的工作原理

1. 电磁波的特性

电磁辐射可以按照频率分类,从低频率到高频率,包括有无线电波、微波、红外线、可见光、紫外光、X 射线和 γ 射线等。人眼可接收到的电磁辐射,波长大约在 $380 \sim 780$ nm 之间,称为可见光。为了弄清楚光电测距在使用哪些电磁波作为测量的传输信号,以便对电磁波测距进行准确分类,我们先认识一下各种电磁波的特性(见表 5-1)。

表 5-1　电磁波特性一览表

项目	(高能)宇宙射线	γ 射线	χ（伦琴）射线	紫外光	可见光		红外光	微波	无线电波		
					紫蓝青绿黄橙红				短波、超短波	中波中频 MF	长波低频
	更高	超高		见如下光谱图			1.3×10^{12} $\sim 4 \times 10^{14}$	300G$\sim$ 300M	300M$\sim$ 3M	3M$\sim$ 300k	$<$300k $\sim$3k
频率 f/ Hz											

续表

项目	(高能)宇宙射线	γ 射线	χ(伦琴)射线	紫外光	可见光		红外光	微波	无线电波		
					紫蓝青绿黄橙红				短波、超短波	中波中频 MF	长波低频
波长 $\lambda = c_0/f$	<1 pm	1 pm～0.1 nm	0.1～10 nm	10～400 nm	400～770 nm		0.77 μm～1 mm	1 mm～1 m	1～100 m	100 m～1 km	>1～100 km
真空中速度	均相同,$c_0 = \lambda f = 299\ 792\ 458$ m/s										
空气中速度	$c = c_0/n$,传播速度随着波长的增大慢慢变大										
空气中折射率	折射率随着波长的增大慢慢变小										
主要应用	研究中	治疗、原子跃迁	CT 照相	杀菌消毒、验钞、底片感光、专用日光灯	看彩虹、看物体,最初时也用于测距		遥控器、遥感、夜视仪、导弹制导、测距仪	微波炉、卫星通信、微波测距仪	广播、电台、通信		
备注		高能量,高穿透力,超明亮							电视用波长 3～6 m;雷达用的波长 3 m 到几毫米。		

激光是测量中应用较多的电磁波。1960 年美国人宣布得到波长为 0.6943 μm 的激光,1969 年激光用于测距,射向阿波罗 11 号放在月球表面的反射器,测得的地月距离误差在几米范围内。激光广泛用于医疗微创手术、全息照相、激光扫描仪、激光打印机、激光唱片、激光切割、激光打孔、激光雷达、光纤通信、激光导弹等。

激光器发射出的激光波长分布范围极窄(如氦氖激光窄到 2×10^{-9} nm),故颜色极纯。

激光在光谱图中处于可见光、近红外光位置,频率范围为 3.846×10^{14} Hz 到 7.895×10^{14} Hz。

2. 光电测距的分类

(1) 按载波信号分类:有普通光源的测距仪(如 1948 年瑞典的世界第一台光电测距仪使用的就是白炽灯光)、红外(红外光)测距仪、激光测距仪和微波测距仪等。前三种用光作载波信号,一般统称为光电测距仪[1]。光电测距仪与微波测距仪[2]均利用电磁波来测距,故又统称为电磁波测距仪。

(2) 按测程分:根据 JJG 703—2003《光电测距仪检定规程》,光电测距仪可分为三类:第一类为短程光电测距仪,测程在 3 km 以内,适用于地形测量和各种工程测量;第二类为中程光电测距仪,测程为 3～60 km,适用于大地控制测量和地震预报监测等;第三类测程在 60 km 以外,为远程和超远程光电测距仪,用于测量导弹、人造卫星和月球等空间目标的距离。

(3) 按测定电磁波传播时间分类:测距仪可分为脉冲式(直接测定时间 t)和相位式(间接测定时间 t)两类。

(4) 另外,还可以按其他指标进行划分。例如,可按测距仪的测距精度将其划分为Ⅰ级、Ⅱ级、Ⅲ级。即:

Ⅰ级:$m_D \leqslant 5$ mm;Ⅱ级:5 mm$\leqslant m_D \leqslant 10$ mm;Ⅲ级:10 mm$\leqslant m_D \leqslant 15$ mm。

3. 脉冲式光电测距原理

脉冲式光电测距是通过直接测定光脉冲在待测距离两点间往返传播的时间,来测定测站至目标的距离。这里主要介绍脉冲式激光测距仪。

---

[1] 参见参考文献[1]《地形测量学》第 112 页。
[2] 关于微波测距的详细介绍请读者查阅参考文献[9]《控制测量学》(上册)。

脉冲式激光测距仪,一般是采用红宝石,钕玻璃,掺钕、钇、铝石榴石等固体激光器作为光源,能发出高功率的单脉冲激光。因此,这类仪器可利用被测目标对脉冲激光产生的漫反射进行测距,而无需合作目标(反射镜)。我国在 20 世纪七八十年代便已成功研制出的 JC-1 型激光地形测绘仪和 AJG75-1 型激光无标尺地形仪,皆属于脉冲式激光测距仪。瑞士 WILD 的 DI3000 测距仪是这一时期脉冲式激光测距仪的代表作。

图 5-14 所示为脉冲式激光测距仪的工作原理方框图。

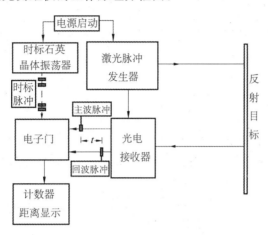

图 5-14 脉冲式激光测距仪工作原理

(1) 当启动电源开关时,激光脉冲发生器发射出一束功率高达 4~5 MW、发散角很小(约 1 毫弧)的单脉冲激光,射向被测目标。在发射激光的同时,由仪器内部的取样棱镜取出一小部分脉冲送入光电接收器,将光脉冲转换为电脉冲(称主波脉冲),作为计时的开始信号。

(2) 从目标反射回来的光脉冲,也被光电接收器接收并转换为电脉冲(称回波脉冲),作为计时的终止信号。

(3) 同时由时标石英晶体振荡器产生具有一定时间间隔 T 的电脉冲(称时标脉冲),这相当于一台电子时钟。

测距时,在光脉冲发射的一瞬间,主波脉冲把"电子门"打开,时标脉冲就逐个通过"电子门"进入计数系统,计数器开始计取时标脉冲进入的个数。当从目标反射回来的光脉冲到达测距仪时,回波脉冲就立即把"电子门"关闭,时标脉冲不再进入计数系统,计数器也就停止计数。从"开门"到"关门"由计数器所计取的时标脉冲个数 n,将由数码管显示出来。由于每进入一个时标脉冲就要经过时间 T,所以主波脉冲和回波脉冲之间的时间间隔 $t=nT$,就是光脉冲在待测距离上往返传播的时间。由式(5-16)即可求得待测距离为

$$D = \frac{1}{2} c t_{2D} = \frac{1}{2} cnT$$

令 $l=cT/2$,则

$$D = nl \tag{5-17}$$

式中,l 表示在两相邻时标脉冲运行的时间间隔 T 内,激光脉冲所走的一个单位距离。由此可以看出,计数器每记取一个时标脉冲,就相当于记下一个单位距离,如记下 n 个时标脉冲,就等于记下 n 个单位距离。

单位距离 l(即仪器的最小读数),可以预先选定(如 1 m)。根据选定的 l 就可以确定时标石英晶体振荡器应有的频率 $f=1/T$,根据 $l=cT/2$,有

$$f = 1/T = c/(2l) \tag{5-18}$$

考虑脉冲测距精度不是很高,将 $l=1$ m,$c=3\times10^8$ m/s 代入式(5-18),得

$$f \approx \frac{3 \times 10^8 \text{ m/s}}{2 \times 1 \text{ m}} = 150 \text{ MHz}$$

上面的最小读数 l 也反映出脉冲式测距仪的误差情况,可见绝对误差较大。如果要提高测距精度,就要提高振荡器的振荡频率。例如使 l 提高精度到 0.5 m,由式(5-18)可知,就必须使时标振荡器的振荡频率由约 150 MHz 提高到约 300 MHz。不过,要大幅提高振荡器的振荡频率,在制造上相当困难,这就是脉冲式测距仪精度较低的主要原因之一。

另外,脉冲式测距仪有一定的测量盲区:当所测距离较短时,仪器中的电子门尚未打开,但激光信号已提前到达,导致无法测距计数。这个盲区一般 15 m 左右。

不过,当测程较大,为中远程测距时,脉冲式激光测距仪则显示出它很好的优越性。这主要得益于激光的高准直、高亮度、高纯色、高相干的优良特性。因此,美国人乘阿波罗飞船第一次登上月球时,便用激光测距仪非常精准地测得地球至月球间距离。

4. 相位式测距原理

相位式光电测距仪是通过测量连续的调制光在待测距离上往返传播所产生的相位变化,间接地测定传播时间,从而求得被测的距离。仪器一般采用砷化镓发光二极管发出红外光作为传播光源(俗称红外测距仪),或采用 He-Ne 激光器,发射红色激光。

相位式光电测距仪的工作原理如图 5-15 所示,假定在 A 点安置测距仪,调制频率发生器发出调制信号(电流 I)对光源进行调制,进而发射出连续的调制光,同时发出参考信号 e_r 给测相装置。

调制光射向安置在测线另一端 B 点上的反射器后,反射回到 A 点的接收装置,接收装置将光信号转换成电信号 e_m,提供给测相装置测相,进而计算出距离并显示出来。以上电信号 e_m、参考信号 e_r 与电流 I 频率相同。调制光往返经过的路程等于被测距离的两倍(2D)。

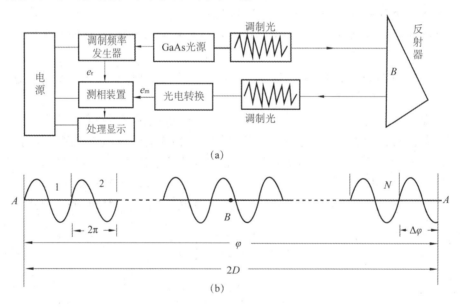

图 5-15 相位式测距仪工作原理

设调制光一周期相位变化为 2π,在待测距离上往返一次所产生的总相位变化为 φ,调制频率为 f,则相应的传播时间为

$$t = \frac{\varphi}{2\pi f} \tag{5-19}$$

从图 5-15(b)可以看出,$\varphi = 2\pi N + \Delta\varphi$,代入式(5-19)得

$$t = \frac{N}{f} + \frac{\Delta\varphi}{2\pi f} \tag{5-20}$$

代入式(5-16),得

$$D = \frac{1}{2}ct_{2D} = \frac{c}{2f}\left(N + \frac{\Delta\varphi}{2\pi}\right) \tag{5-21}$$

令 $U = \dfrac{c}{2f}$，$\Delta N = \dfrac{\Delta\varphi}{2\pi}$，则有

$$D = U(N + \Delta N) \tag{5-22}$$

式(5-22)或式(5-21)是相位式测距的基本公式，其中 U 称光尺，或称测尺长度。由式(5-22)可看出，U 相当于钢尺量距中的整尺长，N 相当于整尺段的个数，ΔN 则为不足一个整尺段的一小段（$\Delta N < 1$）。因此，相位式测距就相当于用光尺代替钢尺进行量距。被测距离等于 N 个整尺段长（即 NU）再加上余长 $\Delta N \cdot U$（ΔN 称为余长的比例系数）。由于光的传播速度 c 和调制频率 f 是已知的，所以 U 也是已知的。例如，若调制频率（或称测尺频率）为 15 MHz，光速 c 用概值 3×10^8 m/s，则可算出测尺长度 $U = 10$ m。

若调制频率为 150 kHz，则测尺长度 $U = 1000$ m。

【关心波长】　根据 $U = \dfrac{c}{2f} = \dfrac{\lambda}{2}$，波长与测尺长度有如下关系：$\lambda = 2U$。这也可根据表 5-3 获得印证。上述频率为 15 MHz（高频率，称精测尺）的光波波长：$\lambda = c/f = 20$ m。频率为 150 kHz（低频率，称粗测尺）时，则光波波长为：$\lambda = c/f = 2000$ m。

由式(5-22)可知，要确定距离 D，就必须确定整尺段数 N 和余尺的比例系数 ΔN。然而，在相位式测距仪中，相位计只能测定相位移的尾数 $\Delta\varphi$（或 ΔN），而不能测定整周期数 N（即整波的个数）。因此，式(5-22)存在多值解，其距离 D 还是无法确定。

为了解决多值解的问题，采用多个调制频率来测定同一距离。例如，要测量 1000 m 以内的边长，可采用两个调制频率配合起来测量，这相当于用两把测尺测同一距离。以短测尺（又称精测尺，如 $U = 10$ m）保证精度，以长测尺（又称粗测尺，如 $U = 1000$ m）保证测程（测程须小于粗测尺的长度），这样就可以求得被测距离。当然，这项计算工作由仪器内部的逻辑电路自动完成。

三、测距仪性能介绍

前面已经介绍，脉冲式测距仪在短程内的测距误差较大。相对而言，相位式的红外测距仪则精度较高。这里讨论的对象主要以高精度的相位式测距仪为主。

1. 测距精度

光电测距仪的标称精度表达式为

$$m = \pm(a + b \times D) \tag{5-23}$$

式中，m 表示仪器的标称精度（测距中误差）；a 表示非比例误差；b 表示比例误差系数；D 表示测距长度。

如某台红外测距仪标称的测距精度为：$m = \pm(5 + 5 \times 10^{-6} \times D)$。当所测距离 D 为 1 km 时，可以计算得这台测距仪的每千米测距中误差为

$$m = \pm(5 + 5 \times 10^{-6} \times 1 \times 10^6)\ \text{mm} = \pm 10\ \text{mm}$$

【课后问答】　举例分析脉冲式测距仪与相位式测距仪的精度表达式是否相同。

2. 测程

测程是指在满足测距精度的条件下测距仪可能测得的最大距离。一台测距仪的实际测程除了仪器本身的技术性能以外，还与大气状况及反射器棱镜的个数有关。红外测距仪的最大测程一般为 1.2～3.2 km。现在由于 GPS 的普及，人们已经不再竭力追求全站仪的更大测程。

3. 测尺频率

一般相位式测距仪设有 2～3 个测尺频率，一个是精测频率，其余是粗测频率。有的仪器说明书标明

了这些频率值,便于用户使用了解。

4.测距时间

光电测距的测距时间,是指按下测距按钮到仪器显示出距离值所花费的时间。老式的国产全站仪测距速度较慢。现在全站仪的测距速度已大大提高,一般均在2~3 s内就已跳出数据。

5.其他性能指标

为全面考察测距仪的性能,其技术指标还有测尺长度、测距分辨率、发光波长、光束发射角、功耗、工作温度、仪器重量、体积等。

四、全站仪测距功能介绍

全站仪可以理解为进行全站测量的仪器。全站测量通常是指在一个点摆站便能测量出未知点的坐标、高程。传统的光学经纬仪也能达到此目的,如在地形测量时便能测出未知点的坐标、高程进而描绘出地形图。但这种仪器还不叫全站仪,因为用这种方法测量点位的坐标高程精度较低,观测时读数、记录速度较慢,没有自动记录、存储、传输等功能。而光电测角、测距一体化的电子速测仪,具有数据自动记录、存储、传输并能进行一定数据计算、处理的功能,才能名副其实地称为全站仪。

1.全站仪的同轴性

在如图5-16所示的全站仪光路图中,望远镜主光轴、测距部分的光信息发射光轴、接受光轴,均是按同轴设计的。它们一起通过望远镜的物镜,其中太阳自然光(可见光)的传播路径与普通光学经纬仪相同,从远处的目标投射至望远镜,供操作者从仪器目镜中观察目标、调整仪器精确瞄准。而测距的信号光从仪器内部发射出来,经物镜射向远处的目标(棱镜),反射回来通过望远镜物镜到达一个特制的分光透镜组(该透镜组反射信号光,而对可见光通过),再经反射和垂直折射之后进入测距信号的接收通道设备,经光电转换之后与初始信号进行测相比对,进而计算出距离并显示在显示屏上。

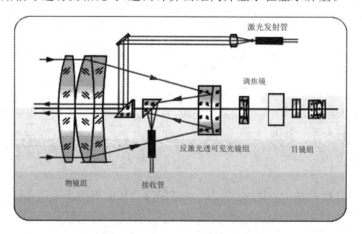

图5-16 全站仪复杂的光线传播示意图

2.全站仪的键盘操作

键盘是全站仪在测量时输入操作指令或数据的硬件,全站仪的键盘和显示屏一般为双面式,便于仪器的正、倒镜作业时操作。现代全站仪的键盘都有很丰富的操作功能。虽然不同的仪器有不同的操作步骤和方法,功能上也有强弱之分,但其基本功能还是类似的。

现在的全站仪已经向全自动化、智能化的测站机器人方向发展,具有自动识别、自动瞄准、自动观测、自动记录等功能。仪器内部设置了各种各样的界面操作系统和自编测量程序,键盘操作的大量功能也多向触屏操作转移。

3. 全站仪的存储器与通信接口

全站仪最近 20 年发展变化最为成功的几点,一是测程慢慢扩大,二是免棱镜,三是存储器的使用与扩展。存储器的作用是将实时采集的测量数据存储起来,再根据需要传送到其他设备,如计算机中,供进一步的处理或利用。现在全站仪的工作存储有内存储、存储卡、外接 USB 等各种形式,非常方便。全站仪内存储器相当于计算机的内存(RAM),存储卡是一种外存储器,又称 PC 卡,相当于计算机的磁盘。全站仪可以通过 RS-232C 通信接口和通信电缆将仪器中存储的数据输入计算机,或将计算机中的信息数据经通信电缆传输给全站仪供野外作业使用,实现双向信息传输。U 盘则是通用的移动存储设备。

4. 全站仪的反射器

全站仪(测距仪)的反射器以反射棱镜为主,因此通常又称反射棱镜,或简称棱镜。反射器中的直角棱镜装配在反射器框架内,通过连接杆与基座或棱镜杆安装在一起。反射器基座上设置有光学对中器、管水准器等。全站仪出厂时,有的生产商会将仪器的加常数及棱镜的加常数均调整设置为 0。因此用户最好使用仪器商提供的专用配套反射棱镜。需要混合使用时,则须对棱镜常数的情况有所了解并进行改正。

由于直角棱镜可以对入射光高效地内部全反射,故光电测距的反射棱镜用直角棱镜的光学玻璃或水晶透明体器件制成。根据棱镜的组合个数不同有单棱镜、三棱镜、六棱镜、九棱镜等。图 5-17(a)和图 5-17(b)所示分别为单棱镜和三棱镜。为方便野外使用和减少照准点位的偏心误差,地形测图中测量碎部点时还采用一种小巧的微型棱镜,这种棱镜有的还可以根据棱镜头旋转进入棱镜框的前后方向不同,而提供 0 与 30 两个常数供操作者选择。

如图 5-17(c)所示,反射器的光学部分是一块呈直角的棱镜锥体,如同在一个正方体玻璃上切下的一角,四个面中的接收光面 ABC(透射面)为正三角形(实物棱镜的 ABC 前面还有一段圆柱体),其他三个面△OAC、△OAB、△OBC 是以 O 为顶点的直角等腰三角形,这三个面均镀银作为半透明反射面,它们之间相互垂直(如不严格垂直,则又引起入射线与出射线的平行性误差)。

如图 5-17(c)所示,假设入射光线不与 ABC 面垂直,到达 1 点,经折射后到达 OAB 反射面的 2 点,反射至 OAC 面的 3 点,又反射至 OBC 面的 4 点,再反射至 ABC 面的 5 点,最后折射出来,并保持与入射光线平行。全过程经过了两次折射和三次反射。

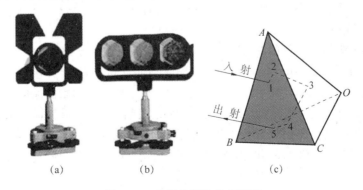

图 5-17 反射棱镜及其光路图

现在的全站仪一般具有免棱镜测量功能。免棱镜测量在大坝工程、桥涵建设、造船工业、高楼建筑、边坡移动等变形监测和无接触测量中发挥着重大作用。如徕卡 TCR 系列全站仪,无合作目标时测程可达 1000 m。

5. 全站仪的使用安全与保养

全站仪属于精密贵重仪器,它包含了传统经纬仪和测距仪的双重功能,因此在操作使用时也必须兼顾这两方面的使用要求。一般厂家在使用说明书中均会列出仪器在使用操作、运输、保管方面的详细注意事项。例如在野外工作时须防震、防晒、防高温、防雨淋、防强电磁,不瞄准太阳和强光源。

关于全站仪的日常养护在使用说明书中也会有详细记载。这里主要强调指出,除了一般光学仪器的防潮、防尘、防霉措施之外,在全站仪长期不用时,应定期(一月一次)对蓄电池进行充电检查,定期对仪器进行通电检查,及时掌握仪器性能变化情况。

五、光电测距误差分析与处理措施

光电测距误差的大小与仪器设备本身的质量水平、观测时的操作方法以及外界条件环境有着密切的关系。

1. 仪器设备误差的影响

测距仪器设备的误差影响主要有加常数、乘常数、周期误差、测相误差等。

(1) 加常数改正误差影响。

测距仪加常数(addition constant)是指测距仪中光路调整的剩余误差、信号延迟等因素的影响,使仪器测得的距离值与实际距离之间存在固定差值,但在测量时必须对其加以改正而使用的差值常数。该差值与待测距离的长短无关,每次观测都必须加上此加常数。但如果此加常数[①]测定本身含有误差,则会对测距结果产生影响。由于该影响属于大小相等、方向一定的系统误差,因此实际工作中必须对加常数进行准确测定和相应改正。

实际中可用六段解析法[②]进行仪器加常数的精确测定。但六段解析法对现场要求高,工作量较大,如果将六段改为两段,则工作的基本过程为:

① 在平地上设置一条长近百米的直线 AB,如图 5-18 所示。

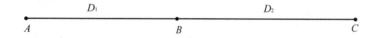

图 5-18 加常数的测定

② 用仪器分别测出 D_1、D_2 及总长 D(注意气象改正),考虑加常数的影响,有

$$(D_1 + K) + (D_2 + K) = D + K, 即 K = D - (D_1 + D_2)$$

(2) 乘常数改正误差。

根据前面的测距原理分析,仪器的调制频率决定"光尺"的长度,频率的变化会引起尺长的变化,从而产生测距误差。乘常数(multiplication constant)是对精测频率进行修正的改正因子,是针对相位法测距而言的,而且是只针对相位法中的精测尺频率,与粗测尺无关。它主要是因为精测尺的光尺长度在使用一段时间之后,由于光电器件老化,实际频率与设计频率产生偏移,使测量成果存在着随距离变化的系统误差。

频率改正是调制频率发生变化对光电测距成果的改正,也属于比例误差的范畴,其影响由精测尺的频率发生偏差引起。频率误差影响在中远程精密测距中不容忽视,作业前后应及时进行频率检校。

(3) 周期误差。

相位法光电测距中会发生以一定距离为周期而重复出现的误差,称为周期误差。周期误差不是固定

---

① 关于加常数的测定与改正分析可查阅参考文献[15]《基础测绘学》。
② 详细的测量步骤和平差计算过程见参考文献[9]《控制测量学》(上册)。

误差,但也不是比例误差,它出现的概率与距离有关,但其影响的大小并不与距离成比例。它主要是由于机内固定的同频信号串扰产生的。这种串扰主要由机内电信号的串扰(电串扰)而产生,如发射信号通过电子开关、电源线等通道或空间渠道的耦合串到接收部分,也可能由光串扰产生,如内光路漏光而串到接收部分。如果发生这些串扰,则会引起测相误差,进而引起测距的误差。

一般来说,周期误差的周长取决于精测尺长,加大测距信号强度有利于减少周期误差①。如发现周期误差振幅过大,则须送厂调整。

(4)测相误差。

相位的测定误差肯定会引起距离结果的误差。测相误差由多种误差综合而成。这些误差有测相设备本身的误差、内外光路光强相差悬殊而产生的幅相误差,发射光照准部位改变所致的照准误差以及仪器信噪比引起的误差。此外,由仪器内部的固定干扰信号而引起的周期误差也会在测相结果中反映出来。

测相误差带有一定偶然性,可通过重复观测削弱其影响。

(5)光速误差。

光在真空中的传播速度是测距仪中的基本应用数据,第 15 届国际计量大会已经认定光在真空中的传播速度为 $c_0 = (299\,792.458 \pm 0.001)$km/s,可见该速度的精度已达数亿分之一,对测距误差的影响甚微,可以忽略不计。

2. 操作观测误差

测距仪、全站仪的操作误差主要指仪器和目标反射棱镜的对中误差。对中误差影响的大小与方向均是随机的,属于非比例性质的偶然误差。一般只要是经过精确检定过的对中器,可使对中误差控制在 1~2 mm。JJG 703—2003 要求对中误差在 1 mm 以内。

(1)仪器对中误差。

关于对中误差对测角的影响在项目 4 任务 6 中已有详细介绍。在全站仪测量中,对中误差不仅影响观测的角度,对距离测量也产生影响。普通控制测量中一般要求对中误差在 3 mm 以内(一般很容易达到)。在精密工程测量时,由于精度要求较高,控制点又频繁使用,通常采用固定式的强制归心观测,以最大限度地削弱此项误差影响。

(2)棱镜对中误差。

在控制测量中如果是用三脚架对中,同样可达到与仪器对中相同的精度。如果用棱镜杆对中进行支导线测量,则必须注意观察棱镜杆上的气泡并使之严格居中。实践表明,一手扶棱镜一手玩手机可使目标偏心达 5 cm 甚至以上。

棱镜杆竖得太高时目标的偏差难以掌控,将棱镜倒过来置于地面则目标稳定,偏差有限。若无法直接而准确地瞄准目标,则可进行偏心观测(如大树、电杆、烟囱、油罐等)。

3. 外界条件影响

光电测距中的外界条件主要是指气象条件。气象条件也是影响电磁波测距精度的主要因素,如何克服和进一步减少该项影响,一直是电磁波测距技术的重要课题,而对测距进行气象改正②正是减少该项影响的有效手段。

综合上述各项误差影响,根据中误差理论的基本知识,可以用下式对光电测距的各项误差进行完整的表达

---

① 周期误差的测定广泛采用平台法,具体可阅读参考文献[9]《控制测量学》(上册)。周期误差如果较大但表现稳定,可以按 GB/T 16818—2008《中、短程光电测距规范》中相关公式对其予以改正。

② 关于气象改正的原理公式推导及实用公式的使用,还有气象改正的注意事项可查阅参考文献[15]《基础测绘学》。

$$m_D^2 = \left[\left(\frac{m_c}{c}\right)^2 + \left(\frac{m_n}{n}\right)^2 + \left(\frac{m_f}{f}\right)^2\right]D^2 + \left(\frac{\lambda}{4\pi}\right)m_\varphi^2 + m_k^2 + m_z^2 + m_g^2 \tag{5-24}$$

式中,m_c 为光速在真空中的速度测定中误差;m_n 为折射率求算中误差(气象改正误差);m_f 为测距频率中误差(乘常数改正误差);m_φ 为相位的测定中误差(测相误差);m_k 为加常数的测定中误差(加常数改正误差);m_z 为周期误差的测定中误差(周期误差);m_g 为仪器与棱镜对中误差。

由式(5-24)可以看出,光速值误差、大气折射率误差和测距频率误差这三项是与距离 D^2 成比例的。测相误差、加常数误差、对中误差这三项是与距离无关的。周期误差有其特殊性,它与距离有关但不成比例,仪器设计和调试时可以严格控制其数值大小,实用中如发现其数值较大但是稳定,可以对测距成果进行改正。

一般将测距仪的精度表达式写成式(5-23)的形式,即

$$m = \pm(a + b \times D) \tag{5-25}$$

式中各符号含义亦与式(5-23)相同。

光电测距涉及的误差较多,为方便查阅比较、加深理解,这里做进一步的系统性归纳,见表5-2。

表5-2 光电测距各项误差特性统计表

误差名称	系统误差或偶然误差	比例误差或非比例误差	仪器、操作或外界条件	备注
光速测定中误差 m_c	系统	比例	仪器	
折射率求算中误差 m_n(气象改正误差)	系统	比例	外界条件	取决于气象参数采集精度
测距频率中误差 m_f(乘常数改正误差)	系统	比例	仪器	
测相误差 m_φ	系统、偶然	非比例	仪器、操作	影响因素多,属于复合误差
加常数改正误差 m_k	系统	非比例	仪器	棱镜与仪器的影响
周期误差 m_z	系统	非比例	仪器	出现的情况类似光学度盘的短周期误差,如何施加改正则需视情况对待
仪器、棱镜对中误差 m_g	偶然	非比例	操作	免棱镜时则无棱镜对中误差,但可能出现照准误差

六、测距仪的检验

测距仪,或全站仪的测距部分,其核心主要由一些精巧的电子元器件组成,受到密封保护,并不能像考虑水准仪或经纬仪的光学结构性能那样,用一定办法检验出各种误差,再用校正针进行机械校正以满足相应要求,但可以通过对测距仪的检验来了解仪器的精度指标性能。对于一台新接手的仪器,须仔细进行如下各项检验工作[①]。

(1)内符合精度的检验;

(2)外符合精度的检验;

(3)周期误差的检验;

(4)仪器常数的检验;

(5)其他检验。

---

①详细的检验方法请查阅参考文献[15]《基础测绘学》第五章第四节内容。

参考文献

[1]罗时恒.地形测量学[M].北京:冶金工业出版社,1985.

[2]张坤宜.测量技术基础[M].武汉:武汉大学出版社,2011.

[3]全国科学技术名词审定委员会.测绘学名词[M].4版.北京:测绘出版社,2020.

[4]中华人民共和国住房和城乡建设部.工程测量标准:GB 50026—2020[S].北京:中国计划出版社,2021:2.

[5]陈益茂,虞润身.光电测距中仪器加常数和乘常数校准比对[J].同济大学学报:自然科学版,2003(01):82-84.

[6]金群锋.大气折射率影响因素的研究[D].杭州:浙江大学,2006.

[7]姚辉,陈凤颖.全站仪气象改正公式及气象元素测量精度对距离的影响[J].测绘通报,2008(04):14-16.

[8]冯仲科.测量学原理[M].北京:国家林业出版社,2002.

[9]孔祥元,郭际明.控制测量学:上册[M].4版.武汉:武汉大学出版社,2015.

[10]杨正尧.测量学[M].北京:化学工业出版社,2005.

[11]中华人民共和国国家质量监督检验检疫总局.光电测距仪检定规程:JJG 703—2003[S].北京:中国计量出版社,2004:5.

[12]中华人民共和国国家质量监督检验检疫总局,中国国家标准化管理委员会.中、短程光电测距规范:GB/T 16818—2008[S].北京:中国标准出版社,2008:12.

[13]中华人民共和国铁道部.高速铁路工程测量规范:TB 10601—2009[S].北京:中国铁道出版社,2009:12.

[14]王凤艳,陶元洲.测区垂直大气折光系数的变化及因地选择大气折光系数的意义[J].测绘通报,2005(04):14-17.

[15]徐兴彬,邱锡寅,黄维章,等.基础测绘学[M].广州:中山大学出版社,2014.

思考与练习

1.两个小组对图 5-19 中的 AB 和 BC 进行钢尺量距,第一小组量得 AB 为 $D_往=86.337$ m,$D_返=86.356$ m,第二小组量得 BC 的距离 $D_往=136.356$ m,$D_返=136.302$ m。请计算两个小组的测量结果,并分析说明哪个小组的测量精度较高。

A B C

图 5-19　题 1 图

2.在 A 点的经纬仪观测 B 点的标尺上、下丝读数为 $l_上=2.525$,$l_下=1.856$,望远镜瞄准中丝时的垂直度盘(盘左)读数 $L=85°55'36''$,请问该中丝的标尺读数大概是多少?并计算出 AB 间的斜距和平距。

3.关于视距测量,下列表述正确的有(　　)(多项选择)。

A.水准仪与经纬仪进行视距测量的基本原理相类似

B.水准测量的视距与经纬仪测量的视距计算公式相同

C.横基线尺视距测量与普通视距测量原理不同,测量精度也不同

D.视距测量的数学基础是解析几何原理

E.全站仪也能进行视距测量

4.说明某红外测距仪的测距精度表达式 $m=\pm(2\times10^{-6}\times D)$ 的含义,当测出一段长 2.568 km 的距离时,估算其误差是多少?

5.下述关于光电测距说法错误的是(　　)(多项选择)。

A.只要反射器的棱镜受光面大致与测线方向垂直,反射器就会把光反射给测距仪接收

B.不必根据测程长短增减棱镜的个数

C.反射器与测距仪配合使用,不要随意更换

D.每个反射器都有确定的加常数和乘常数

E.有些测距仪不用反射棱镜也能测距

F.可见光与红外光在同一棱镜中的传播速度不同,但折射率相等

G.激光从空气中进入棱镜,频率不变,但波长变小

H.微波测距的载波传播速度与光电测距相同,但反射器不同

I.气象改正就是折射率的改正,气象代表性误差也就是折射率代表性误差

6.光电测距中有哪些误差是偶然误差?哪些是系统误差?哪些是比例误差?哪些是非比例误差?它们是如何影响所测距离的?

7.测距仪的加常数 ΔD_k 主要是(　　)引起的。

A.测距仪对中点偏心,反射器对中点偏心,仪器内部光路,电路的安装偏心

B.通过在比长台上对测距仪和反射器的鉴定

C.反射器等效中心偏心、棱镜光学延迟;测距仪等效中心偏心;仪器内部光电信号延迟

8.在相同的条件下光电测距两条直线,一条长 150 m,另一条长 350 m,测距仪的测距精度是 $\pm(10+5\times10^{-6}\times D)$。问这两条直线的测量误差与测量精度是否相同?为什么?

项目 **6**

测量误差与数据处理基础

内容提要

误差与精度、误差传播定律、算术平均值、加权平均值、最小二乘法、直接平差、近似数的凑整计算。

关键词

偶然误差、系统误差、平均值、测量平差、权、近似数、凑整规则。

行动导向

以小组为单位撰写一篇测量平差理论发展的论文,正反方演讲比赛,演讲题目为"自古至今,中外科学家对测量平差理论的贡献"。

任务 1 掌握观测值与误差的基本概念

由于测量仪器工具的质量、精度只能达到一定水平，观测人员的技术水平不一，以及观测时外界条件的变化影响，使得野外测量时获得的观测值均带有一定误差。因此我们可以说，任何观测值都是带有误差的观测值。

一、观测值、真值、最或然值、误差

1.观测值及其分类

观测值是指选择合适的仪器、工具、设备，采用一定的技术方法，对各种目标进行几何要素的定量观测，从而获得的各种观测数据，例如，方向值、角度、距离、高差，等等。

观测值根据其获取途径，可分为**直接观测值**和**间接观测值**。直接观测值是指直接从仪器工具上读取的示数，如方向值、斜距、水准测量中丝读数等。间接观测值是根据直接观测值按一定函数关系计算出来的，如高差、方位角、水平距离等。

按确定未知数所必需的观测值数量来划分，观测可分为**必要观测**与**多余观测**。如要确定一根金属杆的长度，必要观测是一次，其余是多余观测。又如，已知三角形中两点坐标，要确定第三点坐标，则必要的观测量是两个，这两个可以是三角形的任意两个角的角度、两条边的长度，或一个角的角度和一条边的长度。如果观测了三个甚至更多的观测量，则两个之外的观测值就是多余观测值。通常未知量有几个，必要观测值就有几个。

还可以根据观测时的精度条件，观测分为**等精度观测**和**非等精度观测**，获得的观测值相应地称为等精度观测值和非等精度观测值。

2.真值

真值反映目标物体客观存在的物理特性。通常，我们认为每一个观测值都有一个真值相对应。有些真值是已知的（如三角形、多边形的内角和，闭合水准路线的高差之和），有些真值则是难以获得的（如某个边长、角度），有些甚至需要永无止境的求索（例如光在真空中的传播速度）。

3.最或然值

最或然值可以理解为一定条件下的最可靠值、最准确值、最精确值，等等。当我们无法知道某观测值的真值时，就想方设法去追求该值的最或然值。例如，我们可以对某边长进行多次观测取其平均值作为该边长的最或然值，也可以用几种途径与方法测量某些重要点位的坐标或高程。

4.观测误差

观测误差是观测值与真值的差值，也称为观测值的真误差：

$$\Delta = l - X \tag{6-1}$$

如果真值 X 未知，则可以用最或然值 $\hat{X}$ 代替，称最或然误差：

$$\Delta = l - \hat{X} \tag{6-2}$$

二、观测条件

观测条件是指野外观测时，所有能够对观测值结果产生影响的因素。这实际上就是前述的影响测量结果的三个误差来源——仪器设备、观测者、外界环境。

1. 仪器设备条件

测量是根据工作的目的与要求，选择适合的仪器设备与工具所进行的野外观测工作。现在常用的仪器设备有全站仪、水准仪、GPS、钢尺、摄影机、遥感设备，等等。无论是何种仪器，由于设计、制造、运输、校正、磨损等原因，都存在一定误差。如果仪器设备性能优良、精度高、日常保养好，则仪器设备的观测条件便较好，观测值的误差也相应较小，反之则观测条件较差，观测值的误差较大。

2. 观测者条件

该项条件主要指观测人员的技术熟练程度、感觉器官（眼睛）的分辨能力、责任心、工作状态等。较好的观测条件是操作者具有正常的人眼分辨力、技术熟练、经验丰富、责任心强、工作状态稳定，观测条件不佳会导致观测值的误差较大。

3. 外界环境条件

外界环境条件主要有气温、气压、风力、湿度、大气折光等，这些外界条件的影响与变化也会导致观测结果发生变化，从而使测量成果产生误差。所以，通常选择气温、气压、湿度比较稳定适中，风力较小，尽量避开大气折光明显的天气与环境条件进行野外测量作业。

三、误差的分类

根据误差对观测值的影响性质来划分，观测误差可分为偶然误差与系统误差。另外，粗差对观测值的影响也十分显著。

1. 系统误差

在相同观测条件下进行一系列观测，如果误差的大小和符号保持不变，或者按一定规律变化，这种误差就称为系统误差。例如，钢尺量距时的尺长误差对量距结果的影响，总是随着测距的增大而增大，属于系统误差。经纬仪的横轴误差、视准轴误差、照准部偏心差、垂直度盘指标差，它们对测角的影响都是呈规律性的，因此都属于系统误差。

由于系统误差符号的单向性和大小的规律性，随着观测次数的增加，该误差具有逐渐累积的严重后果，对观测成果质量的影响也特别显著。因此，实际工作中应该采取各种方法措施来消除或减弱系统误差对观测成果的影响。这些措施包括要严格检验仪器工具，选用合格的仪器设备；弄清系统误差的大小，在观测值中进行改正（如钢尺量距时应用尺长方程进行改正）；在观测方法中采取正确措施削弱或抵偿系统误差对观测结果的影响（如经纬仪测角时对盘左盘右观测取平均值，可以消除横轴误差、视准轴误差、照准部偏心差、垂直度盘指标差等）。

2. 偶然误差

在相同观测条件下进行一系列观测，出现的单个误差在大小、符号方面都表现出偶然性，但是，在大量观测值中，则可以发现这些误差具有一定的统计规律性，这种误差就是偶然误差，也称随机误差。例如，钢尺量距时毫米读数的估读误差、仪器照准目标的照准误差，等等。

3. 粗差

粗差是指在相同测量条件下，由于设备、环境或人为因素导致的离群误差[①]。可以认为，粗差是测量中出现的错误，如照错、读错、记错、抄错、算错等。严格来说，粗差不属于误差，它主要是由工作中的粗心大意、观测条件发生突变引起的。粗差的出现不仅大大影响测量成果的质量，甚至可能造成测量工作的全面返工。实际中一方面应采取相关措施，杜绝粗差的产生，另一方面对于已经出现的粗差要给予正确诊断，剔除含粗差的观测值，必要时进行补测、重测。

当观测值中剔除了粗差，消除了系统误差的影响，或者与偶然误差相比系统误差处于次要地位时，偶然误差就成为误差理论研究的主要对象。如何处理这些随机观测变量的偶然误差，是测量误差理论研究的主要内容。

任务 2 了解偶然误差的特性

一、偶然误差的四个统计特性

从偶然误差的个体来看，其大小和符号都没有任何规律，呈现出一种偶然性。但是，偶然与必然天生就是一对孪生兄弟，二者相互依存、相互联系。偶然是必然的前提，必然是偶然的结果。偶然误差作为一种随机变量，当误差个数较少时体现不出它们的规律性。但在相同观测条件下，大量观测值产生出的偶然误差就会表现出一定的统计规律性。我们先分析下面的实例。

在某测区的平面控制三角测量中，相同条件下观测了 378 个三角形的全部内角，获得 378 个三角形闭合差。将这些闭合差按 $1''$ 间隔进行统计，其结果列于表 6-1。

表 6-1　误差分布统计表

误差区间	负误差		正误差		备注
	个数 k	相对个数 k/n	个数 k	相对个数 k/n	
$0''\sim1''$	74	0.196	72	0.190	
$1''\sim2''$	43	0.114	42	0.111	
$2''\sim3''$	35	0.093	36	0.095	
$3''\sim4''$	25	0.066	23	0.061	
$4''\sim5''$	11	0.029	12	0.032	相对个数的总和等于1
$5''\sim6''$	2	0.005	3	0.008	
$6''$以上	0	0	0	0	
求和	190	0.503	188	0.497	

表 6-1 的统计结果显示，正误差有 188 个，负误差有 190 个，亦即正负误差的个数大致相等，而且绝

---

① 参见参考文献[1]《测绘学名词》。

对值小的误差个数较多,绝对值越大的误差出现的个数越少。总之,可得出偶然误差的统计特性如下:

(1) 在一定观测条件下,偶然误差的绝对值不会超过一定限值。(有界性)

(2) 绝对值小的误差比绝对值大的误差出现的概率大。(趋向性)

(3) 绝对值相等的正误差与负误差出现的概率近似相等。(对称性)

(4) 当观测数 n 趋于无穷大时,误差的算术平均值为零。(抵偿性)

显然,第四个特性是由第三个特性派生出来的。该特性用公式表示为

$$\lim_{n \to \infty} \frac{[\Delta]}{n} = 0 \tag{6-3}$$

式中,$[\Delta] = \Delta_1 + \Delta_2 + \cdots + \Delta_n$。

偶然误差的四个特性是整个误差理论研究的基础,是根据观测值和观测条件求取未知量最可靠值、评定观测值和未知量精度的理论依据。而求取未知量最可靠值、评定精度正是测量平差工作的两大任务。

二、直方图与误差分布曲线

描述误差分布的情况,除了用上述统计表格的形式表达外,还可以用图形来表达。设误差的总个数为 n,出现在某一区间的个数为 k,则 k/n 为误差出现在该区间内的相对个数。以横坐标表示误差值的大小 Δ,纵坐标表示各区间内误差出现的相对个数 k/n 与区间的间隔值 $d\Delta$(如上例中的间隔 $d\Delta = 1''$)的比值,这样,每一误差区间上的长方形面积就表示误差出现在该区间内的相对个数,相对个数的总和等于1,即直方图中所有长方形面积的和等于1。图 6-1 所示是根据表 6-1 绘制出的误差分布直方图。

设想使 $n \to \infty$,同时使误差区间 $d\Delta$ 无限缩小,直方图中的长方形顶边所形成的折线,将成为一条光滑的曲线,该曲线就是误差分布曲线,如图 6-2 所示。

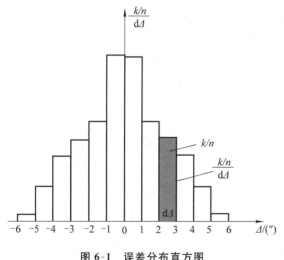

图 6-1　误差分布直方图

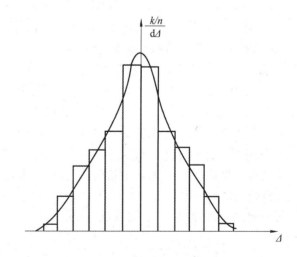

图 6-2　误差分布曲线

实践证明,当 n 足够大时,一定的观测条件对应着一种确定不变的误差分布曲线。如果用不同观测条件所对应的误差分布曲线进行对比,可以判断出它们彼此之间的观测结果的精度高低。若曲线形状比较陡峭,表示接近于零的小误差出现的概率较大,误差分布较为密集,观测精度较高;若曲线形状比较平缓,表示接近于零的小误差出现的概率较小,误差分布较为离散,观测精度较低。

在概率统计理论中,当 $n \to \infty$ 时,图 6-2 所示的误差分布曲线又称为正态分布曲线,它准确地表示了偶然误差出现的概率 P,即说明在上述各误差区间内,误差出现的频率趋于稳定,逐渐演化成误差出现的概率。

偶然误差服从正态分布,正态分布又称高斯分布、常态分布。其数学方程式是

$$f(\Delta) = \frac{1}{\sqrt{2\pi}\sigma} e^{-\frac{\Delta^2}{2\sigma^2}}$$

(6-4)

式中,圆周率 $\pi \approx 3.14159$,自然对数的底 $e \approx 2.71828$,Δ 为观测值的误差(系统误差可忽略,以偶然误差为主),σ 为标准差,用公式表示为

$$\sigma = \lim_{n \to \infty} \sqrt{\frac{[\Delta\Delta]}{n}}$$

(6-5)

标准差的平方 σ^2 称为方差,表示为

$$\sigma^2 = \lim_{n \to \infty} \frac{[\Delta\Delta]}{n}$$

(6-6)

式(6-4)称为正态分布的密度函数,函数以偶然误差 Δ 为自变量,以标准差 σ 为唯一参数。还可以证明,当 $\Delta = \pm\sigma$ 时,二阶导数 $f''(\Delta) = 0$,由此判断 $-\sigma$、$+\sigma$ 是误差曲线两个拐点的横坐标值。

任务 3 认识衡量精度的各项指标

一、精度、准度、精准度的概念

精度也称精密度,是在一定观测条件下,对某一量的多次观测中各观测值间的离散程度。如果计算出各观测值的误差,精度则可理解为误差分布的密集或离散的程度,它反映的主要是偶然误差。

准度又称准确度,是在一定观测条件下,观测值及其函数的估值与其真值的偏离程度。可见,准确度表达的是观测值中所包含的系统误差的大小。

精准度又称精确度,它是精度与准度的总称。精确度反映出偶然误差与系统误差对观测值的综合影响。精确度高的观测值,一方面说明各观测值密集性强(精度高),同时又说明观测值偏离真值小(准度高)。下面即将介绍的衡量精度的指标,实际上衡量的也是精确度,即评价整个观测工作过程的综合质量。

这三个概念可以用下面的实验做进一步的形象描述。

安排甲、乙、丙三人随机取三支步枪往各自的靶心瞄准,快速射击 10 发子弹,结果如图 6-3 所示。显然,实验结果是,甲选手射击的精度高,但枪支的准星偏离,导致射击的准(确)度差;乙选手的射击精度较低(点位离散),枪的准度还可以,所有观测值(点位)的期望值(点位中心)是指向靶心的;丙选手的精度高、准度也好,各观测值均接近真值(靶心)。

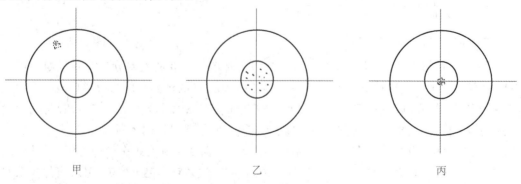

甲   乙   丙

图 6-3　精度、准确度、精确度

二、衡量精度的几项指标

1. 中误差

为了衡量在一定条件下观测结果的精度，用标准差 σ 作为指标是比较合适的。但是，在实际测量工作中，不可能对某个量做无限多次观测，因此，在测量中定义按有限次观测的偶然误差求得的标准差为**中误差**，用 m 表示，即

$$m = \pm\sqrt{\frac{[\Delta\Delta]}{n}} \tag{6-7}$$

式（6-7）又可简述为：中误差是偶然误差平方和的平均值的平方根。

用中误差 m 代替式（6-4）中的标准差 σ，则正态密度函数可表达为

$$f(\Delta) = \frac{1}{\sqrt{2\pi}m}e^{-\frac{\Delta^2}{2m^2}} \tag{6-8}$$

【例 6-1】 现分甲、乙两组对 10 个三角形的内角进行观测，将各组测得的三角形的内角和观测值列于表 6-2，现要求计算各组的三角形内角和观测值的中误差。

〔**解**〕 这里三角形内角和有其真值为 $180°$，计算各观测值与真值的差值即为各观测值的误差且是真误差，同时计算各观测值误差的平方并求和，一并列于表 6-2 中。

表 6-2 三角形内角和的中误差计算

三角形序号	甲组观测值与误差计算			乙组观测值及误差计算		
	观测值	真误差 $\Delta/('')$	$\Delta\Delta$	观测值	真误差 $\Delta/('')$	$\Delta\Delta$
1	$179°59'58''$	-2	4	$180°00'07''$	$+7$	49
2	$179°59'56''$	-4	16	$180°00'02''$	$+2$	4
3	$180°00'01''$	$+1$	1	$180°00'01''$	$+1$	1
4	$180°00'02''$	$+2$	4	$179°59'59''$	-1	1
5	$180°00'04''$	$+4$	16	$179°59'52''$	-8	64
6	$179°59'57''$	-3	9	$180°00'00''$	0	0
7	$179°59'58''$	-2	4	$179°59'57''$	-3	9
8	$180°00'03''$	$+3$	9	$180°00'01''$	$+1$	1
9	$180°00'03''$	$+3$	9	$180°00'00''$	0	0
10	$180°00'02''$	$+2$	4	$179°59'59''$	-1	1
求和		±26	76		±24	130
中误差	$m_甲 = \pm\sqrt{\dfrac{[\Delta\Delta]}{n}} = \pm\sqrt{\dfrac{76}{10}} = \pm2.8''$			$m_乙 = \pm\sqrt{\dfrac{[\Delta\Delta]}{n}} = \pm\sqrt{\dfrac{130}{10}} = \pm3.6''$		

由表 6-2 可以看出，乙组观测值的中误差 $m_乙$ 大于甲组观测值的中误差 $m_甲$，即乙组的观测精度较甲组要低。这主要是乙组观测值中出现了两个较大的误差（$+7''$，$-8''$）。

在一组观测值中，如果标准差已经确定，就可以绘出它所对应的偶然误差的正态分布曲线。根据式（6-8），当 $\Delta = 0$ 时，$f(\Delta)$ 有最大值，最大值为 $\dfrac{1}{\sqrt{2\pi}m}$。

当 m 较小时，曲线在纵轴方向的顶峰较高，在纵轴两侧迅速逼近横轴，表示小误差出现的频率较大，误差分布比较集中；当 m 较大时，曲线的顶峰较低，曲线形状平缓，表示误差分布比较离散。以上两种情况的正态分布曲线如图 6-4 所示（图中的 m_1 与 $m_甲$ 相对应，m_2 与 $m_乙$ 相对应）。

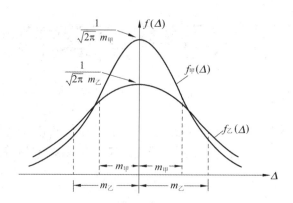

图 6-4 不同中误差的正态分布曲线

2. 平均误差

在一定的观测条件下,偶然误差绝对值之算术平均值的极限,称为平均误差,用 θ 表示,即

$$\theta = \lim_{n \to \infty} \frac{|\Delta_1| + |\Delta_2| + \cdots + |\Delta_n|}{n} = \lim_{n \to \infty} \frac{[|\Delta|]}{n} \tag{6-9}$$

用或然率理论可以证明,当 $n \to \infty$ 时,按式(6-9)计算的平均误差 θ 可以正确地衡量观测值的精度。但是,实际中的观测次数是有限的,只能用下式计算平均误差,即

$$\theta = \pm \frac{[|\Delta|]}{n} \tag{6-10}$$

【例 6-2】 针对表 6-2 中的两组观测值,用平均误差评定其精度情况。

〔解〕 利用表 6-2 中的真误差求和结果,应用式(6-9),其平均误差分别为

$$\theta_甲 = \pm \frac{[|\Delta_甲|]}{n_甲} = \pm \frac{26}{10} = \pm 2.6''$$

$$\theta_乙 = \pm \frac{[|\Delta_乙|]}{n_乙} = \pm \frac{24}{10} = \pm 2.4''$$

此结果表明,甲组的观测精度较乙组稍差,这说明当观测次数不够多时,用平均误差衡量精度会掩盖那些较大误差(如大于两倍中误差的误差)对观测质量的影响。

3. 或然误差

在英、美等国家中,也用或然误差来评定精度的。或然误差是将一系列等精度观测值的误差按绝对值大小排列,取其最居中的一个来作为衡量精度的标准,用符号 ρ 表示。若观测的误差数为偶数,则取中间两个误差的平均值。

【例 6-3】 用或然误差评定表 6-2 中两组观测值的精度。

〔解〕 将两组观测值的误差按绝对值从小到大排列如下:

甲组:$+1, -2, -2, +2, +2, -3, +3, +3, -4, +4$

乙组:$0, 0, -1, -1, +1, +1, +2, -3, +7, -8$

则有 $\rho_甲 = \pm 2.5''$,$\rho_乙 = \pm 1.0''$。

与表 6-2 中误差的计算结果相比,也得出了相反的结论。这也是观测次数还不够多的缘故。

对于上述三种衡量精度的指标(中误差、平均误差、或然误差),可以根据概率理论进行证明,当观测次数足够多时,它们之间存在如下的关系式:

$$\theta = \sqrt{\frac{2}{\pi}} m \approx 0.7979m \approx \frac{4}{5}m \tag{6-11}$$

$$\rho \approx 0.6745m \approx \frac{2}{3}m \tag{6-12}$$

事实上，那些采用或然误差作衡量精度标准的国家，通常也是先计算中误差，然后用式(6-12)来确定或然误差[1]。

前面已经知道，误差分布曲线的表达式(密度函数)的唯一参数就是标准差 σ，确定的标准差对应确定的分布曲线。而标准差的估值是中误差，于是也可认为一定的中误差也有一定的误差分布曲线相对应，因此中误差能够作为衡量观测精度的指标。再根据式(6-11)和式(6-12)可知，不同的 θ 或 ρ 值也对应着不同的误差分布曲线，因此平均误差 θ、或然误差 ρ 也可以作为衡量精度的指标。这就是说如果观测次数足够，用上述任何一种指标进行精度衡量都是可靠的。

但当观测次数不太多时，用中误差衡量就比较可靠，其原因分析如下。

(1) 中误差利用各项误差的平方进行累加计算，能灵敏地反映大误差的影响，而大误差(接近粗差)对测量结果的可靠程度起决定性影响；

(2) 中误差比较稳定。通常只需要不太多的观测次(个)数，就能用中误差对观测质量进行准确评定。由概率理论可以证明，确定中误差本身的中误差可按下式[1]计算：

$$M_m = \frac{m}{\sqrt{2n}} \tag{6-13}$$

式中，n 为实际的观测次数。式(6-13)表明确定观测值中误差的中误差与观测次数 n 的平方根成反比。取不同的 n 值代入式(6-13)，计算的结果列于表 6-3。

表 6-3　确定中误差的中误差

n	4	6	9	10	12	20	25	30	50
M_m/m	0.35	0.29	0.24	0.22	0.20	0.16	0.14	0.13	0.10

从表中可以看出，如已有 4 次观测，则确定该中误差的相对误差为 0.35，即有 65% 的可靠度；当有 10 次观测时，可靠程度达 78%，因此标准规定一般要有 10 次(个)以上的观测才能进行中误差的计算。

4. 极限误差

根据偶然误差的第一特性——有界性，当观测误差超出一定范围时，说明观测条件发生了突变。因此，为了保证观测质量，必须对误差的界限进行讨论研究，这就是考虑极限误差大小取值的问题。严格来说，极限误差并不是一种衡量观测值精度的指标，而是一种保障观测精度所采取的措施。

由图 6-1 所示误差分布直方图可知，图中各矩形面积大小反映误差出现在该区间内的频率。当误差的个数无限增加、误差区间又无限缩小时，频率逐渐趋于稳定而演化成为概率，致使直方图的顶边形成正态分布曲线。因此，根据正态分布曲线，误差出现在某微小区间 $d\Delta$ 内的概率可表示为

$$P(\Delta) = f(\Delta) \cdot d\Delta = \frac{1}{\sqrt{2\pi}m} e^{-\frac{\Delta^2}{2m^2}} \cdot d\Delta \tag{6-14}$$

要得到偶然误差在任意区间内出现的概率，对上式进行积分便可。

设以纵轴两边 k 倍中误差范围作为误差区间，则在此区间内误差出现的概率为

$$P(|\Delta| < km) = \int_{-km}^{km} \frac{1}{\sqrt{2\pi}m} e^{-\frac{\Delta^2}{2m^2}} \cdot d\Delta \tag{6-15}$$

分别以 $k=1, k=2, k=3$ 代入式(6-15)，可得到偶然误差的绝对值不大于 1 倍中误差、2 倍中误差、3 倍中误差的概率分别为

$$P(|\Delta| \leqslant m) = 0.683 = 68.3\%$$

$$P(|\Delta| \leqslant 2m) = 0.954 = 95.4\%$$

$$P(|\Delta| \leqslant 3m) = 0.997 = 99.7\%$$

---

[1] 参见参考文献[2]《地形测量学》第 141 页。

由此可见，对于一定条件下的大量观测值，偶然误差有 68.3% 都是出现在中误差范围以内，大于 2 倍中误差的约占误差总数的 4.6%，而大于 3 倍中误差的仅占误差总数的 0.3%。一般进行的测量次数是有限的，2 倍中误差应该很少遇到，因此，可以按 2 倍中误差作为允许的误差极限，称为**允许误差**，简称**限差**，即

$$\Delta_允 = 2m \tag{6-16}$$

有些国家采用 3 倍中误差作为极限误差。我国现行测量规范中一般取 2 倍中误差作为限差。超过 2 倍中误差的观测值摒弃不用，应返工重测。

偶然误差出现在 2 倍中误差之内的概率为 0.954，这相当于在误差分布曲线中，在 $-2m$ 至 $+2m$ 之间的误差范围内，曲线与坐标横轴所包含的面积数值为 0.954，如图 6-5 所示。

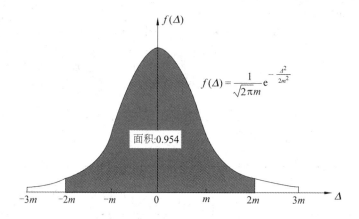

图 6-5　误差曲线中 2 倍中误差以内的概率

大量统计调查也表明，在 Δ 误差群中，超出 $2m$ 的 Δ 约占 5%；超出 $3m$ 的 Δ 仅占 0.3%。大量的 Δ 均不会超过 $2m$。由此也可认为，误差 Δ 超出 $2m$ 的观测值，是含有粗差的不正常观测值。这样，规定 $\Delta \leqslant \Delta_允 = 2m$，便可起到发现和限制粗差、保证观测质量的作用。

5. 相对误差

前面介绍的真误差、中误差、平均误差、或然误差等，都是绝对误差，是有测量单位的。在很多实际测量工作中，有时只用绝对误差还不能完全表达观测质量的好坏。例如，丈量某一长度的中误差为 ± 1 cm，如果不知道该长度的大小，还是无法判断该测量结果的精度高低，如若 ± 1 cm 是丈量 300 m 长的直线的精度，当然可认为该测量精度是较高的，如若是测量 3 m 长标杆的精度，则认为该测量精度是较低的。类似的情况我们在土地面积测量、土石方体积测量中也经常遇到。

一般地，我们用观测值的中误差与观测值本身的比值作为该观测值的相对误差。对于长度、面积、体积测量，其相对误差计算公式可依次表达如下

$$k_D = \frac{|m_D|}{D} \tag{6-17}$$

$$k_S = \frac{|m_S|}{S} \tag{6-18}$$

$$k_V = \frac{|m_V|}{V} \tag{6-19}$$

实际工作中，由于观测次数不够，中误差是无法知道的，通常就用绝对误差来代替。例如，导线测量时对导线全长闭合差的要求便是如此。

相对误差没有单位。通常将相对误差化成分子为 1 的分数形式，有时也化成百分比。实际中当上面各式中的中误差无法求得时，可用其他误差代替，如较差、平均误差等，而分母尽可能用最或然值。分数形式的相对误差的分母，通常只需在左端保留 2～3 位不是零的数字，其余均用零代替。凑整时只能舍去

不能进位。

相对误差中也有极限误差的要求。如 GB 50026—2020《工程测量标准》规定的一级导线距离测量相对中误差不能超过 1/30 000，导线全长相对闭合差的极限误差为 1/15 000。显然，相对误差可以作为一项指标去衡量不同项目观测精度的高低，同时相对极限误差又可以作为一种措施标准使测量精度得到有效控制。

【例 6-4】 某地区规划设计两地块的围海造田工程，甲地块设计面积 500 000 m²，要求填沙 1 500 000 m³，乙地块设计面积 1 000 000 m²，要求填沙 3 000 000 m³。两地块的工程分别由甲、乙两单位投标完成。工程竣工验收时，精确测量出甲地块实际面积为 488 866.8 m²，填沙量为 1 456 600.4 m³，乙地块实际面积为 981 865.5 m²，填沙量为 2 883 596.5 m³。现评估两项工程的施工精度。

[解] 这里的规划设计值可视为真值（理论值），由于施工方的测量、施工误差，导致实际结果与理论值不符，其面积绝对误差、相对误差、体积绝对误差、相对误差分别为

地块甲：

$$\Delta_{S_甲} = 488\ 866.8\ \text{m}^2 - 500\ 000\ \text{m}^2 = -11\ 113.2\ \text{m}^2$$

$$\frac{|\Delta_{S_甲}|}{S_甲} = \frac{11\ 113.2\ \text{m}^2}{500\ 000\ \text{m}^2} = \frac{1}{45} = 2.2\%$$

$$\Delta_{V_甲} = 1\ 456\ 600.4\ \text{m}^3 - 1\ 500\ 000\ \text{m}^3 = -43\ 399.6\ \text{m}^3$$

$$\frac{|\Delta_{V_甲}|}{V_甲} = \frac{43\ 399.6\ \text{m}^3}{1\ 500\ 000\ \text{m}^3} = \frac{1}{35} = 2.9\%$$

地块乙：

$$\Delta_{S_乙} = 981\ 865.5\ \text{m}^2 - 1\ 000\ 000\ \text{m}^2 = -18\ 134.5\ \text{m}^2$$

$$\frac{|\Delta_{S_乙}|}{S_乙} = \frac{18\ 134.5\ \text{m}^2}{1\ 000\ 000\ \text{m}^2} = \frac{1}{55} = 1.8\%$$

$$\Delta_{V_乙} = 2\ 883\ 596.5\ \text{m}^3 - 3\ 000\ 000\ \text{m}^3 = -116\ 403.5\ \text{m}^3$$

$$\frac{|\Delta_{V_乙}|}{V_乙} = \frac{116\ 403.5\ \text{m}^3}{3\ 000\ 000\ \text{m}^3} = \frac{1}{26} = 3.9\%$$

可见，甲地块的面积范围施工精度较乙地块要低（2.2% > 1.8%），但填沙土方量的工程精度较乙地块要好（2.9% < 3.9%）。

任务 4 学习并掌握测量平差的精髓 ——误差传播定律

以上介绍的是观测值的误差、中误差，以及将中误差作为衡量观测精度的标准。但是，在实际中，往往是根据一些观测值用一定的数学公式（函数关系）来计算未知量的最或然值，并对其进行精度评定，这些未知量便称为观测值的函数。由于观测值所包含的误差，使函数值也含有误差，这种现象称为误差传播。通常的函数有和差函数、倍乘函数、线性函数、非线性函数等几种。下面介绍这些函数，并推导它们的中误差表达式。

一、和差函数及其中误差

设和差函数的表达式为

$$z = x \pm y \tag{6-20}$$

式中 x、y 为相互独立的直接观测值,具有中误差 m_x、m_y。由于 x、y 含有各自的真误差 Δx、Δy,故其函数也会产生相应的真误差 Δz:

$$z + \Delta z = (x + \Delta x) \pm (y + \Delta y)$$

将上式减去式(6-20),有

$$\Delta z = \Delta x \pm \Delta y$$

取平方和:

$$[\Delta z \Delta z] = [(\Delta x + \Delta y) \times (\Delta x + \Delta y)]$$

展开:

$$[\Delta z \Delta z] = [\Delta x \Delta x] + 2[\Delta x \Delta y] + [\Delta y \Delta y]$$

两边除以 n:

$$\frac{[\Delta z \Delta z]}{n} = \frac{[\Delta x \Delta x]}{n} + \frac{2[\Delta x \Delta y]}{n} + \frac{[\Delta y \Delta y]}{n}$$

Δx、Δy 均为偶然误差,则互乘项 $\Delta x \Delta y$ 也为偶然误差,根据偶然误差的第四特性,当 $n \to \infty$ 时,$[\Delta x \Delta y]/n = 0$。则上式为

$$\frac{[\Delta z \Delta z]}{n} = \frac{[\Delta x \Delta x]}{n} + \frac{[\Delta y \Delta y]}{n}$$

根据中误差定义,有 $m_z^2 = m_x^2 + m_y^2$,即

$$m_z = \pm \sqrt{m_x^2 + m_y^2} \tag{6-21}$$

不难证明,当函数满足 $z = x_1 \pm x_2 \pm \cdots \pm x_n$ 时,函数 z 的中误差为

$$m_z = \pm \sqrt{m_{x_1}^2 + m_{x_2}^2 + \cdots + m_{x_n}^2} \tag{6-22}$$

在等精度观测情况下,$m_{x_1} = m_{x_2} = \cdots = m_{x_n} = m$ 时,式(6-22)就成为

$$m_z = m\sqrt{n} \tag{6-23}$$

【例 6-5】 三角测量中,以等精度观测了 n 个三角形的各内角,设各三角形的闭合差分别为 W_1、W_2、$\cdots$、W_n,求测角中误差。

[解] 三角形闭合差 $W_i = A_i + B_i + C_i - 180°$,设测角中误差为 m,则依式(6-23),有 $m_w = m\sqrt{3}$,即

$$m = \frac{m_w}{\sqrt{3}}$$

根据中误差的定义(或参照例6-1),有 $m_w = \pm\sqrt{\frac{[WW]}{n}}$,于是有

$$m = \pm\sqrt{\frac{[WW]}{3n}} \tag{6-24}$$

三角测量时,式(6-24)为用来初步评定测角精度的一个重要公式,称菲列罗公式。

二、倍函数及其中误差

设有函数 $z = kx$,这里 k 为常数,x 为直接观测值,于是有:

$$z + \Delta z = k(x + \Delta x)$$

将 $z = kx$ 代入,得

$$\Delta z = k\Delta x$$

于是

$$[\Delta z \Delta z] = k^2[\Delta x \Delta x]$$

两边除以 n:

$$\frac{[\Delta z \Delta z]}{n} = \frac{k^2 [\Delta x \Delta x]}{n}$$

取极限并根据中误差定义,有 $m_z^2 = k^2 m_x^2$,即

$$m_z = k m_x \tag{6-25}$$

【例 6-6】 用水准仪进行视距测量的计算公式为 $s = 100l$,设单根丝的读数精度 m 为 ± 1 mm,当读得水准尺上的视距间隔为 1.5 m 时,试求所测水平距离及其中误差。

〔**解**〕 水平距离(视距)s 是上下丝读数差 l 的函数,l 又是上、下丝读数的函数,即

$$l = l_{上} - l_{下}, s = 100l$$

由于上丝、下丝的读数精度相同,根据和差函数的中误差公式(6-23),有

$$m_l = \sqrt{2} m_{上} = \sqrt{2} m_{下} = \sqrt{2} m = \pm 1.4 \text{ mm}$$

而 $s = 100l$,根据公式(6-25),有

$$m_s = 100 m_l = \pm 1.4 \text{ mm} \times 100 = \pm 140 \text{ mm}$$

而 $s = 100l = 100 \times 1.5$ m $= 150$ m。于是最后结果为 $s = (150 \pm 0.14)$ m。

三、线性函数及其中误差

线性函数的表达式通常为

$$z = k_1 x_1 + k_2 x_2 + \cdots + k_n x_n \tag{6-26}$$

式中,k_1、k_2、$\cdots$、k_n 为常数,x_1、x_2、$\cdots$、x_n 为具有中误差 m_{x1}、m_{x2}、$\cdots$、m_{xn} 的独立观测值。

设 $z_i = k_i x_i$(倍乘函数),即 $z = z_1 + z_2 + \cdots + z_n$(和差函数),对倍乘函数,有

$$m_{z_i} = k_i m_{x_i} \tag{6-27}$$

对和差函数,有

$$m_z = \pm \sqrt{m_{z_1}^2 + m_{z_2}^2 + \cdots + m_{z_n}^2} \tag{6-28}$$

将式(6-27)式代入式(6-28),得到线性函数的中误差公式:

$$m_z = \pm \sqrt{k_1^2 m_{x_1}^2 + k_2^2 m_{x_2}^2 + \cdots + k_n^2 m_{x_n}^2} \tag{6-29}$$

前面讨论的和差函数、倍乘函数,其中误差无疑都是线性函数的特例。另外,如果 $m_{x_1} = m_{x_2} = \cdots = m_{x_n} = m$,$k_1 = k_2 = \cdots = k$,则式(6-29)可写成

$$m_z = k m \sqrt{n} \tag{6-30}$$

【例 6-7】 等精度观测某三角形的三个内角 A、B、C,测角中误差均为 $m = \pm 5''$,数据处理时先计算三角形闭合差 W,再按其三分之一均匀分配给各个内角,作为各内角的最或然值。试求闭合差 W 及三角形内角最或然值的中误差。

〔**解**〕 三角形闭合差为 $W = A + B + C - 180°$。由于 A、B、C 相互独立,可直接应用公式(6-23)式(6-30),得 $m_z = m\sqrt{3} = \pm 5'' \times \sqrt{3} = \pm 8.7''$。

三个内角的观测精度相同,且相互独立,均按闭合差的三分之一平均分配,故最后它们的最或然值的中误差也是相同的。现以其中一角(如 A 角)进行计算:

$$\hat{A} = A - \frac{W}{3}$$

这里 W 与 A 并不相互独立,因此不能直接应用公式(6-29)。可对上式先进行如下的函数处理:

$$\hat{A} = A - \frac{W}{3} = A - (A + B + C - 180°)/3 = \frac{2A}{3} - \frac{B}{3} - \frac{C}{3} - 60°$$

再应用公式(6-29),有:

$$m_{\hat{A}} = \pm \sqrt{\frac{4}{9} m^2 + \frac{1}{9} m^2 + \frac{1}{9} m^2} = m \sqrt{\frac{2}{3}} = \pm 4.1''$$

可见,最或然值的精度较原观测值的精度稍有提高。

四、一般函数及其中误差

一般函数可表达为

$$z = f(x_1, x_2, \cdots, x_n) \tag{6-31}$$

式中,x_1、x_2、$\cdots$、x_n为独立观测值,其真误差相应为Δx_1、Δx_2、$\cdots$、Δx_n。

于是有$z + \Delta z = f(x_1 + \Delta x_1, x_2 + \Delta x_2, \cdots, x_n + \Delta x_n)$。

由于Δx_i是一个微小量,故上式可按泰勒级数展开。在展开式中取Δx_i的一次幂项,有

$$z + \Delta z = f(x_1, x_2, \cdots, x_n) = \frac{\partial f}{\partial x_1} \Delta x_1 + \frac{\partial f}{\partial x_2} \Delta x_2 + \frac{\partial f}{\partial x_n} \Delta x_n$$

将式(6-31)代入上式,有

$$\Delta z = \frac{\partial f}{\partial x_1} \Delta x_1 + \frac{\partial f}{\partial x_2} \Delta x_2 + \frac{\partial f}{\partial x_n} \Delta x_n$$

式中,$\frac{\partial f}{\partial x_i}$为函数$f$对变量$x_i$所求的偏导数,将观测值代入进行计算,这些偏导数均为常数,因此上式为线性函数。根据线性函数的中误差公式(6-29),有

$$m_{\Delta z} = \pm \sqrt{\left(\frac{\partial f}{\partial x_1}\right)^2 m_{\Delta x_1}^2 + \left(\frac{\partial f}{\partial x_2}\right)^2 m_{\Delta x_2}^2 + \cdots + \left(\frac{\partial f}{\partial x_n}\right)^2 m_{\Delta x_n}^2}$$

上式是函数真误差的中误差。分析式(6-1)可知,由于真值没有误差,因此观测值真误差的中误差也就是观测值本身的中误差,即有

$$m_z = \pm \sqrt{\left(\frac{\partial f}{\partial x_1}\right)^2 m_{x_1}^2 + \left(\frac{\partial f}{\partial x_2}\right)^2 m_{x_2}^2 + \cdots + \left(\frac{\partial f}{\partial x_n}\right)^2 m_{x_n}^2} \tag{6-32}$$

故一般函数的中误差,等于该函数对每个独立观测变量取偏导数与相应变量中误差乘积之平方和的平方根。

式(6-32)具有普遍意义,是误差传播定律的通用形式,前面的和差函数、倍函数、线性函数,均是式(6-31)的特例,并能由式(6-31)直接导出。

【例6-8】 矩形面积公式$S = ab$,设矩形边长分别为$a \pm m_a$、$b \pm m_b$。求矩形面积S的中误差。

［解］ 对于S,直接利用公式(6-32),有

$$m_S = \pm \sqrt{b^2 m_a^2 + a^2 m_b^2}$$

【例6-9】 如图6-6所示,为了获得河流的宽度s,沿河边测量距离d的中误差为m_d,测量角度α、β的中误差分别为m_α、m_β。求河流宽度s及其中误差。

［解］ 应用正弦定理,得

$$s = d \frac{\sin\alpha}{\sin\beta}$$

分别对各自变量求偏导数:

$$\frac{\partial s}{\partial d} = \frac{\sin\alpha}{\sin\beta} = \frac{s}{d}$$

$$\frac{\partial s}{\partial \alpha} = \frac{d\cos\alpha}{\sin\beta} = \frac{d\sin\alpha\cos\alpha}{\sin\beta\sin\alpha} = s\cot\alpha$$

$$\frac{\partial s}{\partial \beta} = \frac{d\sin\alpha}{\sin\beta} \cdot \frac{\cos\beta}{\sin\beta} = s\cot\beta$$

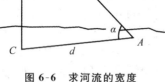

图6-6 求河流的宽度

代入式(6-32),有

$$m_s = \pm\sqrt{s^2\frac{m_d^2}{d^2} + s^2\cot^2\alpha\frac{m_\alpha^2}{\rho^2} + s^2\cot^2\beta\frac{m_\beta^2}{\rho^2}}$$

下面的例 6-10 省略求偏导数的具体过程，直接将全微分转换成中误差的形式，得到的结果相同。

【例 6-10】 野外工作时经常在已知控制点上用支导线支出一个待定控制点 P 计算其坐标，按两点间的坐标方位角 α 和水平距离 s 计算坐标增量 Δx 和 Δy，然后加上已知点坐标得到待定点坐标，如图 6-7 所示。设观测值 α 和 s 的中误差分别为 m_α 和 m_s，试计算坐标增量中误差 $m_{\Delta x}$、$m_{\Delta y}$，以及点位中误差 m_P。

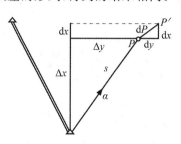

图 6-7 用方位角、边长计算坐标

〔解〕 坐标增量的函数关系式为

$$\left.\begin{aligned}\Delta x &= s\cos\alpha \\ \Delta y &= s\sin\alpha\end{aligned}\right\}$$

对上式求全微分，得到

$$\left.\begin{aligned}\mathrm{d}\Delta x &= \mathrm{d}x = \cos\alpha\cdot\mathrm{d}s - s\sin\alpha\cdot\mathrm{d}\alpha \\ \mathrm{d}\Delta y &= \mathrm{d}y = \sin\alpha\cdot\mathrm{d}s + s\cos\alpha\cdot\mathrm{d}\alpha\end{aligned}\right\}$$

化成中误差的表达式：

$$\left.\begin{aligned}m_{\Delta x} = m_x &= \sqrt{\cos^2\alpha\cdot m_s^2 + (s\sin\alpha)^2\frac{m_\alpha^2}{\rho^2}} \\ m_{\Delta y} = m_y &= \sqrt{\sin^2\alpha\cdot m_s^2 + (s\cos\alpha)^2\frac{m_\alpha^2}{\rho^2}}\end{aligned}\right\}$$

参见图 6-7，当不考虑已知点的误差时，未知点 P 的点位误差 $\mathrm{d}P$ 可看成是两个坐标增量误差 $\mathrm{d}x$、$\mathrm{d}y$ 的共同影响，即有

$$\mathrm{d}P = \sqrt{\mathrm{d}x^2 + \mathrm{d}y^2}$$

将上式换成中误差形式：

$$m_P = \sqrt{m_x^2 + m_y^2} = \sqrt{m_s^2 + \left(s\frac{m_\alpha}{\rho}\right)^2}$$

上式最右端根号内第一项为两点间的纵向误差，第二项为横向误差，即两点间的距离误差形成纵向误差，方位角误差构成横向误差。

【例 6-11】 试分析水准测量规定的各项限差缘由。

〔解〕 针对水准测量的精度表达与限差要求，可做如下几项分析。

①分析水准测量的路线高差中误差与测站高差中误差的关系。

为了测量 AB 两点间高差，用了 n 个测站，即

$$h = h_1 + h_2 + \cdots + h_n$$

只要观测方法不变，观测条件基本稳定，一般认为各测站观测是等精度观测。设各站高差观测中误差为 $m_{站}$，对上式应用误差传播定律，有

$$m_h = m_{站}\sqrt{n}$$

可见，线路水准测量的高差中误差与测站数的平方根成正比，因此，实际中在满足要求的前提下，可以加大视距以减少线路的总测站数。

对于平坦地区，可设 $n = L/s$，其中 L 是水准路线总长，s 是一测站的前后视线长度，L、s 均以千米为单位。于是有

$$m_h = \sqrt{\frac{L}{s}}m_{站}$$

以 $L=1$ km 代入上式，得 1 km 的观测高差中误差为

$$\mu = \sqrt{\frac{1}{s}} m_{站} \tag{6-33}$$

即有

$$m_h = \sqrt{\frac{L}{s}} m_{站} = \mu \sqrt{L} \tag{6-34}$$

可见,线路水准测量的高差中误差与线路长度的平方根成正比,因此,实际中对于水准线路的长度应有所控制。例如,GB 50026—2020 规定,四等水准路线长不能大于 16 km,如图 6-8 所示。

4.2.1 水准测量的主要技术要求应符合表4.2.1的规定。

表 4.2.1 水准测量的主要技术要求

等级	每千米高差全中误差（mm）	路线长度（km）	水准仪级别	水准尺	观测次数		往返较差、附合或环线闭合差	
					与已知点联测	附合或环线	平地（mm）	山地（mm）
二等	2	—	DS1、DSZ1	条码因瓦、线条式因瓦	往返各一次	往返各一次	$4\sqrt{L}$	—
三等	6	≤50	DS1、DSZ1	条码因瓦、线条式因瓦	往返各一次	往一次	$12\sqrt{L}$	$4\sqrt{n}$
			DS3、DSZ3	条码式玻璃钢、双面		往返各一次		
四等	10	≤16	DS3、DSZ3	条码式玻璃钢、双面	往返各一次	往一次	$20\sqrt{L}$	$6\sqrt{n}$
五等	15	—	DS3、DSZ3	条码式玻璃钢、单面	往返各一次	往一次	$30\sqrt{L}$	—

注:1 结点之间或结点与高级点之间的路线长度不应大于表中规定的70%;

2 L 为往返测段、附合或环线的水准路线长度(km),n 为测站数;

3 数字水准测量和同等级的光学水准测量精度要求相同,作业方法在没有特指的情况下均称为水准测量;

4 DSZ1级数字水准仪若与条码式玻璃钢水准尺配套,精度降低为 DSZ3 级;

5 条码式因瓦水准尺和线条式因瓦水准尺在没有特指的情况下均称为因瓦水准尺。

图 6-8 GB 50026—2020《工程测量标准》技术要求

②分析线路水准测量中闭合差的限差要求选择方式。

水准测量中,测段往返测互差、附合水准路线的附合差、闭合水准路线的闭合差等各种水准路线均有限差要求,如 GB 50026—2020《工程测量标准》对四等水准测量中的往返较差、附合路线或环线闭合差 Δh(单位为 mm)有如下规定:

平地:

$$\Delta h \leqslant \Delta h_{限} = \pm 20\sqrt{L} \tag{6-35}$$

山地:

$$\Delta h \leqslant \Delta h_{限} \pm 6\sqrt{n} \tag{6-36}$$

如将上两式相减,并取 $L=1$ km,可算得 $n \approx 11$(站),这说明如果 1 km 往返观测 11 个测站时(相当于每测站前后视距之和约为 90 m),选择上面两个公式中的哪一个进行限差要求没有什么区别;如果各测站平均视距大于 90 m 时,$n<11$(站)选择用式(6-35)要求较为宽松;如果是非平缓地带,测站平均视距小于 90 m 时,$n>11$(站)则选择式(6-36)作为限差要求较容易达到。而 GB/T 12898—2009《国家三、四等水准测量规范》则明确规定山区水准测量时的附合路线或环线闭合差限差为 $\pm 25\sqrt{L}$ mm。

③分析水准测量中各项限差的相互关系影响。

国标规定,四等水准测量中,双面尺法水准测量的每测站黑红面所测高差较差,或改变仪器高法中两次测量高差较差,不能超过 5 mm。按取两倍中误差作为限差考虑,即两次所测高差较差的中误差为 2.5 mm,按误差传播定律,单次测量高差的中误差为 $\frac{2.5}{\sqrt{2}}$ mm,再应用误差传播定律,得两次观测高差平均值的中误差便为 $(2.5/\sqrt{2})/\sqrt{2} = 1.25$ mm,即可认为四等水准测量中一测站测量高差的中误差为

$$m_{站} = \pm 1.25 \text{ mm} \tag{6-37}$$

式(6-37)代入式(6-33),有

$$\mu = \sqrt{\frac{1}{s}} m_{站} = \pm \frac{1.25}{\sqrt{s}} \tag{6-38}$$

式(6-38)表明每千米观测高差中误差与测站的视线平均长度的平方根成反比,当每测站的视线平均长度增加时,每千米的测站数量会相应减少,从而单位长度(1 km)的高差测量精度会有所提高。

图 6-8 中第一项技术要求就是针对各等级的水准测量每千米高差全中误差的限差要求(例如对四等水准的要求为 10 mm)。同样按 2 倍中误差的限差考虑,可认为四等水准测量的每千米高差全中误差为 5 mm,即 $\mu = \pm 5$ mm。

将 $\mu = \pm 5$ mm 代入式(6-38),有

$$s = (1.25/5)^2 = 0.0625 \text{ km} = 62.5 \text{ m}$$

这是四等水准测量中一测站的平均视距长度的基本考虑。当然,实际中为提高工作效率和降低每千米测量中误差,视线长度会有所增加。但如果视线过长又会产生其他方面的影响,如读数误差等,所以同时规定四等水准测量使用的 DS3 仪器,视线长度不能超过 100 m。

④分析水准仪型号所代表的实际意义。

水准仪的型号如 DS05、DS1、DS3 等,其数字指水准仪能达到的每千米往返测高差中数的中误差(单位为 mm),如 DS3 就代表该水准仪每千米往返测高差中数的中误差为 3 mm。

水准测量中的高差中数

$$h_{中} = \frac{h_{往} + h_{返}}{2}$$

设往返测精度相等,则高差中数的中误差为

$$m_{h_{中}} = m_h / \sqrt{2}$$

即

$$m_h = \sqrt{2} m_{h_{中}}$$

仍设各站测量高差的中误差为 $m_{站}$,即 $m_h = m_{站} \sqrt{n}$,代入上式,有

$$m_{站} = \frac{\sqrt{2} \cdot m_{h_{中}}}{\sqrt{n}}$$

上式表示,对于某一确定水准仪,1 km 水准测量各测站中误差与 1 km 之内的测站数成反比。

如对于 DS3 水准仪,限差为 3 mm,中误差则为 1.5 mm,于是:

$$m_{站} = \frac{1.5 \sqrt{2}}{\sqrt{n}}$$

五、各类误差的共同影响原则

1. 各独立偶然误差的共同影响原则

在测量实践中,经常会遇到一个观测结果同时受到许多独立偶然误差共同影响的情况。例如,水准

测量时,高差观测值会受到仪器误差、瞄准误差、读数误差以及其他误差的共同影响。在这种情况下,观测结果的真误差就是各个独立误差的代数和,即

$$\Delta_z = \Delta_1 + \Delta_2 + \cdots + \Delta_n$$

由于这些真误差在数值和符号上都具有偶然误差的性质,且是相互独立的,所以与和差函数的情况相同,则其中误差关系为

$$m_z^2 = m_1^2 + m_2^2 + \cdots + m_n^2 \tag{6-39}$$

即一些独立误差引起的观测值中误差的平方,等于各独立误差中误差的平方和。

【例 6-12】 水准测量时,一次读数同时受到气泡整平误差、照准误差、估读误差以及水准尺刻划误差等的共同影响。若设 $m_{整平} = \pm 1.2 \text{ mm}, m_{照准} = \pm 0.8 \text{ mm}, m_{估读} = \pm 0.5 \text{ mm}, m_{分划} = \pm 0.3 \text{ mm}$。试求一次读数的中误差 $m_{读}$。

[**解**] 按公式(6-39)得

$$m_{读}^2 = m_{整平}^2 + m_{照准}^2 + m_{估读}^2 + m_{分划}^2 = 2.42 \text{ mm}^2$$

即

$$m_{读} = \pm \sqrt{2.42} \text{ mm} = \pm 1.6 \text{ mm}$$

2. 偶然误差与系统误差的共同影响原则

通常,测量结果不仅带有偶然误差,在某种程度上还包含有系统误差。尽管我们在观测过程中,对系统误差总是设法加以消除或减弱,使得结果中的系统误差居于次要地位。然而,系统误差影响不是经常可以预知,并能够从观测结果中完全消除的。有时,即使某些测量的系统误差可以测定,也不能使它完全消除。因此,观测结果中往往还会含有残余系统误差的作用。在这种情况下,便有必要研究既含有偶然误差,又含有残余系统误差的观测值的精度。

设有同一个量的 n 个等精度观测值之真误差为 $\Delta_1, \Delta_2, \cdots, \Delta_n$,且每一真误差都包含有偶然误差和系统误差。现以 ε_i 表示真误差 Δ_i 的偶然误差部分,以 λ_i 表示系统误差部分,则可写出

$$\begin{cases} \Delta_1 = \varepsilon_1 + \lambda_1 \\ \Delta_2 = \varepsilon_2 + \lambda_2 \\ \quad\vdots \\ \Delta_n = \varepsilon_n + \lambda_n \end{cases} \tag{a}$$

对上式中每一等式的两端取平方,相加并除以 n,得

$$\frac{[\Delta\Delta]}{n} = \frac{[\varepsilon\varepsilon]}{n} + \frac{[\lambda\lambda]}{n} + 2\frac{[\varepsilon\lambda]}{n} \tag{b}$$

(b)式等号右端第三项中,每一个乘积 $\varepsilon\lambda$ 在数值和符号上都具有偶然性质,因此,这一系列的乘积就具有偶然误差的全部特性。故当 n 很大时,有 $\lim\limits_{n\to\infty} 2\dfrac{[\varepsilon\lambda]}{n} = 0$,从而可以忽略不计。对(b)式取极限,并令

$$\lim_{n\to\infty}\frac{[\Delta\Delta]}{n} = m_\Delta^2, \lim_{n\to\infty}\frac{[\varepsilon\varepsilon]}{n} = m_\varepsilon^2, \lim_{n\to\infty}\frac{[\lambda\lambda]}{n} = m_\lambda^2$$

即得

$$m_\Delta^2 = m_\varepsilon^2 + m_\lambda^2$$

或

$$m_\Delta = \pm\sqrt{m_\varepsilon^2 + m_\lambda^2} \tag{6-40}$$

式中,m_Δ 为观测值的中误差,m_ε 为偶然误差部分的中误差,m_λ 则为系统误差部分的中误差。

由此得出结论:在偶然误差和系统误差的共同影响下,观测值的中误差等于偶然误差影响中误差和系统误差影响中误差的平方和的平方根。

3. 等影响原则

以上所述都是根据观测值的精度求算观测值函数的精度。但是,在测量实践中经常有这样的情况,事先给定函数值的精度,要求预先估计各观测值应达到的精度。

根据已知函数 $z = f(X_1, X_2, \cdots, X_n)$ 及给定的精度 m_z 来求观测值的精度 $m_1, m_2, \cdots, m_n$,通常采用等影响原则。等影响原则就是假定各观测值对函数的中误差具有相同的影响,也就是假定公式(6-39)右边所有的各项都相同。即

$$m_1^2 = m_2^2 = \cdots = m_n^2 = \frac{m_z^2}{n} \tag{6-41}$$

这样,便可计算出 $m_1, m_2, \cdots, m_n$ 的值,再根据实际工作的需要与可能,做精度调整,即人为地进行精度分配,最后确定出各观测值实际应达到的必需精度。

【例 6-13】 如图 6-9 所示,要求在已知点 B 上用极坐标法进行放样测量,使 P 点的点位误差小于 ± 5 cm。若 $s = 200$ m,试问要用什么样的精度来测定角度 β 和距离 s。

[解] 图中 A、B 均为已知点,用极坐标法放样时,测量角度 β 与距离 s 可以获得 P 点的位置。测量时由于测角误差 $\Delta\beta$ 和测距误差 Δs 的存在,使得点位发生偏移至 P' 点(见图 6-10)。

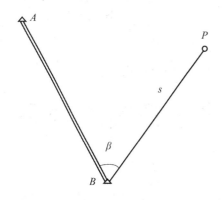

图 6-9 点位放样

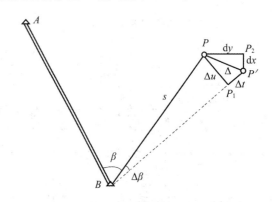

图 6-10 点位误差的等影响原则应用

点位误差 Δ 可看成是横向误差 Δu 与纵向误差 Δt 的共同影响(按坐标增量计算时,也可以看成是两个坐标增量误差 dx、dy 的共同影响)。由于 Δu、Δt 相对于 s 来说均是一个很小值,可以将 Δu 当成是测角误差 $\Delta\beta$ 所对应的圆弧值,同时又与 Δt、Δ 构成直角三角形的三条边,即有

$$\Delta t = \Delta s \tag{a}$$

$$\Delta u = \frac{\Delta\beta}{\rho} \times s \tag{b}$$

$$\Delta = \sqrt{\Delta t^2 + \Delta u^2} \tag{c}$$

仿照例 6-10,将(c)式换成中误差,有

$$m_P^2 = m_t^2 + m_u^2 \tag{6-42}$$

如果按坐标增量放样,同样有

$$m_P^2 = m_x^2 + m_y^2 \tag{6-43}$$

根据上述等影响原则,令式(6-42)右边两项相等,有

$$m_t = m_u = \frac{m_P}{\sqrt{2}}$$

故纵向误差为 $m_t = \dfrac{0.05}{\sqrt{2}} = \pm 0.035$ m,或用相对误差表示为 $\dfrac{m_t}{s} = \dfrac{0.035}{200} = \dfrac{1}{5700}$。

横向误差为 $m_u = s\dfrac{m_\beta}{\rho} = \pm 0.035$ m,或表示为 $\dfrac{m_u}{s} = \dfrac{m_\beta}{\rho} = \dfrac{1}{5700}$,该形式可称为"横向相对误差",代表横向

误差相对于纵向距离的大小，实际上是用弧度形式表示的角度误差。将相关数值代入，角度中误差为

$$m_\beta = \frac{\rho m_u}{s} = \frac{206\ 265'' \times 0.035}{200} = \pm 36''$$

即为了使 P 点的点位误差达到 5 cm 的要求，需要用 1/5700 的相对精度量距，$\pm 36''$ 的精度测角。

为了使各观测值既能满足设计精度要求，又不盲目地追求不必要的高精度而造成资源浪费和经济浪费，还应对计算结果实事求是地分析，并进行灵活处理。如对上例情况来说，现在角度的精度要求还不是很高，提高角度观测的精度比提高钢尺量边的精度就容易一些，故可适当提高测角精度，若使 $m = \pm 15''$，则量边精度可降低到

$$m_t = \pm \sqrt{m_P^2 - m_u^2} = \pm \sqrt{(0.05)^2 - \left(200 \times \frac{15''}{206\ 265''}\right)^2} = \pm 0.048 \text{ m}$$

或

$$\frac{m_t}{s} = \frac{0.048}{200} = \frac{1}{4100}$$

即当测角精度提高到 $\pm 15''$ 时，量边相对精度只要达到 $\frac{1}{4100}$ 就够了。它同样能满足 P 点的点位中误差小于 ± 5 cm 的要求。

由此可看出，将按等影响原则所给出的结果做比较，用逐渐改变各观测值中误差的方法，可以使它们达到既经济又合理的配合。

任务 5 初步学习算术平均值及其中误差

一、算术平均值

在相同观测条件下，对某个未知量进行 n 次观测，其观测值分别为 $l_1, l_2, \cdots, l_n$。又设该未知量的真值为 X，则各观测值的真误差为

$$\Delta_i = l_i - X \quad (i = 1, 2, \cdots, n) \tag{6-44}$$

将上列各式相加，并除以 n，得到：

$$\frac{[\Delta]}{n} = \frac{[l]}{n} - X \Rightarrow \frac{[l]}{n} = \frac{[\Delta]}{n} + X$$

这里令 $[\Delta]/n = \delta$，$[l]/n = L$，则 $L = \delta + X$，L 为观测值的算术平均值，δ 为算术平均值的真误差。根据偶然误差的抵偿性，当观测次数无限增多时，$[\Delta]/n$ 就会趋近于 0，于是有

$$\lim_{n \to \infty} \frac{[l]}{n} = X \tag{6-45}$$

这就是说，当观测次数无限增大时，观测值的算术平均值趋近于该量的真值。但是，在实际工作中，不可能对某个量进行无限次的观测，因此，就把有限次观测值的算术平均值作为该量的最或然值，即

$$\bar{x} = \frac{l_1 + l_2 + \cdots + l_n}{n} = \frac{[l]}{n} \tag{6-46}$$

这些等精度观测值都比较接近。当观测值的数值较大时，为了计算方便，可引入观测值的近似值进行计算。即将各观测值 l_i 分成近似值与尾数值两部分：$l_i = l_0 + \delta l_i$，这样在求取算术平均值以及改正数时，只需计算尾数值部分，再将近似值 l_0 考虑进去即可。不过在电算化普及的今天，这样的技巧已慢慢失去其意义。

二、观测值的改正数

算术平均值与观测值之差称为观测值的改正数 v:

$$v_i = \bar{x} - l_i \quad (i = 1, 2, \cdots, n) \tag{6-47}$$

如果将式(6-2)中的最或然值也看成算术平均值,则与式(6-47)比较可以发现,最或然误差与改正数大小相等,符号相反。

改正数具有两个著名的数学特性:$[v] = 0$,$[vv] =$ 最小。

1. $[v] = 0$

将式(6-47)中的 n 个方程式求和,得

$$[v] = n\bar{x} - [l]$$

再根据式(6-46),得到

$$[v] = n \frac{[l]}{n} - [l] = 0 \tag{6-48}$$

这表明,一组观测值取算术平均值后,其改正值之和恒等于 0。这一特征可以作为计算中的校核,以检查误差分配的正确完整性。这里须强调指出:如果改正数的和不等于 0,则必须强制性地对某些改正数进行微小调整,使 $[v] = 0$。

2. $[vv] =$ 最小

先模仿式(6-47)再列出一个方程:$v_i' = \bar{x}' - l_i$。这里 $\bar{x}'$ 为不等于算术平均值 $\bar{x}$ 的任意常数。现在比较 $[vv]$ 与 $[v'v']$ 的大小。

将上式与式(6-47)相减,得

$$v_i' - v = \bar{x}' - \bar{x}$$

为书写简便,令 $\bar{x}' - \bar{x} = \varepsilon$,则上式为

$$v_i' = v_i + \varepsilon$$

对该式取平方并求和,有

$$[v'v'] = [vv] + n\varepsilon^2 + 2\varepsilon[v]$$

因 $[v] = 0$,故上式变化为

$$[v'v'] = [vv] + n\varepsilon^2$$

式中三项均为正数,故 $[vv] < [v'v']$。

由于前面已假定 $\bar{x}'$ 为任意的常数值,现在又推算出根据任意常数 $\bar{x}'$ 计算的 $[v'v']$,都有 $[vv] < [v'v']$。故可认为

$$[vv] = 最小 \tag{6-49}$$

式(6-49)即为改正数的平方和最小。它有两层含义:一是根据等精度观测值求出的最或然值(算术平均值),其改正数必然满足 $[vv] =$ 最小;二是在满足 $[vv] =$ 最小的前提下,根据观测值改正后求出的数值一定是最或然值。这两个要点构成了整个测量平差的理论基础,并称之为最小二乘法原理。

三、按改正数计算中误差

公式(6-7)是中误差的基本定义式,它要求根据观测值的真误差来计算中误差。但实际中往往无法知道观测值的真值,从而无法求得各观测值的真误差,这就需要另辟蹊径来求取观测值的中误差,通常的

做法是根据改正数求取观测值的中误差。

将式(6-47)代入式(6-44),有

$$\Delta_i = (\overline{x} - X) - v_i \quad (i = 1, 2, \cdots, n)$$

对上式两边取平方得

$$\Delta_i \Delta_i = (\overline{x} - X)^2 - 2v_i(\overline{x} - X) + v_i v_i$$

再对上式求和,得

$$[\Delta\Delta] = n(\overline{x} - X)^2 - 2[v](\overline{x} - X) + [vv]$$

利用$[v] = 0$,再将上式两端除以n,有

$$\frac{[\Delta\Delta]}{n} = (\overline{x} - X)^2 + \frac{[vv]}{n} \tag{6-50}$$

式中$(\overline{x} - X)$为算术平均值与真值的差,有

$$(\overline{x} - X)^2 = \left(\frac{[l]}{n} - X\right)^2 = \left(\frac{[l] - nX}{n}\right)^2 = \left(\frac{[\Delta]}{2}\right)^2 = \left(\frac{\Delta_1 + \Delta_2 + \cdots + \Delta_n}{n}\right)^2$$

$$= \frac{1}{n^2}(\Delta_1^2 + \Delta_2^2 + \cdots + \Delta_n^2) + \frac{2}{n^2}\left\{\begin{array}{l}(\Delta_1\Delta_2 + \Delta_1\Delta_3 + \cdots + \Delta_1\Delta_n) + \\ (\Delta_2\Delta_3 + \Delta_2\Delta_4 + \cdots + \Delta_2\Delta_n) + \\ \cdots + \Delta_{n-1}\Delta_n\end{array}\right\}$$

Δ_i、Δ_j均为偶然误差,则二者的乘积还是偶然误差,根据偶然误差的抵偿性,当$n \to \infty$时,上式大括号内互乘项$\Delta_i\Delta_j$的和必趋近于0,故

$$(\overline{x} - X)^2 = \frac{1}{n^2}(\Delta_1^2 + \Delta_2^2 + \cdots + \Delta_n^2) = \frac{[\Delta\Delta]}{n^2}$$

因此,式(6-50)可写成

$$\frac{[\Delta\Delta]}{n} = \frac{[\Delta\Delta]}{n^2} + \frac{[vv]}{n}$$

考虑中误差的定义式(6-7),上式又可写成:

$$m^2 = \frac{m^2}{n} + \frac{[vv]}{n}$$

整理上式,得到

$$m = \pm\sqrt{\frac{[vv]}{n-1}} \tag{6-51}$$

式(6-51)便是利用观测值的改正数计算中误差的公式,该式也称为**白塞尔公式**。

四、算术平均值的中误差

将公式(6-46)变形,有

$$\overline{x} = \frac{[l]}{n} = \frac{l_1}{n} + \frac{l_2}{n} + \cdots + \frac{l_n}{n}$$

式中各观测值相互独立,可应用误差传播定律,得算术平均值的中误差为

$$M = \frac{m}{\sqrt{n}} = \pm\sqrt{\frac{[vv]}{n(n-1)}} \tag{6-52}$$

可见,算术平均值的中误差相当于观测值中误差的$1/\sqrt{n}$,精度有所提高。

可以对式(6-52)进行验证,当观测次数n在10以内增加时,M减小的倍数很快(算术平均值的精度迅速提高),当n在10以上增加时,M减小的倍数相对较慢(算术平均值的精度提高幅度不大),n越大,其算术平均值提高精度的趋势也就越慢。所以,实际工作中并不是观测次数越多越好,一般考虑经济原

因而对观测次数有一定限制，通常规定重复观测次数不超过 12 次。限制观测次数的另一个原因是，无法用单纯重复观测的方法消除某些系统误差的影响，因为如果重复观测次数过多，则会使计算结果的精度掩盖系统误差的影响，导致错误的精度结果。例如，用一把毫米刻划的钢尺往返量测某段距离（称一测回），测量其结果的相对误差约为 1/5 000 的话，则测 9 个测回可将相对精度提高为 1/15 000，这是比较可行的。但如果测 900 个测回，按误差传播定律可将其精度提高为 1/150 000，这当然就是不可行的了，因为系统误差的存在大大掩盖了结果精度的真实性。

【例 6-14】 在相同条件下对某一水平距离进行 6 次观测，观测数据见表 6-4。求其算术平均值及其中误差。

[解] 先按式(6-46)计算 6 个观测值的算术平均值，再按式(6-47)计算各观测值的改正数，接着计算改正数的平方数，最后按式(6-50)及式(6-51)计算观测值及算术平均值的中误差。计算过程列于表 6-4 中。

表 6-4　按观测值的改正数计算中误差

次序	观测值/m	改正值 v/cm	vv/cm²	计算 $\bar{x}, m$
1	120.031	−1.4	1.96	
2	120.025	−0.8	0.64	
3	119.983	+3.4	11.56	$\bar{x}=[l]/n=120.017$ m
4	120.047	−3.0	9.00	$m=\pm\sqrt{\dfrac{[vv]}{n-1}}=\pm3.0$ cm
5	120.040	−2.3	5.29	$M=m/\sqrt{n}=\pm1.2$ cm
6	119.976	+4.1	16.81	
求和	$[l]=720.102$	$[v]=0.0$	$[vv]=45.26$	

任务 6　进一步学习加权平均值及其中误差

一、权

实际工作中，除了上述的等精度观测以外，经常也会出现不等精度观测的情况。例如，从三个已知水准点出发，沿三条不同长度的水准路线测定某未知点高程，分别测得的三个未知点高程便是不等精度观测值，这时就不能简单地取三个高程的算术平均值作为最后结果。

于是，就需要引入"权"的概念来处理类似问题。

测量误差理论中，以 p 表示权，并定义观测值（或函数值）的权与其中误差的平方成反比：

$$p_i = \frac{c}{m_i^2} \tag{6-53}$$

式(6-53)说明某个观测值或函数值的中误差 m 越小（精度越高），其权越大，反之亦然。权也可以像中误差那样体现观测值的精度。式中 c 为一任意正数。

通常定义数值等于 1 的权为单位权，权等于 1 的观测值为单位权观测值，权等于 1 的观测值的中误差称为单位权中误差，单位权中误差用 μ（有时用 m_0）表示。注意，单位权的值肯定等于 1，但单位权中误差的值却不一定等于 1。

由于式(6-53)中的 c 可以是任意正常数,因此引入单位权中误差之后,权也可以表达为

$$p_i = \frac{\mu^2}{m_i^2} \tag{6-54}$$

中误差的另一种表达式为

$$m_i = \mu \sqrt{\frac{1}{p_I}} = \frac{\mu}{\sqrt{p_i}} \tag{6-55}$$

式(6-55)表明,在知道单位权中误差的前提下,求取任何值的中误差就变成了计算相应值的权。实际上,计算一个未知量的权要比直接计算这个量的中误差要容易。因此公式(6-55)通常用来求取观测值的中误差与观测值的函数值的中误差,以及用来评定整个测区的观测精度质量。

在设计单位权(定权)时,一般取一次观测的中误差(角度测量)、单位长度的观测值中误差(距离测量、水准测量)、一测站观测值的中误差(水准测量)等作为单位权观测中误差。下面是一些定权的示例。

1. 不同测回观测时角度测量的权

根据上述单位权 μ 的含义,可定义一测回水平角观测值的权为单位权($p_0 = 1$),则一测回的水平角观测值的中误差 μ 就是单位权中误差,根据误差传播定律,N 测回的水平角中误差为

$$m_N = \frac{\mu}{\sqrt{N}}$$

代入式(6-54),N 测回水平角观测值的权为

$$p_N = \frac{\mu^2}{m_N^2} = \frac{\mu^2}{(\mu/\sqrt{N})^2} = N \tag{6-56}$$

即一测站角度测量的权与角度测量的测回数成正比。测回数越多,观测结果的精度越高。

2. 导线测量中方位角闭合差的权

先考虑图 6-11(a)所示附合导线,设导线观测了 n 个内角,则该导线方位角闭合差为

$$\Delta_\alpha = (\alpha_{起始} + \beta_1 + \beta_2 + \cdots + \beta_n) - \alpha_{终} - n \times 180°$$

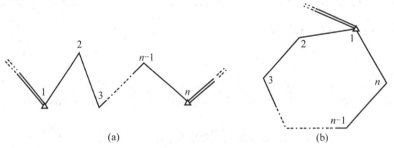

(a)   (b)

图 6-11　附合导线与闭合导线示意图

由于各个角均是等精度观测,则根据误差传播定律,有(这里不考虑 $\alpha_{始}$、$\alpha_{终}$ 的误差)

$$m_{\Delta_\alpha} = m_\beta \sqrt{n}$$

可定义每个角的观测中误差 m_β 为单位权中误差 μ,于是有

$$p_{\Delta_\alpha} = \frac{\mu^2}{m_{\Delta_\alpha}^2} = \frac{1}{n} \tag{6-57}$$

这说明导线测量时,方位角闭合差的权与导线的角度个数成反比。角度越多,角度累积的误差越大。对于图 6-11(b)所示闭合导线的情况,根据多边形内角和的公式,同样可推得上述结论。

3. 水准测量的权

可取 1 km 路线的高差测量中误差 μ 作为单位权中误差,参见公式(6-34),则线路长度 L(单位为

km)的高差测量的中误差为

$$m_L = \mu \sqrt{L}$$

按式(6-54),线路长度 L 的高差测量结果的权为

$$p_L = \frac{\mu^2}{\mu^2 L} = \frac{1}{L} \tag{6-58}$$

即线路水准测量的权与路线长度成反比。路线越远,水准测量积累的误差越大。

如果是崎岖山路水准测量,测站数较多时,可取一测站的高差的权为单位权,则一测站的高差中误差为单位权中误差,同理可推得 n 测站的高差值的权为

$$p_n = \frac{1}{n} \tag{6-59}$$

即山区线路水准测量的权与测站数成反比。测站数越多,测量结果的精度越低。

4. 距离测量的权

钢尺量距时,根据尺段累加测得起点到终点之间的距离,因此可取 1 单位(如以 100 m 或 1000 m 为 1 单位)距离测量的权为单位权,类似水准测量误差传播的方法,可推得 L 倍单位长的距离测量的权为

$$p_L = \frac{1}{L} \tag{6-60}$$

即钢尺量距测量结果的权与所量距离成反比。

对于光电测距,也可参照式(6-60)定权。

5. 三角高程测量的权

忽略三角高程测量中的一些小误差改正影响,三角高差在原理上的主项是 $h = D\sin\alpha$,应用误差传播定律,高差中误差为

$$m_h^2 = \sin^2\alpha \times m_D^2 + (D\cos\alpha)^2 \times m_\alpha^2$$

式中,m_D 是测距误差;m_α 是垂直角测量误差。

参照例 6-13 中的等影响原则分析,将 $(D \times m_\alpha)^2$ 看成与 m_D^2 同级别影响,而三角高程测量时一般取 $\alpha < 5°$,相比之下,$\sin^2\alpha \ll \cos^2\alpha$(如果用 $\alpha = 10°$ 代入,二者已相差 31 倍),故上式可以表达为

$$m_h^2 = (D\cos\alpha)^2 \times m_\alpha^2 \tag{a}$$

即

$$m_h = (D\cos\alpha) \times m_\alpha \tag{b}$$

观察(b)式,可设距离为 1 单位的高差中误差为单位权中误差 μ,即

$$\mu = (\cos\alpha) \times m_\alpha \tag{c}$$

又 $\cos\alpha \approx 1$,将式(c)代入式(a),则有 $m_h^2 = \mu^2 \times D^2$,故三角高程的权 p_h 为

$$p_h = \frac{\mu^2}{m_h^2} = \frac{\mu^2}{\mu^2 D^2} = \frac{1}{D^2} \tag{6-61}$$

即三角高程测量的权与所测倾斜距离的平方成反比。

将式(c)代入式(b),可得三角高差测量的中误差计算公式为

$$m_h = \mu \times D \tag{6-62}$$

当然式(6-62)也可从式(6-61)中直接获得。

应用时注意上式与水准测量中误差的计算公式(6-34)的区别。水准测量的高差中误差与距离的平方根成正比,而三角高差的测量中误差与距离成正比。显然在三角高差测量中距离对误差的影响比在水准测量中要厉害得多。

二、加权平均值

对某一个未知量 l 进行了不等精度观测，获得 $l_1, l_2, \cdots, l_n$ 共 n 个不等精度观测值，观测值的中误差分别为 $m_1, m_2, \cdots, m_n$，按式(6-54)计算其权为 $p_1, p_2, \cdots, p_n$。按下式计算其加权平均值，作为该量的最或然值：

$$\hat{x} = \frac{p_1 l_1 + p_2 l_2 + \cdots + p_n l_n}{p_1 + p_2 + \cdots + p_n} = \frac{[pl]}{[p]} \tag{6-63}$$

当各观测值的权相等，即 $p_1 = p_2 = \cdots = p_n = p$ 时，则上式可写成

$$\hat{x} = \frac{pl_1 + pl_2 + \cdots + pl_n}{p + p + \cdots + p} = \frac{[l]}{n}$$

上式与式(6-46)意义完全相同，故算术平均值是加权平均值的一个特例。

三、非等精度观测值的改正数

对于同一个量的 n 次不等精度观测值，计算其加权平均值 $\hat{x}$ 后，用下式计算各观测值的改正值：

$$v_i = \hat{x} - l_i \tag{6-64}$$

这些改正数也具有两个数学特性：$[pv]=0$，$[pvv]=$最小。

1. $[pv]=0$

将式(6-64)两边乘以相应的权，再相加，得

$$[pv] = [p]\hat{x} - [pl]$$

将式(6-63)代入，便有

$$[pv] = 0 \tag{6-65}$$

在平差计算时，式(6-65)用来进行计算的检核。

2. $[pvv]=$最小

参照式(6-64)再列出一个方程：

$$v_i' = \hat{x}' - l_i \tag{6-66}$$

这里 $\hat{x}'$ 为不等于加权平均值 $\hat{x}$ 的任意常数值。现在比较 $[pvv]$ 与 $[pv'v']$ 的大小。

将式(6-66)与式(6-64)相减，得

$$v_i' - v_i = \hat{x}' - \hat{x}$$

为书写简便，令 $\hat{x}' - \hat{x} = \varepsilon'$，则上式为 $v_i' = v_i + \varepsilon'$。对该式取平方，乘以各自的权，再求和，有

$$[pv'v'] = [pvv] + [p]\varepsilon'^2 + 2[pv]\varepsilon'$$

因 $[pv]=0$，故上式变化为 $[pv'v']=[pvv]+[p]\varepsilon'$。式中三项均为正数，因此 $[pvv]<[pv'v']$。

由于前面已假定 $\hat{x}'$ 为不等于 $\hat{x}$ 的任意常数，而现在已推算出根据任意常数 $\hat{x}'$ 计算的 $[pv'v']$，都有 $[pvv]<[pv'v']$。故可认为

$$[pvv] = 最小 \tag{6-67}$$

四、单位权中误差

1. 用真误差计算单位权中误差

设存在某量的一组非等精度观测值，观测值的真误差、中误差、权、分别为

$$l_1, l_2, \cdots, l_n$$

$$\Delta_1, \Delta_2, \cdots, \Delta_n$$

$$m_1, m_2, \cdots, m_n$$

$$p_1, p_2, \cdots, p_n$$

现将原非等精度观测值 l_i 乘以相应的权的平方根 $\sqrt{p_i}$，组成一系列新的观测值 l_i'：

$$l_i' = l_i \sqrt{p_i} \tag{a}$$

应用误差传播定律，求得新观测值 l_i' 的中误差为

$$m_i' = m_i \sqrt{p_i} \tag{b}$$

根据权的定义式(6-54)，并考虑式(b)，有

$$p_i' = \frac{\mu^2}{m_i'^2} = \frac{p_i m_i^2}{m_i'^2} = \frac{p_i m_i^2}{m_i^2 p_i} = 1$$

这表明，任何一组非等精度观测值，乘上相应权的平方根后，所得的新观测值其权均等于1，新观测值均为单位权观测值，新观测值的中误差均是单位权中误差。即(b)式可写成：

$$m_i' = m_i \sqrt{p_i} = \mu$$

这就是说，新观测值 $l_1', l_2', \cdots, l_n'$ 都是等精度观测值，且它们的权均等于1。为此，可根据误差传播定律，写出式(a)对应的真误差关系为

$$\Delta_i' = \Delta_i \sqrt{p_i}$$

再根据中误差的定义式(6-7)，有

$$\mu = \pm \sqrt{\frac{[\Delta'\Delta']}{n}} = \pm \sqrt{\frac{[p\Delta\Delta]}{n}} \tag{6-68}$$

【例6-15】 在导线网的测量计算中，形成了 N 个多角(边)形，若 $W_1, W_2, \cdots, W_N$ 为 N 个多角(边)形内角和的方位角闭合差，$n_1, n_2, \cdots, n_N$ 为相应多边形中角的个数，如果所有多角形中各个角的测角精度相同，求其测角中误差。

[解] 仿照式(6-68)的推导过程，将公式(6-68)中的观测值看成是多边形的内角之和，每个多角(边)形内角和的闭合差 W_i 均是真误差，共有 N 个观测值，仿照公式(6-68)，有

$$\mu = \pm \sqrt{\frac{[p\Delta\Delta]}{N}} = \pm \sqrt{\frac{[pWW]}{N}} \tag{c}$$

根据式(6-68)的含义，这里的单位权中误差 μ 是组成的新观测值 $l_i' = l_i \sqrt{p_i}$ 的中误差。

对于新观测值应用误差传播定律，有

$$m_i' = \mu = m_i \sqrt{p_i} \tag{d}$$

另外，多边形内角和的公式为

$$l_i = \beta_1 + \beta_2 + \cdots + \beta_{ni}$$

各内角均为等精度观测，可设一个内角的中误差为 m_β，则有

$$m_i = m_\beta \sqrt{n_i} \Rightarrow m_\beta = \frac{m_i}{\sqrt{n_i}} \tag{e}$$

据式(6-57)，如果以一个内角的观测中误差为单位权中误差的话，则该多边形的内角和的权便为

$$p_i = \frac{1}{n_i}$$

将上式代入(d)式，并与(e)式相比较有 $m_\beta = \mu$，于是(c)式可化成

$$\mu = \pm \sqrt{\frac{\frac{1}{n_1}W_1^2 + \frac{1}{n_2}W_2^2 + \cdots + \frac{1}{n_N}W_N^2}{N}} = \pm \sqrt{\frac{1}{N}\left[\frac{WW}{n}\right]}$$

亦即

$$m_\beta = \pm \sqrt{\frac{1}{N}\left[\frac{WW}{n}\right]}$$

通常写成

$$m = \pm \sqrt{\frac{1}{N}\left[\frac{WW}{n}\right]} \tag{6-69}$$

式(6-69)具有实用价值,标准规定用它计算导线网测量中的测角中误差。

例 6-5 中介绍的菲列罗公式是这一公式的特例。实际上,对于三角形网 $n_1 = n_2 = \cdots = n_N = 3$ 时,则 N 个三角形的测角中误差为

$$m = \pm \sqrt{\frac{[WW]}{3N}}$$

式中,W 为三角形闭合差,N 为三角形个数,m 仍为各个角的测角中误差。

2. 用改正数计算单位权中误差

设存在某量的一组非等精度观测值,观测值的真误差、中误差、权、改正数分别为

$$l_1, l_2, \cdots, l_n$$
$$\Delta_1, \Delta_2, \cdots, \Delta_n$$
$$m_1, m_2, \cdots, m_n$$
$$p_1, p_2, \cdots, p_n$$
$$v_1, v_2, \cdots, v_n$$

X 和 L_0 分别是该量的真值和最或然值,则

$$\Delta_i = l_i - X$$
$$v_i = L_0 - l_i$$

两式相加,并以 δ_0 表示加权平均值的真误差,即得

$$\Delta_i + v_i = L_0 - X = \delta_0$$

即

$$\Delta_i = \delta_0 - v_i$$

将上式自乘,再乘相应的权,累加求和,得

$$[p\Delta\Delta] = [pvv] + [p]\delta_0^2 - 2[pv]\delta_0 \tag{f}$$

考虑式(6-68)中 $[p\Delta\Delta] = n\mu^2$ 及 $[pv] = 0$,同时,因为带权平均值的真误差 δ_0 一般无法求得,故可近似地用带权平均值的中误差 $\dfrac{\mu}{\sqrt{[p]}}$[见式(6-71)]来代替 δ_0,则(f)式可写成

$$n\mu^2 = [pvv] + \mu^2$$

由此,得

$$\mu = \pm \sqrt{\frac{[pvv]}{n-1}} \tag{6-70}$$

这就是用改正数计算单位权中误差的公式。

从公式(6-70)可以看出,若为等精度观测,即当各观测值的权等于 1 时,则上式就变成白塞尔公式:

$$m = \pm \sqrt{\frac{[vv]}{n-1}}$$

五、加权平均值的中误差

不等精度观测值的加权平均值公式(6-63)可以写成如下形式:

$$\hat{x} = \frac{p_1}{[p]}l_1 + \frac{p_2}{[p]}l_2 + \cdots + \frac{p_n}{[p]}l_n$$

应用误差传播定律,得

$$m_{\hat{x}} = \sqrt{\left(\frac{p_1}{[p]}\right)^2 m_1^2 + \left(\frac{p_2}{[p]}\right)^2 m_2^2 + \cdots + \left(\frac{p_n}{[p]}\right)^2 m_n^2}$$

以 $m_i^2 = \frac{\mu^2}{p_i}$($\mu$ 为单位权中误差)代入,得

$$m_{\hat{x}} = \mu\sqrt{\frac{p_1}{[p]^2} + \frac{p_2}{[p]^2} + \cdots + \frac{p_n}{[p]^2}} = \frac{\mu}{\sqrt{[p]}} \tag{6-71}$$

式(6-71)便是加权平均值的中误差计算公式。可见,加权平均值 $\hat{x}$ 的中误差相当于单位权观测值的中误差的 $1/\sqrt{[p]}$ 倍。(这里的 $[p]$ 可大于 1,也可小于 1,关键看单位权观测值是如何定义的。)

根据权的定义式(6-54),同时考虑式(6-71),加权平均值 $\hat{x}$ 的权为

$$p_{\hat{x}} = \frac{\mu^2}{m_{\hat{x}}^2} = [p] \tag{6-72}$$

即加权平均值的权等于所有观测值的权的和。

【例 6-16】 3 个小组用同级别仪器观测某水平角,各组分别观测了 2 次、4 次、6 次,观测值如表 6-5 所示。试计算角度观测加权平均值、各组改正值、单位权中误差及加权平均值的中误差,再计算第 3 组观测值的中误差。

[解] 根据情况,本例以两次观测的权为单位权。角度观测加权平均值、单位权中误差、加权平均值中误差、第 3 组观测中误差均列于表 6-5 中。

表 6-5 加权平均值及其中误差的计算

组	次数	观测值 l	$\Delta l/('')$	权 p	$p\Delta l/('')$	$v/('')$	$pv/('')$	pvv
1	2	$40°20'14''$	4	1	4	+4	+4	16
2	4	$40°20'17''$	7	2	14	+1	+2	2
3	6	$40°20'20''$	10	3	30	−2	−6	12
求和		($l_0 = 40°20'10''$)		$[p]=6$	$[pl]=48$		$[pv]=0$	
计算结果		$\hat{x} = 40°20'10'' + \frac{48''}{6} = 40°20'18''$,$[pvv]=30$,$\mu = \sqrt{\frac{30}{3-1}} = \pm 3.9''$ $p_{\hat{x}} = 6$,$m_{\hat{x}} = \frac{3.9}{\sqrt{6}} = \pm 1.6''$,$m_3 = \frac{\mu}{\sqrt{p_3}} = \frac{3.9}{\sqrt{3}} = \pm 2.3''$						

任务 7 推导公式——观测值函数的权的公式

根据本项目任务 4 介绍,观测值函数的中误差可以通过误差传播定律推导计算获得,由于权与中误差存在着一定的关系,所以,根据误差传播定律的公式,也可以导出观测值函数的权的公式。

沿用本项目任务 4 观测值函数表达式 $z = f(x_1, x_2, \cdots, x_n)$,式中 x_1、x_2、$\cdots$、x_n 为独立观测值,用 m_1,m_2,$\cdots$,m_n 表示相应的中误差,p_1,p_2,$\cdots$,p_n 表示相应的权。

则其中误差为

$$m_z^2 = \left(\frac{\partial f}{\partial x_1}\right)^2 m_1^2 + \left(\frac{\partial f}{\partial x_2}\right)^2 m_2^2 + \cdots + \left(\frac{\partial f}{\partial x_n}\right)^2 m_n^2$$

参照公式(6-55),以 $m_i^2 = \frac{\mu^2}{p_i}$ 代入上式,得

$$\frac{\mu^2}{p_z} = \left(\frac{\partial f}{\partial x_1}\right)^2 \frac{\mu^2}{p_1} + \left(\frac{\partial f}{\partial x_2}\right)^2 \frac{\mu^2}{p_2} + \cdots + \left(\frac{\partial f}{\partial x_n}\right)^2 \frac{\mu^2}{p_n}$$

等式两端同时除以 μ^2，得

$$\frac{1}{p_z} = \left(\frac{\partial f}{\partial X_1}\right)^2 \frac{1}{p_1} + \left(\frac{\partial f}{\partial X_2}\right)^2 \frac{1}{p_2} + \cdots + \left(\frac{\partial f}{\partial X_n}\right)^2 \frac{1}{p_n} \tag{6-73}$$

为了书写简便起见，在测量平差计算时，通常用 f 表示函数对各个自变量的偏导数，即 $f_i = \frac{\partial f}{\partial X_i}$。则公式(6-73)可简写为

$$\frac{1}{p_z} = f_1^2 \frac{1}{p_1} + f_2^2 \frac{1}{p_2} + \cdots + f_n^2 \frac{1}{p_n} = \left[\frac{ff}{p}\right] \tag{6-74}$$

这就是独立观测值权倒数与函数权倒数之间的普遍关系式。其实质是将误差传播定律用权倒数的形式来表达。故公式(6-73)或式(6-74)又称为权倒数传播定律。

根据观测值函数的权，可以计算其中误差为

$$m_z = \frac{\mu}{\sqrt{p_z}} \tag{6-75}$$

【例 6-17】 已知三角形三内角的观测值为 A'、B' 和 C'，设它们的观测精度相同，权为 $p_{A'} = p_{B'} = p_{C'} = p$。试求三角形闭合差 W 的权倒数 $\frac{1}{p_W}$ 及经过闭合差分配之后的角值 B 的权 p_B。

[解] 三角形闭合差 $W = (A' + B' + C') - 180°$，观测值 A'、B'、C' 相互独立。根据权倒数传播定律，得

$$\frac{1}{p_W} = \frac{1}{p_{A'}} + \frac{1}{p_{B'}} + \frac{1}{p_{C'}} = \frac{3}{p}$$

将三角形闭合差平均分配之后，有：

$$B = B' - \frac{W}{3}$$

如果对上式直接应用权倒数传播定律，有

$$\frac{1}{p_B} = \frac{1}{p_{B'}} + \frac{1}{9} \cdot \frac{1}{p_W} = \frac{1}{p} + \frac{1}{9} \cdot \frac{3}{p} = \frac{4}{3p}$$

但该结果是错误的，因为 B' 与 W 不是相互独立的。应该继续进行如下的同类项合并：

$$B = B' - \frac{1}{3}W = B' - \frac{1}{3}(A' + B' + C' - 180°)$$

$$= -\frac{1}{3}A' + \frac{2}{3}B' - \frac{1}{3}C' - 60°$$

再应用权倒数传播定律，可得

$$\frac{1}{p_B} = \frac{1}{9} \cdot \frac{1}{p_{A'}} + \frac{4}{9} \cdot \frac{1}{p_{B'}} + \frac{1}{9} \cdot \frac{1}{p_{C'}} = \frac{2}{3p}$$

所以 B 角的权为 $p_B = \frac{3}{2}p$。即经过闭合差分配之后，B 角的权有所提高(中误差有所减少)。这是可以理解的。

任务 **8** 掌握直接平差的基本方法

随着近代电子计算技术的发展，以及矩阵代数、泛函分析、最优化理论、概率统计等现代数学理论在测量平差中的应用，测量平差的具体方法也层出不穷，紧跟传统经典的平差方法(如直接平差、条件平差、

间接平差等)之后,又陆续出现了诸如附参数的条件平差,附条件的间接平差,序贯平差,附加系统参数的平差,秩亏自由网平差,拟合推估平差,等等。限于篇幅,这里仅对直接平差方法做简略介绍。

一、直接平差基本步骤

直接平差的方法原理以及用到的公式已有详细叙述,这里将该方法的过程系统归纳如下。

第一步,列观测值。列出所有观测值,这些观测值可能是等精度,也可能是不等精度。为了计算方便,可以引入观测值的近似值。

第二步,定权。针对具体案例,确定单位权($p=1$)的观测值。例如角度测量时可按测回数、测量次数定权,水准测量时可按测站数、路线公里数定权,导线中的距离测量可按导线长度定权,等等,从而获得各观测值的权。

第三步,根据案例要求,按公式(6-63)计算加权平均值,或计算有关闭合差,如方位角闭合差、高差闭合差等。

第四步,计算改正数。根据加权平均值或闭合差计算各观测值的改正数以及改正后的观测值。改正数是将不符值(闭合差)分配给各观测值,分配时有些按平均分配(如方位角闭合差分配),有些按比例分配(如距离测量、水准测量)。

第五步,求单位权中误差。有真误差时根据式(6-68)计算单位权中误差 μ,没有真误差时根据式(6-70)计算单位权中误差 μ。

第六步,根据案例要求按式(6-71)计算加权平均值中误差。根据要求计算有关函数值,并根据式(6-75)计算函数值的中误差。

第七步,精度分析,形成文字总结。

二、直接平差案例计算

【例 6-18】 如图 6-12 所示,A、B 为已知水准点,为了求取 S_1、S_2、S_3 的高程,进行了附合路线的水准测量,已知点高程、测段高差及相应测段长,试求未知点的高程及其中误差。

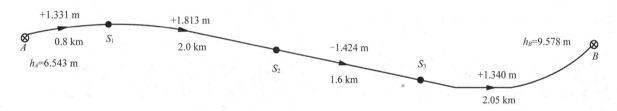

图 6-12 线路水准测量示意图

[解] 参照上述直接平差计算的步骤,进行如下工作:

第一步,列观测值。将点名、测段路线长、测段高差列于表 6-6 中。

第二步,定权。本例确定 1 km 测量高差的权为单位权,从而计算各观测值的权如表 6-6 所示。

第三步,计算高差闭合差,$f_h=+25$ mm。

第四步,根据闭合差计算各观测值的改正数以及改正后的高差。

第五步,求单位权中误差。根据式(6-70)计算单位权中误差 $\mu=\pm5.8$ mm。

第六步,求各未知点 S_1、S_2、S_3 的高程 h_1、h_2、h_3,如表 6-6 所示。

第七步,求平差结果 h_1、h_2、h_3 的中误差。为此要先求出它们各自的权。例如,求 h_1 的权,是先分别求出 h_1 涉及的左右两条水准路线的权,再相加即为加权平均值 h_1 的权。计算结果分别为:$p_{h_1}=1.844$,

$p_{h_2}=0.659$，$p_{h_3}=0.726$。再利用公式(6-75)计算各点高程中误差为

$$m_{h_1}=\frac{\mu}{\sqrt{p_{h_1}}}=\frac{\pm5.8}{\sqrt{1.844}}\text{ mm}=\pm4.3\text{ mm}$$

$$m_{h_2}=\frac{\mu}{\sqrt{p_{h_2}}}=\frac{\pm5.8}{\sqrt{0.659}}\text{ mm}=\pm7.1\text{ mm}$$

$$m_{h_3}=\frac{\mu}{\sqrt{p_{h_3}}}=\frac{\pm5.8}{\sqrt{0.726}}\text{ mm}=\pm6.8\text{ mm}$$

表 6-6 线路水准测量直接平差

点号	路线长度 L/km	观测高差 h_i/m	高差改正数 v_{h_i}/mm	改正后高差 $\hat{h}_i/\text{m}$	权 $p_i=1/L_i$	pv	pvv	高程 H/m	备注
A	0.60	+1.331	−2.4	+1.329	1.667	−4.0	9.600	6.543	已知点
S_1								7.872	H_1
	2.00	+1.813	−8.0	+1.805	0.500	−4.0	32.00		
S_2								9.677	H_2
	1.60	−1.424	−6.4	−1.431	0.625	−4.0	25.60		
S_3								8.246	H_3
	2.05	+1.340	−8.2	+1.332	0.488	−4.0	32.80		
B								9.578	已知点
求和	6.25	+3.060	−25.0	−3.035	$[p]=3.28$		100.00		

$f_{H容}=40\sqrt{L}=\pm100\text{ mm}$ $\sum v_{h_i}=-2.5\text{ mm}=-f_h$

$f_h=\sum h_测-(H_终-H_终)=+3.060\text{ mm}-(9.578-6.543)\text{mm}=25\text{ mm}\leqslant f_{h容}$

$u=\pm\sqrt{\dfrac{[pvv]}{n-1}}=\pm\sqrt{\dfrac{100.00}{4-1}}\text{ mm}=\pm5.8\text{ mm}$

【追根求源】 例 6-18 中，为何不满足"$[pv]=0$"？表中"$[pvv]=$最小"成立吗？

任务 9 学习与掌握近似数的凑整规则及其运算

一、近似数的概念

任何测量结果均含有误差。从这个意义上说，我们把近似地代表某一个量的数字称为近似数。例如，测量一段距离、一个角度、两点间高差等，其结果都是近似数。

除观测值以外，有一些常量，如 π、ρ、$\sqrt{2}$、光速值 c 等，被假定为没有误差。但实际上，这些常量中很多都是无理数，计算时为了限制小数的位数，就要将它们凑整。因而，这些常量参加运算时，实际上也表现为近似数。又例如，测距仪的精度标称公式中，非比例误差、比例误差系数，计算时它们是常数，但它们也是近似数，是生产商通过多次实验检定获得的近似结论。可以说，参与测量平差运算的绝大部分数都是近似数。

不论近似数的来源如何，用近似数运算的结果，得到的仍然是近似数。因此，在计算中对数字的凑整、取位要处理恰当。若近似数的位数取少了，就会影响到计算结果的精度，甚至降低了原始观测值的精度；如果近似数取位过多，则又不必要地增加了计算的工作量。这个问题，不仅是手工计算时要注意，而

且用计算机编程或电子计算器运算时,也应加以考虑。我们要做到既能满足精度要求,又能节省时间与机器内存空间。为此,在用近似数计算时,首先应确定一些规则,规定应如何凑整,如何取位。

二、近似数的凑整规则

为了避免凑整误差的迅速积累,使计算结果的精度受到影响,在测量计算和以前的数表计算(对数表、函数表)中采用如下的规则,该规则习惯上称为"四舍五入""奇进偶不进"。

(1)若数值中被舍去的部分,大于所保留的末位数单位的 0.5,则末位数加 1。例如,$\pi = 3.141\ 592\ 653\cdots$,要求保留四位小数,则凑整到 3.1416;

(2)若数值中被舍去的部分,小于所保留的末位数的 0.5,则末位数不变。例如,若要 π 保留两位小数,则应取 3.14;

(3)若数值中被舍去的部分,等于所保留的末位数的 0.5(如野外观测取平均值时),则末位数凑整到最近的偶数,即所谓的"奇进偶不进"规则。例如,0.635 凑整到小数第二位时应为 0.64,0.645 凑整到小数第二位时亦为 0.64。"奇进偶不进"也可以理解为:末位数 5 前面的数字是奇数便进位,是偶数便不进位。

采用最后一项规则,一方面是由于用偶数演算一般比用奇数演算要方便,另一方面,当按上述奇进偶不进规则凑整时,如被加数的个数很多时,可以保证凑整误差 +0.5(以最末一位小数为单位)和 -0.5 的出现概率相等,这样在总和计算中,凑整误差的影响将被削弱。

三、近似数的凑整误差

经过观测或计算得到一些数,当要在这些数的右边舍去一位或几位数字时,就需要将这些数凑整。因为有凑整,使数字进位或舍去而引起的误差,就称为凑整误差。凑整误差可用凑整之后的数值 $l_后$ 减去凑整之前的数值 $l_前$,即

$$\Delta = l_后 - l_前 \qquad (6-76)$$

例如,$\pi = 3.141\ 592\ 653\cdots$,要求保留四位小数时,取 $\pi = 3.141\ 6$,其凑整误差 $\Delta = l_后 - l_前 = 3.141\ 6 - 3.141\ 592\ 653\cdots = +0.000\ 007\ 346\cdots$;若要求保留 5 位小数,取 $\pi = 3.141\ 59$,则其凑整误差为 $-0.000\ 002\ 653\cdots$。又如,方向观测法测量水平角时,将盘左读数 $36°05'25''$ 与盘右读数 $36°05'28''$ 取平均值,不凑整时的准确平均值为 $36°05'26.5''$,凑整后的近似值为 $36°05'26''$,则凑整误差 $\Delta = 36°05'26'' - 36°05'26.5'' = -0.5''$。

凑整误差的最大可能值,称为最大凑整误差,或极限凑整误差。由凑整规则可知,极限凑整误差的绝对值等于凑整后的数值中最末一位的 0.5 个单位。

【例 6-19】 以毫米为单位测量某段距离 l,现将其凑整为 49.56 m,求该凑整数的最大凑整误差与最小凑整误差。

〔解〕 凑整误差:

$$\Delta = l_后 - l_前 = 49.56 - l_前$$

按凑整规则,上式中 $l_前$ 最小的值是 49.555 m,最大是 49.565 m,代入公式,可分别算出凑整误差的最大值 $\Delta_{max} = 49.56\ m - 49.555\ m = 0.005\ m = 5\ mm$,最小值 $\Delta_{min} = 49.56\ m - 49.565\ m = -0.005\ m = -5\ mm$,其绝对值均为 5 mm,这被认为是固定的极限凑整误差。而最小凑整误差可认为是 0,即凑整前的观测值 $l_前 = 49.560\ m$。

因此,任何一个具体的近似数,都能很准确地指出它的极限凑整误差。

四、凑整误差的四个特性

将同一类的大量随机凑整误差汇集在一起,从中可以总结出它们具有如下性质:

(1)凑整误差的绝对值不超过所保留的最末一位数的 0.5 个单位;(有界性)

(2)绝对值小于或等于极限凑整误差的各个误差出现的概率相等;(均衡性)

(3)绝对值相等的正凑整误差与负凑整误差出现的概率相等;(对称性)

(4)凑整到相同位数的 n 个凑整误差的算术平均值,随着 n 的无限增加而趋向于零。(抵偿性)

这些性质表明,凑整误差也是一种偶然误差。针对上述四个特性,可进行如下说明:

(1)凑整误差的第一个特性与一般偶然误差的第一个特性相类似,其区别在于凑整误差的极限值是个固定值;

(2)偶然误差的第二个特性,是凑整误差没有的,即在误差分布上,它们迥然不同。对于凑整误差来说,凡在极限凑整误差范围内的所有可能出现的凑整误差值,出现的概率都是相同的。例如,当考虑一列由精确到小数点后一位的数凑整为整数时,以整数的个位数为单位,可以写出它们的凑整误差可能为

$$-0.5, -0.4, -0.3, -0.2, -0.1, 0, +0.1, +0.2, +0.3, +0.4, +0.5$$

所有这 11 个误差,出现的概率都相同(均为 1/11)。这就是说,凑整误差按绝对值分布,在 0~0.5 的范围内是均匀的。因而,凑整误差具有均匀分布的性质。图 6-13 形象地表达了凑整误差的这种均匀分布情况(图中的误差值以凑整数据的末位数为单位)。由此也说明,不是所有偶然误差都服从正态分布。

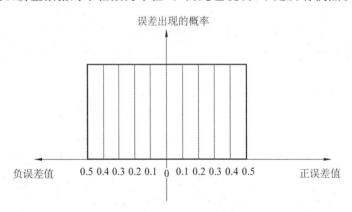

图 6-13 凑整误差的均匀分布图

(3)凑整误差的第三和第四特性,与偶然误差的第三和第四特性相同,说明凑整误差也具有抵偿性。

五、近似数的凑整中误差

很多情况下,我们并不知道凑整之前的原始数据,因此,凑整误差的数值大小和符号都是未知的。但是,有了凑整之后的数据,却很容易确定该数的极限凑整误差。因此,可根据极限凑整误差来导出计算凑整中误差的公式。

设以 Δ 表示凑整误差值,n 表示凑整误差的个数,则根据中误差定义公式得凑整数据的凑整中误差 $m_{凑}$ 为

$$m_{凑}^2 = \frac{[\Delta\Delta]}{n}$$

设 a 为极限凑整误差,则凑整误差的区间为 $-a \sim +a$,如果以 $\mathrm{d}\Delta$ 表示凑整误差的精度(变化)间隔,则 $n = \dfrac{2a}{\mathrm{d}\Delta}$,代入上式,有

$$m_{凑}^2 = \frac{[\Delta^2]\mathrm{d}\Delta}{2a}$$

将上式中的和数符号换成积分符号,在区间 $-a \sim +a$ 内求积分,则

$$m_{凑}^2 = \frac{1}{2a}\int_{-a}^{+a}\Delta^2\mathrm{d}\Delta = \frac{a^2}{3}$$

故

$$m_{凑} = \pm\frac{a}{\sqrt{3}} \tag{6-77}$$

或者写成

$$a = \sqrt{3}m_{凑} \approx 1.7m_{凑} \tag{6-78}$$

由上式可知,凑整误差的极限误差和中误差之间有着一种固定不变的确定关系。而且,不论凑整误差数目的多少,这种关系都是一定的。这一特性与普通观测值的中误差、极限误差是不同的。

另外还应指出,虽然凑整误差没有偶然误差的第二个性质,但是,在推导误差传播定律的公式时,我们没有利用偶然误差的第二个性质。因此,在估计近似数运算结果的精度时,误差传播定律的有关公式仍然适用。

六、近似数的有效数字

一个近似数的极限凑整误差不超过该数最末位的 0.5 个单位,则从这个末位数字起,一直到该数最左面第一个不是零的数字为止,都称为该数的正确有效数字,简称有效数字。

有效数字是用位数表示,例如

180.65	有五位有效数字
0.006 03	有三位有效数字
6.003 040 0	有八位有效数字

最后一个数值末尾的两个 0 都是有意义的,它说明该数已准确到 0.5×10^{-7}。但在某些情况下,数值末位的零还有其他意义。例如,统计出某风景区有 356 km² 的林地面积,相当于 356 000 000 m²,这时后面数据中的零都不能认为是有效数字,因为它只是一个根据人为规定换算出来的不同单位的数字,不能理解为具有 0.5 m² 的最大凑整误差,而还是只能认为具有 0.5 km² 的凑整误差,它与经过直接凑整的具有一定精确度的数值是不同的;又如,世界上有 4 500 000 000 人口,数中的 8 个 0 为未知数,表示大约的意思,因而该数值也只有两位有效数字。为了避免误解,最好不要写成后面有 8 个 0 的形式,通常是用整数形式或 10 的乘方来表示,如写成 45 亿或 45×10^8。前面的面积也应写成 356×10^6 m²。

七、评定近似数的精度指标

评定近似数的精度,也是采用相对误差。近似数凑整时,被舍去或进位的数字一般不知道,因此一般写出的近似数,往往不知道它的凑整误差具体是多少,所以,为了评定近似数的精度,还是利用近似数的极限凑整误差。通常就用相对极限凑整误差(简称相对极限误差)作为评定近似数精度的标准。

【例 6-20】 试评定三组近似数的精度:① 685、0.685、0.00685;② 12500、1.250、0.125;③ 100、500、999。

[解] 分别求各组近似数的相对极限误差为

(1) $\frac{0.5}{685} = \frac{1}{1370}$,$\frac{0.0005}{0.685} = \frac{1}{1370}$,$\frac{0.000005}{0.00685} = \frac{1}{1370}$;

结果表明,三个近似数的精度相同。这是由于三个数的有效数字完全相同的缘故,小数点的位置并

不影响近似数的精度。

(2) $\dfrac{0.5}{12500} = \dfrac{1}{25000}$，$\dfrac{0.0005}{1.250} = \dfrac{1}{2500}$，$\dfrac{0.0005}{0.125} = \dfrac{1}{250}$；

即有效数字位数最多的 12500 精度最高，位数最少的 0.125 精度最低。

(3) $\dfrac{0.5}{100} = \dfrac{1}{200}$，$\dfrac{0.5}{500} = \dfrac{1}{1000}$，$\dfrac{0.5}{999} \approx \dfrac{1}{2000}$；

即有效数字位数相同时，数值大的近似数精度高。

通过上面的例子可以知道，在记录凑整后的数值时，不能随便忽略掉凑整结果后面出现的零。例如，将数值 24.995 m 凑整到厘米，则应记作 25.00 m，而不能记作 25 m，这对于判断该数的凑整误差大小是有用的，因为 25.00 有四位有效数字，而 25 仅有两位有效数字，前者的近似精度是后者的 100 倍。又如，对于使用读到秒的经纬仪所测的角度，即使正好为整度数，如 58°，也应记作 58°00′00″。同样，凑整后的近似数也不能随意增加不必要的零。例如，136.30 m 既不能写成 136.3 m 也不能写成 136.300 m，可以写成 13 630 cm，但不能写成 136 300 mm，而只能写成 136.30×10^3 mm 或 136.30×10^2 cm。总之，当改变单位换算时，要使近似数值的有效位数不变，即保证其相对极限误差不变。

八、近似数的运算及其结果的精度

1. 加、减运算

假设有四个凑整后的数字相加（比如四个小组各测一段距离然后相加）：

$$
\begin{array}{r}
184.32? \\
385.4? \\
12.358? \\
+\,114.74? \\
\hline
696.818? \\
??
\end{array}
$$

式中"?"表示该数在这一位上含有凑整误差。由这个算式可以看出，因为第二个被加数已经可能有 0.05 的误差，所以，运算结果最多能正确到小数点后第一位，小数点后第二位已经不可靠了，保留更多的小数位数是没有意义的。上述算式应该先进行凑整，再进行加法运算，改为

$$
\begin{array}{r}
184.32 \\
385.4 \\
12.36 \\
+\,114.74 \\
\hline
696.82
\end{array}
$$

因此，在做加减运算时，凑整规则是：以小数位最少的那一数为准，其余各数和计算结果均凑整到比该数多保留一位。

多保留的一位数称为"安全数字"或"可疑数字"。上例运算结果有四位有效数字，最后一位数"2"为安全数字。

安全数字的保留与否，要看它是否还要继续参与计算，继续计算则应予保留，对于最终结果则可不保留。

和差计算结果的精度可按公式（6-2）估算。设 n 个近似数的和（或差）为 $Z = X_1 \pm X_2 \pm \cdots \pm X_n$，则

$$m_z = \pm \sqrt{m_{x_1}^2 + m_{x_2}^2 + \cdots + m_{x_n}^2} \tag{6-79}$$

以公式(6-78)代入,有

$$m_z = \pm \sqrt{\frac{a_1^2}{3} + \frac{a_2^2}{3} + \cdots + \frac{a_n^2}{3}} \tag{6-80}$$

将上述加法算式中四个数的极限凑整误差代入公式(6-80),算得

$$m_z = \pm \sqrt{\frac{0.005^2}{3} + \frac{0.05^2}{3} + \frac{0.0005^2}{3} + \frac{0.005^2}{3}} = \pm 0.029$$

结果表明,和数 696.82 在整数位的中误差为 0.029 个单位,那么在小数点后第二位已有 2.9 个单位的中误差,因此,将结果保留到小数后第三位完全没有必要,但也不应只保留到小数点后第一位,因为在小数点后第二位数的凑整中误差并没有超过 5 个单位。

值得注意的是,应尽量避免两个彼此接近的数相减。因为相减的结果,有效数字可能大大减少,有效数字愈少,相对误差就愈大。当遇到这种情况时,要实事求是地认真对待,例如可改变计算公式避免使用减法计算。这一点,待分析乘除运算之后,再来举例说明。

2. 乘、除运算

设要求两个近似数的积:$A = 223.12 \times 0.33$。

这两个近似数的末位是什么数字凑整来的,并不知道,现在用"?"号代替,于是将乘法写成如下形式:

$$
\begin{array}{r}
223.12? \\
\times \quad 0.33? \\
\hline
?????? \\
6\ 6936? \\
66\ 936? \\
\hline
73.6296??
\end{array}
$$

由算式可见,乘积中第三个数字"6"已不可靠,保留更多的数字是没有意义的。这是因为两个乘数中的一个因子(0.33)只有两位有效数字,所以,乘积的有效数字最多只有两位。上例在计算时应该写为

$$
\begin{array}{r}
2\ 23 \\
\times \quad 0.33 \\
\hline
6\ 69 \\
66\ 9 \\
\hline
73.59
\end{array}
$$

得数为 $A = 73.6$。

对于近似数字相除来说,上述原则同样适用。于是,可以得出乘和除的凑整规则:在各因子中,以有效数字位数最少的为准,其余各因子及计算结果均凑整到比该因子多一位。

这样,便可以避免做多余的计算工作。

【例 6-21】 计算

$$A = \frac{0.083 \times 956.013}{864.981 \times 103.293} = ?$$

〔解〕

$$A = \frac{0.083 \times 956}{865 \times 103.3} = 0.000\ 888$$

分母中的 103.293 若机械地按上述规则凑整,那么应凑整到 103,但根据近似数的相对误差来看,103 和式中有效数字最少的 0.083 差不多,因而应该多保留一位,即取 103.3。

【例 6-22】 当 $\theta = 1°$ 时,计算 $1 - \cos\theta$ 等于多少(1 为常数,没有误差),并估算近似运算结果的精度。

〔解〕 若用六位数计算,则

$$1 - \cos 1° = 1 - 0.999\ 848 = 0.000\ 152$$

结果的相对极限误差仅为 $\dfrac{0.5}{152}=\dfrac{1}{304}$。因为 1 和 $\cos 1°$ 两者在数值大小上接近相等,相减所得差数的精度比原有数字的精度大为降低。

若改变计算公式,同样用六位数计算,有

$$1-\cos 1°=2\sin^2 0.5°=2\times(0.008\ 727)^2=0.000\ 152\ 32$$

上面乘积中的 2 为常数,而括号内的因子已有四位有效数字,其结果应多保留一位数字,即写成一个五位数(最后一位是保险数字)。计算相对极限误差时,只取其有效数字参加计算,即为 $\dfrac{0.5}{1\ 523}=\dfrac{1}{3\ 046}$。故改变算法后,精度提高了 10 倍。

积(或商)精度可按公式(6-32)估算。

设有 n 个近似数的乘积为 $A=X_1\cdot X_2\cdot\cdots\cdot X_n$,则

$$\frac{m_A}{A}=\pm\sqrt{\left(\frac{m_1}{X_1}\right)^2+\left(\frac{m_2}{X_2}\right)^2+\cdots+\left(\frac{m_n}{X_n}\right)^2}$$

应用公式(6-80)代入上式,得

$$\frac{m_A}{A}=\pm\sqrt{\left(\frac{a_1}{\sqrt{3}X_1}\right)^2+\left(\frac{a_2}{\sqrt{3}X_2}\right)^2+\cdots+\left(\frac{a_n}{\sqrt{3}X_n}\right)^2} \tag{6-81}$$

应用公式(6-81)计算乘法算式 $A=223.12\times 0.33$,所得乘积的精度为

$$\frac{m_A}{A}=\sqrt{\frac{(0.005)^2}{3\times 223.12^2}+\frac{(0.005)^2}{3\times 0.33^2}}\approx\frac{1}{114}$$

即

$$m_A=\frac{A}{114}=\frac{73.59}{114}=0.65$$

结果表明,乘积在整数位的中误差为 0.65 个单位,即在小数点后一位已有 6.5 个单位的中误差,因此,将结果保留到小数点后第二位就没有必要,只需保留到小数点后一位已够要求,即结果为 73.6。

3. 乘方与开方运算

对于乘幂 $Z=X^n$,求其误差。

将上式微分,再与上式相除,得:

$$\frac{\Delta_Z}{Z}=n\frac{\Delta_X}{X} \tag{6-82}$$

可见,乘幂的相对误差等于指数 n 与底数 X 的相对误差的乘积。若指数 $n=2$,即平方时,平方值应凑整到与底数同样多位数的有效数字。若指数 $n=10$ 时,则 Z 的取位应比 X 少一位有效数字。因此,乘方所得的结果比底数的精度低。

【例 6-23】 求近似数 8.98 的平方值。

[解] $(8.98)^2=80.6$。

实际上,底数 8.98 的相对极限误差为 $\dfrac{\Delta_X}{X}\approx\dfrac{1}{1800}$,而平方值的相对极限误差为 $\dfrac{\Delta_Z}{Z}=2\times\dfrac{1}{1800}=\dfrac{1}{900}$,极限凑整误差为 $\Delta_Z=\dfrac{Z}{900}=\dfrac{80.6}{900}\approx 0.09$。说明在小数点后第二位上已有 9 个单位的误差,再要保留小数后第二位的数就没有意义了。

从这个例子可以进一步说明,若幂指数大于 2 而小于或等于 10,则乘幂只需凑整到与底数同样多位数的有效数字,这实际上已保留了一位安全数字。

对于开方根,若有 $Y=\sqrt[n]{X}$,则

$$\frac{\Delta_Y}{Y} = \frac{1}{n} \cdot \frac{\Delta_X}{X} \tag{6-83}$$

由上式可知,开方根的相对误差比底数小 $\frac{1}{n}$ 倍,即开方结果的精度比底数要高。由此得开方的凑整规则是:底数的有效数字取位只要和开方结果中所需要得到的位数同样多就可以了。当根次 n 大于 2 而小于或等于 10 时,还可少取一位。

【例 6-24】 试计算 86 456.883 9 的平方根,求精确到 5 位有效数字的结果和精确到 6 位有效数字的结果。

〔解〕 根据开方根的凑整规则进行取位计算:

结果要求取 5 位有效数字时,底数也只需要 5 位有效数字: $\sqrt{86\ 457} = 294.04$。

结果要求取 6 位有效数字时,底数也只需要 6 位有效数字: $\sqrt{86\ 456.9} = 294.036$。

4. 对数运算

对于对数 $Z = \lg X = M \ln X$,式中 $M = 1/\ln 10 = \lg e = 0.434294\cdots$,称为常用对数的模,简称对数模或对数率。

将上式对 X 取微分,有

$$\Delta_{\lg X} = M \frac{\Delta_X}{X} \tag{6-84}$$

即某数的常用对数的误差,等于该数本身的相对误差乘以对数模 M。也可以说成,某数的常用对数误差,约等于该数本身的相对误差的一半(因为 0.43 近似等于 0.5)。

【例 6-25】 计算各近似数 $X_1 = 0.40053$,$X_2 = 200.46$,$X_3 = 1.0435$ 的对数及其误差。

〔解〕 由公式(6-84),得

$$\lg X_1 = \lg 0.400\ 53 = -0.397\ 36, \quad \Delta_{\lg X_1} = 0.43 \frac{0.5}{40\ 053} \approx 0.000\ 005$$

$$\lg X_2 = \lg 200.46 = 2.302\ 03, \quad \Delta_{\lg X_2} = 0.43 \frac{0.5}{20\ 046} \approx 0.000\ 01$$

$$\lg X_3 = \lg 1.043\ 5 = 0.018\ 492\ 4, \quad \Delta_{\lg X_3} = 0.43 \frac{0.5}{10\ 435} \approx 0.000\ 02$$

由上可以看出,当近似数的首位数近于 4 的时候,对数误差已达该近似数末位的 0.5 个单位,而首位数小于 4 时,误差更大。在极限情况下,当近似数首位数为 1 时,对数误差将达到末位的 2 个单位。

一般来说,根据对数表或用计算器进行计算时,应该至少使对数和近似数有效数字位数相同。而在近似数首位数小于 4,尤其在小于 2 的情况下,应该使对数结果比原近似数有效数多一位。

5. 三角函数

测量上常用的三角函数有正弦、余弦、正切、余切等四种,现取 $y_1 = \sin\alpha$,$y_2 = \cos\alpha$,$y_3 = \tan\alpha$,$y_4 = \cot\alpha$。

将上列各函数式取微分,得

$$\left.\begin{aligned}
\Delta_{\sin\alpha} &= \cos\alpha \frac{\Delta_\alpha}{\rho} \\
\Delta_{\cos\alpha} &= -\sin\alpha \frac{\Delta_\alpha}{\rho} \\
\Delta_{\tan\alpha} &= \frac{1}{\cos^2\alpha} \frac{\Delta_\alpha}{\rho} \\
\Delta_{\cot\alpha} &= -\frac{1}{\sin^2\alpha} \frac{\Delta_\alpha}{\rho}
\end{aligned}\right\} \tag{6-85}$$

如果近似地取 $\rho = 2'' \times 10^5$,则当角度误差为 $\Delta\alpha = 1''$ 时,对于不同角度按公式(6-85)计算出相应三角函数值的误差,列于表 6-7 中。

表 6-7　常用三角函数的误差

三角函数误差	角　　度				
	0°	6°	45°	84°	90°
$\Delta_{\sin\alpha}$	5.0×10^{-6}	5.0×10^{-6}	3.5×10^{-6}	0.5×10^{-6}	0
$\Delta_{\cos\alpha}$	0	-5.0×10^{-6}	-3.5×10^{-6}	-5.0×10^{-6}	-5.0×10^{-6}
$\Delta_{\tan\alpha}$	5.0×10^{-6}	5.0×10^{-6}	10×10^{-6}	500×10^{-6}	∞
$\Delta_{\cot\alpha}$	∞	-500×10^{-6}	-10×10^{-6}	-5.0×10^{-6}	-5.0×10^{-6}

表 6-7 中数据表明:

(1) 对于正弦函数来说,角度越小,由角度误差引起的函数值误差越大。除了 84°以上的角度外,角度误差 1″引起的函数误差都比六位函数表(或计算器的六位函数值)本身的极限凑整误差(5.0×10^{-6})大。因此,以秒(″)为单位的角度,其正弦函数值应该保留 6 位有效数字;

(2) 对于余弦函数,角度愈大,由角度误差引起的函数误差愈大。除 6°以下的角度外,角度误差 1″引起的函数误差都比六位函数表本身的极限凑整误差大;

(3) 正切和余切在任何情况下,角度误差 1″引起的函数误差,都比六位函数表本身的极限凑整误差大。而且,角度越大,正切函数值的误差也就越大,余切函数的误差却越小;

(4) 当用同样位数的函数表,由正切及余切函数反算角度,远比用正弦和余弦要好,因为用正弦(或余弦)反算角度,在该角度接近 90°(或 0°)时,若函数有小的误差存在,则将导致角度有较大的误差产生。

【例 6-26】　设精确到厘米的坐标增量 $\Delta X=440.00$ m,$\Delta Y=7.94$ m,试用坐标反算公式计算坐标方位角及边长,并估算其计算精度。

[**解**]　(1) 反算坐标方位角。

$$\tan\alpha=\frac{\Delta Y}{\Delta X}=\frac{7.94}{440.00}=0.018\ 05$$

所以

$$\alpha=1°02'03''$$

将反算公式取对数,有

$$\ln\tan\alpha=\ln\Delta Y-\ln\Delta X$$

对上式取全微分,经化算后得

$$\frac{2}{\sin2\alpha}\frac{\mathrm{d}\alpha}{\rho}=\frac{\mathrm{d}\Delta Y}{\Delta Y}-\frac{\mathrm{d}\Delta X}{\Delta X}$$

转换为中误差关系,得

$$\left(\frac{2}{\sin2\alpha}\right)^2\left(\frac{m_\alpha}{\rho}\right)^2=\left(\frac{m_{\Delta Y}}{\Delta Y}\right)^2+\left(\frac{m_{\Delta X}}{\Delta X}\right)^2$$

所以

$$m_\alpha=\frac{\rho\sin2\alpha}{2}\sqrt{\left(\frac{m_{\Delta Y}}{\Delta Y}\right)^2+\left(\frac{m_{\Delta X}}{\Delta X}\right)^2}$$

以 $m_{\Delta X}=m_{\Delta Y}=\dfrac{\alpha_i}{\sqrt{3}}$($\alpha_i$ 为坐标增量的极限凑整误差),代入上式,则

$$m_\alpha=\frac{\rho\sin2\alpha}{2}\sqrt{\left(\frac{\alpha_{\Delta Y}}{\Delta Y\sqrt{3}}\right)^2+\left(\frac{\alpha_{\Delta X}}{\Delta X\sqrt{3}}\right)^2}$$

将已知数据代入上式,得

$$m_\alpha=\frac{206\ 265''\sin2°04'06''}{2}\sqrt{\frac{(0.005)^2}{3\times440.00^2}+\frac{(0.005)^2}{3\times7.94^2}}\approx\pm1.4''$$

即由坐标增量的凑整中误差引起反算方位角的极限误差可达 $\sqrt{3}m_a \approx \pm 2.4''$。

如果将坐标增量的精度提高到毫米级,如 $\Delta X = 440.000$ m,$\Delta Y = 7.940$ m,则上述结果相应变化为 $m_a \approx \pm 0.14''$,$\sqrt{3}m_a \approx \pm 0.24''$。可见,用毫米级精度的坐标反算方位角得到的计算凑整误差通常是可以不用计较的。

(2) 反算边长。

① 按 ΔX 计算,得

$$S' = \frac{\Delta X}{\cos\alpha} = \frac{440.00}{0.999\,84} = 440.07 \text{ m}$$

由公式(6-81)得:

$$\frac{m_{S'}}{S'} = \sqrt{\frac{(0.005)^2}{3 \times 440.00^2} + \frac{(0.000\,005)^2}{3 \times 0.999\,84^2}} \approx \frac{1}{139\,000}$$

即

$$m_{S'} = \frac{440.07}{139\,000} = \pm 0.003 \text{ m}$$

② 按 ΔY 计算,得

$$S'' = \frac{\Delta Y}{\sin\alpha} = \frac{7.94}{0.018\,05} = 439.89 \text{ m}$$

$$\frac{m_{S''}}{S''} = \sqrt{\frac{(0.005)^2}{3 \times 7.94^2} + \frac{(0.5)^2}{3 \times 1\,805^2}} \approx \frac{1}{2\,500}$$

即

$$m_{S'} = \frac{439.89}{2\,500} = \pm 0.176 \text{ m}$$

比较两种计算结果可知,按 ΔX 计算边长的精度高得多,原因是在上述小角度情况下,余弦函数比正弦函数的有效数字多。因此,当象限角近于 0°时,用 ΔX 计算边长的精度高;相反,当象限角近于 90°时,则用 ΔY 计算边长的精度高。所以,不加分析地取两个计算结果的中数是不对的,那样做往往会降低结果的精度。此例的结果应取前者,即 $S = 440.07$ m。当然,若采用勾股定理计算,则不论象限角的大小,其结果都是正确的。

参 考 文 献

[1]全国科学技术名词审定委员会.测绘学名词[M].4 版.北京:测绘出版社,2020.

[2]罗时恒.地形测量学[M].北京:冶金工业出版社,1985.

[3]潘正风,程效军,成枢,等.数字测图原理与方法[M].2 版.武汉:武汉大学出版社,2009.

[4]测量平差学科组.误差理论与测量平差基础[M].武汉:武汉大学出版社,2009.

[5]张坤宜.测量技术基础[M].武汉:武汉大学出版社,2011.

[6]中华人民共和国住房和城乡建设部.工程测量标准:GB 50026—2020[S].北京:中国计划出版社,2021:2.

[7]徐兴彬,邱锡寅,黄维章,等.基础测绘学[M].广州:中山大学出版社,2014.

1.对下面的各种误差进行分类并说明其具体含义。

系统误差、偶然误差、中误差、平均误差、绝对误差、相对误差、允许误差、极限误差、测角误差、测距误差、长度误差、面积误差、体积误差、对中误差、照准误差、读数误差、粗差、或然误差、最或然误差

2.如何检验测量误差的存在？产生误差的原因是什么？

3.查阅参考资料，分析介绍公式(6-11)、(6-12)，并考虑如果根据误差传播定律对其进行分析，是否可认为确定平均误差、或然误差的中误差比确定中误差的中误差要小？

4.说明精度与观测条件的关系及等精度、非等精度的概念。

5.分析图 6-1 与图 6-13 的区别与联系，并举例说明。

6.判断下列各说法的对错并说明原因。

(1) 真误差有时可知有时不可知。 （ ）

(2) 直方图中长方形的面积单位就是误差的平方单位。 （ ）

(3) 精度是衡量偶然误差大小程度的指标。 （ ）

(4) 粗差也是系统误差中的一种。 （ ）

(5) 准确度是衡量系统误差大小程度的指标。 （ ）

(6) 极限误差(限差)都是有单位的。 （ ）

(7) 精确度指偶然误差和系统误差联合影响的程度，当不存在系统误差或系统误差可忽略时，精确度就是精度。 （ ）

(8) 角度测量的相对误差与角度的大小有关。 （ ）

(9) 方差是真误差平方的理论平均值。 （ ）

(10) 仅从各项观测值的误差分布曲线无法判断它们之间的观测精度情况。 （ ）

(11) 测量平差工作的两大主要任务是获取未知量的最可靠值、对工作过程进行精度评定。 （ ）

(12) 算术平均值与各观测值的真值相等，而且二者的真误差相同。 （ ）

(13) 真误差的中误差与其观测值的中误差相等。 （ ）

(14) 距离测量中，两段距离之和的精度与该两段距离之差的精度相等。 （ ）

(15) 单位权的观测值的权等于1，该观测值的中误差为单位权中误差。 （ ）

(16) 加权平均值的中误差比单位权中误差要小。 （ ）

(17) 单位权中误差随单位权的选择方式不同而不同，而函数值的中误差并无改变。 （ ）

(18) 一条水准路线各测段高差的权之和总是等于1。 （ ）

7.选择题(单选或多选)。

(1) 通常所说的定权是指(　　)。

A.确定单位权观测值　　　B.计算函数值的权　　　C.评定观测精度

D.计算单位权　　　　　　E.计算单位权中误差

(2) 加权平均值的中误差(　　)。

A.比单位权中误差大　　　　　　　　B.比单位权中误差小

C.与单位权中误差相等　　　　　　　D.上述说法均不对

(3) 计算导线全长相对误差时结果为 1/28 652，此结果可以简写成(　　)。

A.1/30 000　　　　　　B.1/29 000　　　　　　C.1/28 000

D.1/28 700　　　　　　E.1/28 600

(4) 三角形测量中，对三角形内角和闭合差分配之后，便有(　　)。

A.三角形内角和不再有误差

B.三角形各内角不再有误差

C.三角形各内角精度有所提高

D.三角形各内角的误差有所减少

E.三角形某个内角的误差有可能扩大

8. 在 $\triangle ABC$ 中,测得 $\angle A = 30°00'42'' \pm 3''$,$\angle B = 60°10'00'' \pm 4''$,试计算 $\angle C$ 及其中误差 m_C。

9. 如图 6-14 所示,两已知点 A、B 坐标分别为 $A(15\ 325.678, 67\ 799.789)$,$B(15\ 525.689, 67\ 999.763)$,在未知点 P 用全站仪测得两条未知边的边长分别 $S_1 = 200.301$ m,$S_2 = 195.498$ m,全站仪精度公式为 $m = \pm(2 + 2 \times 10^{-6}D)$。试求未知点 P 的夹角及其中误差 m_P。如果全站仪的测角精度为 $2''$,试问需要观测多少测回,才可与上述 m_P 相当。

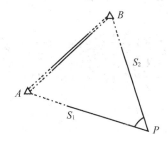

图 6-14 题 9 图

10. 测得一长方形的两条边分别为 15 m 和 20 m,中误差分别为 ± 0.012 m 和 ± 0.015 m,求长方形的面积及其中误差。

11. 水准路线 A、B 两点之间有 9 个测站,若每个测站的高差中误差为 3 mm,问点 A 至点 B 往测的高差中误差是多少? 点 A 至点 B 往返测的高差平均值中误差是多少?

12. 钢尺检定时对一条已知长度的边长进行等精度观测,5 个观测值的真误差分别为 0.4 mm、0.5 mm、0.4 mm、0.3 mm、0.7 mm,求观测结果的中误差。如果进行的是非等精度观测,5 个观测值的中误差分别为 0.4 mm、0.5 mm、0.4 mm、0.3 mm、0.7 mm,再求观测结果的中误差。

13. 在相同条件下用测距仪观测两条直线,一条长 150 m,另一条长 350 m,测距仪的测距精度是 $\pm(10 + 5D_{km})$ mm。试问这两条直线测量结果的精度是否相同,为什么?

14. 按精度高低大小排列下列两组近似数:① 136.30 m、136.300 m、13 630 cm、136 300 mm、136.30 $\times 10^3$ mm、1 363.0 $\times 10^2$ cm;② 289°36′45″、289.6125°、17 376.750′、1 042 605″、89°36′45″、89.612 50°、5 376.750′、322 605.0″。

15. 设精确到厘米的坐标增量为 $\Delta X = 6.88$ m,$\Delta Y = 300.94$ m,试分别用正切函数、正弦函数、余弦函数、勾股定理等公式计算坐标方位角及边长,并估算和比较其精度。

项目 7

工程控制测量基础

■ 引　言

控制测量按用途、范围可分为大地控制测量和工程控制测量。前者是为了研究地球的形状与大小，建立大面积区域乃至全国范围内的测量控制基础，后者则是为了工程建设的规划、设计、施工、运行而进行的基础性测绘工作。

■ 内容提要

介绍国家控制网的建设情况，控制测量的工作程序，各种工程控制导线的近似平差计算，现代全站仪边角交会测量计算，三角高程控制测量。

■ 实习提醒

结束本项目学习之后，可安排学生进行为期 2～3 周的教学实习，其中一周进行四等水准测量，另一周进行导线测量。

任务 1 学习控制测量的基本概念

测量工作中通常要求遵守这样的基本原则:先整体后局部,先控制后碎部,从高级到低级,步步有检查。可见,控制测量是针对碎部测量而言的(先控制后碎部)。事实也是如此,几乎所有的测量工作都可分为控制测量和碎部测量这两大部分,如地形测图、摄影测量、施工测量等。此外,控制测量还有级别的高低之分(从高级到低级)。

一、控制测量的概念与分类

1. 控制测量的概念

控制测量可以理解为是这样的一种测量技术过程:在一定范围内建立控制点,按相应的方法与要求进行现场观测,平差计算,最后获得控制点的相关空间位置成果。控制测量是地形测图和各种日常工程测量的基础性工作,是限制误差积累的必要手段,是控制全局测量的重要保证。

2. 控制测量的分类

控制测量可以按不同的分类方法进行各种不同的划分。

(1) 按控制测量的目的用途不同划分。

大地控制测量:其目的是布设全国范围内的测量控制网,可作为各类工程测量控制网的基础,而且能研究地球局部地区的形状与大小以及地壳形变。

工程控制测量:直接为工程建设服务进行的控制测量。

图根控制测量:直接为测绘工程地形测图服务的控制测量。

(2) 按控制的坐标元素不同划分。

平面控制测量:以获取控制点平面坐标 X、Y 或曲面坐标 L、$B(\lambda、\varphi)$ 为目的的测量工作。

高程控制测量:以获取控制点高程(如大地高、正常高、GPS 高)为目的。

在高等级的控制测量中,平面控制测量和高程控制测量通常是独立进行的。只有在较低等级的控制测量(如图根控制测量)中,才会同时进行平面控制与高程控制。

(3) 按测量的方法手段不同划分。

三角形网控制测量:通过测量三角网(锁)中各个三角形的角度和边长,利用一定的已知条件(起算数据)计算出所有控制点的平面坐标。

交会控制测量:根据测角测边的不同方案选择,可组成前方交会、侧方交会、后方交会、测边交会、边角后方交会,等等。

导线控制测量:通过测量导线边之间的夹角及导线边长而获得控制点坐标。边长的获得以前用钢尺量距和视距测量,现在多用全站仪电磁波测距。

GPS 控制测量:利用导航卫星所具有的定位、授时功能,按照空间后方交会的原理,测定出地面控制点的三维坐标,主要有静态 GPS 和动态 GPS(CORS、RTK)。

有时还利用摄影测量中的相片控制测量(空中三角加密)、天文大地控制测量来建立测量控制网。

在定位测量技术中还有"**甚长基线干涉测量系统**(very long baseline interferometry)"及"**惯性测量**

系统(inertial measurement system)"。它们少见于常规测量中,前者是一种利用在超长基线两端接收遥远星体发射来的辐射信号进行测量对比,根据干涉原理直接测定基线长度与方向的空间测量技术;后者则是利用惯性力学基本原理,对安装有惯性测量系统的运动载体(汽车、直升机)在两点之间的运动加速度进行积分,求出两点间坐标增量,进而求出待定点坐标的方法。

在高程控制测量中有水准测量、三角高程控制测量、GPS 高程控制、重力测量等。

二、几种主要的平面控制测量方法

1. 三角形网测量

三角形网测量是在地面上选定一系列的控制点,构成相互连接的若干个三角形,组成各种网(锁)状图形。通过观测三角形的内角、边长,再根据已知控制点的坐标、起始边的边长和坐标方位角,经三角形解算和坐标方位角推算,可得到三角形各边的边长和坐标方位角,进而求算出各三角形待定点的坐标。三角形的各个顶点称为三角点,三角点的连线称为三角形的边。各三角形连成网状的称为三角网(见图 7-1),连成锁状的称为三角锁[见图 7-2(a)～图 7-2(c)],三角锁尤其适合呈狭长地带(如铁路、公路、水库等)的工程测区控制。

按观测值的不同,三角形网测量可分为三角测量、三边测量和边角测量。

对于小范围的控制测量,三角测量的图形还可布设成中点多边形、大地四边形甚至单三角形,如图 7-2(d)～图 7-2(f)所示。具体如何选择均视实地情况而定。

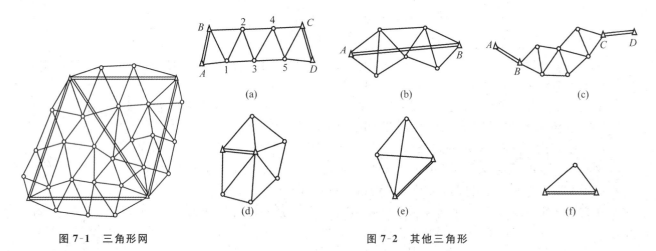

图 7-1 三角形网   图 7-2 其他三角形

图 7-2 中的三角测量工作量相对较小,故实际中又称为小三角测量。小三角测量主要用于工程控制测量,精度等级通常有一级、二级小三角测量,均是国家等级控制测量以外的工程控制测量。

2. 导线测量

将控制点用直线连接起来形成的折线,称为导线,这些控制点称为导线点,点间的折线边称为导线边,相邻导线边之间的夹角称为转折角(简称折角)。另外,与坐标方位角已知的导线边(称为定向边)相连接的转折角,称为连接角(又称定向角)。通过观测导线边的边长和转折角,根据起算数据经计算而获得导线点的平面坐标,即为导线测量。导线测量布设简单,每点仅需与前、后两点通视,选点方便,特别是在森林、灌木林繁茂的隐蔽地区和建筑物密集、通视困难的城镇地区,应用起来方便灵活。

导线测量的布设、观测实施、数据处理均在稍后有专门介绍。

3. GPS 测量

自 20 世纪八九十年代美国 GPS 技术大量涌进我国民用领域之后,30 年来全球卫星导航技术迅速发展,地面用户的卫星接收设备也日新月异,使得 GPS 控制测量成为当今稍大测区范围时对控制测量方法的首选。GPS 测量也慢慢发展成为 GNSS 测量。

4. 交会测量

交会测量利用交会点法来加密平面控制。通过观测水平角确定交会点平面位置的称为**测角交会**;通过测量边长确定交会点平面位置的称为**测边交会**;通过边长和水平角同测来确定交会点平面位置的称为**边角交会**。这些交会测量均是直接通过数学公式来计算交会点的最后坐标,因此通常又称为**解析交会测量**。

5. 天文大地测量

天文大地测量是指在地面上架设专用天文测量经纬仪,通过观测天体(如恒星、太阳)位置并记录观测瞬间的时刻来确定地面点的天文经度、天文纬度和该点至相邻点的天文方位角。天文观测结果可以用来推算天文观测时的铅垂线偏离大地椭球法线的垂线偏差,用于将地面上的观测值归算到椭球面上,也可以推算大地方位角,用来控制地面大地网中方位误差的积累。

三、我国各类、各等级控制测量网简介

在全国范围内布设的平面控制网,称为国家平面控制网。我国从中华人民共和国成立初期开始建设、历时二十余年完成的国家平面控制网主要按三角形网方法布设,共分为四个等级,其中一等三角网(锁)精度最高,二、三、四等三角网精度逐级降低。除此之外,我国又于 20 世纪 90 年代先后进行了两次 GPS-A 级、一次 GPS-B 级、一次 GPS 一级(军测部门)的全国 GPS 网控制测量。国家统一进行了与一、二等三角形测量相配合的天文测量,也进行了专门的地震监测网络建设。同时,我国也建立了四个等级的高程控制网,并在一、二等高程网中进行了大量的重力测量工作。

1. 一等三角网(锁)

三角网由大致沿经线、纬线方向的三角锁构成。为了控制边长推算的误差积累,在锁段交叉处测定起始边,如图 7-3 所示,起始边测量误差要求小于 1/350 000(当年用基线网扩大传递的方法推算)。为了控制方位角传递的误差积累,测定了起始边的天文方位角。为了计算当地的垂线偏差,测定了锁段起始边端点及锁段中央的天文经纬度。锁段平均长度约 200 km,三角形平均边长为 20～25 km。

在青藏高原等特殊地势地区,是用相应精度的一等精密导线代替一等三角锁,并沿线每隔 100～150 km 观测一条导线边的天文方位角和导线两端点的天文经纬度。总计有一等网共 401 条锁段,构成 121 个锁环,锁环由 6 182 个一等三角点组成,以及一等精密导线 10 个导线环,导线环由 312 个一等导线点组成。我国庞大的一等三角网不仅作为低等级平面控制网的基础,还为研究地球的形状和大小提供重要的科学来源。

图 7-3(a)中还标出了国家大地原点所在位置。大地原点亦称大地基准点,是国家地理坐标——天文经纬度的起算点和基准点。我国的大地原点在陕西省泾阳县永乐镇北洪流村境内。

2. 二等三角网

图 7-4 所示是二等三角控制两种格式(锁、网)中的一种。

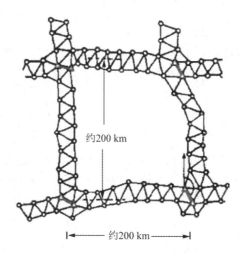

图 7-3　我国大陆一等三角网（锁）

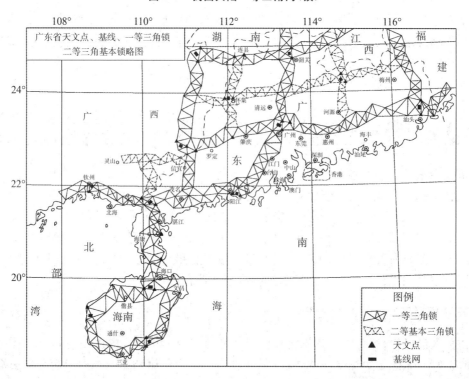

图 7-4　广东省国家一等三角锁、二等基本三角锁布置

二等三角控制既是地形测图的基本控制，也是加密三、四等三角网（点）的基础。二等三角网的布设在一等三角锁所围成的范围内进行。其中，1958 年之前是采用在一等锁环内先加密成交叉十字型的二等三角锁（如图 7-4 所示的虚线锁段），再增加二等补充网（图 7-4 未画出）的办法布设，1958 年之后取消二等三角锁，直接在一等三角锁环内布设全面二等三角网。二等三角网的三角形平均边长为 13 km。

进行二等三角测量时也要增加一定量的天文观测。

3. 三、四等三角网

三、四等三角网的布设采用插网和插点的方法，作为一、二等三角网的进一步加密，三等三角网平均边长为 8 km，四等三角网平均边长为 2～6 km。四等三角点每点控制面积为 15～20 km²，可以满足 1∶10 000 和 1∶5 000 比例尺地形测图需要。图 7-5 所示是三、四等三角网在高等级三角网下加密的几种示意图，其中图 7-5(c) 所示也可以是在四等三角网下的一级三角锁（网）的加密。

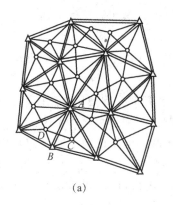
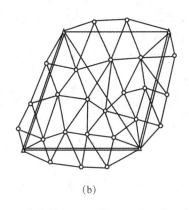
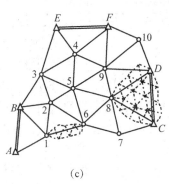

(a)   (b)   (c)

图 7-5   在高等级网下的三、四等三角网的加密

要进行全国范围内的四等三角网测量,其工作量相当繁重。一般来说,四等三角控制网的工作均根据实际需要,由地方政府部门或有关单位各自进行。1982 年完成了全国天文大地控制网的整体平差工作,网中包括了一等三角锁(网)、二等三角网(锁)、部分三等三角网,总共有约 5 万个大地控制点,包含了约 500 条起始边长、近 1000 个正反起始方位角在内的约 30 万个观测量,分别采用条件平差和间接平差两种方案独立进行,平差结果基本一致,反映出我国天文大地网的精度较高,结果可靠。

在城市地区,为满足 1:500~1:2000 比例尺地形测图和城市规划建设的需要,应进一步布设城市平面控制网。城市平面控制网在国家控制网的控制下布设,按城市范围大小布设相应等级的平面控制网,分为二、三、四等三角网或三、四等导线和一、二级小三角网或一、二、三级导线网。

在小于 100 km² 的范围内建立的控制网,称为小区域控制网。在这个范围内,水准面可视为水平面,采用平面直角坐标系计算控制点的坐标,不需将测量成果归算到高斯平面上。小区域平面控制网,应尽可能与国家控制网或城市控制网联测,将国家或城市高级控制点坐标作为小区域控制网的起算和校核数据。如果测区附近无高级控制点,或联测较为困难,也可建立独立平面控制网。

4. 国家 GPS 测量控制网

GPS 控制网的建设在我国分为 A、B、C、D、E 五个不同精度等级。

上面已经提到,我国于 20 世纪 90 年代先后进行了两次 GPS-A 级,一次 GPS-B 级,一次 GPS 一、二级(军测部门)的全国 GPS 网控制测量,另外还建立了中国地壳运动观测网络。至此,我国在全国范围内已建立了国家 GPS-A 级网 27 个控制点,GPS-B 级网 818 个控制点,GPS 一、二级网 534 点,以及中国地壳运动观测网络 1081 点。

5. 国家高程控制网

其实上述的三种 GPS 国家网,已经包含高程(初始为 WGS-84 椭球高)的三维坐标控制网,而 GPS-B 级网 60% 的控制点就布设在国家一、二等水准点上。

在全国范围内采用水准测量方法建立的高程控制网,称为国家水准网。与平面控制类似,国家水准网的建设也同样遵循从整体到局部、由高级到低级、逐级控制、逐级加密的原则,分一等、二等、三等、四等共四个等级进行规划布设。各等级水准网一般要求自身构成闭合环线或闭合于高一级水准路线上构成环形。

国家水准网的建设自中华人民共和国成立初期开始,至 1976 年基本完成;接着又依托 1985 年国家高程基准进行了一等、二等水准测量并于 1991 年结束;之后又进行了全部一等、部分二等的水准测量复测工作。国家一、二等水准网用精密水准测量方法建立,是研究地球形状和大小、海洋平均海水面变化的重要资料,同时根据重复测量的结果,可以研究地壳的垂直形变规律,是地震预报的重要资料。国家三、四等水准网直接为地形测图和工程建设提供高程控制点。

由于国家一、二等精密水准测量需要进行重力异常改正,因此需在一、二等水准路线的沿线进行相应的重力测量,重力测量的要求可归纳为以下几条。

(1)测区平均高程大于4000 m,或水准点间的平均高差为150～250 m的地区,对一、二等水准路线上的每个水准点均进行重力测量。

(2)测区平均高程为1500～4000 m,或水准点间的平均高差为50～150 m的地区,应保证在一等水准路线上进行重力测量的点间平均距离小于11 km,二等水准路线上的点间平均距离小于23 km。

(3)在我国西南、西北、东北边境等有较大重力异常的地区,一等水准路线上的每个水准点均应进行重力测量。

(4)在由青岛水准原点至国家大地原点的一等水准路线上,应逐点进行重力测量,以便精确求得国家大地原点的正常高高程。

国家一、二等水准点的布设密度与要求见表7-1。

表7-1 国家一、二等水准点的布设密度与要求

水准点类型	间　距	布 设 要 求
基岩水准点	500 km左右	只设于一等水准路线,在大城市和地震带附近应予增设,基岩较深地区可适当放宽。每省(自治区、直辖市)至少两座
基本水准点	40 km左右;经济发达地区20～30 km;荒漠地区60 km左右	一、二等水准路线上及其交叉处;大、中城市两侧及县城附近。尽量设置在坚固岩层中
普通水准点	4～8 km;经济发达地区2～4 km;荒漠地区10 km左右	地面稳定,利于观测和长期保存的地点;山区水准路线高程变换点附近;长度超过300 m的隧道两端;跨河水准测量的两岸标尺点附近

在小区域范围内建立高程控制网,应根据测区面积大小和工程要求,采用分级建立的方法。一般情况下,是以国家或城市等级水准点为基础,在整个测区建立三、四等水准网或水准路线,用图根水准测量或三角高程测量测定图根点的高程。

四、控制测量的一般工作程序与方法

无论是平面控制测量还是高程控制测量,或是平面与高程同时兼顾的控制测量,虽然其具体的工作方式方法与注意事项各不相同,但它们的主要工作程序与步骤是类似的。针对一项专门的控制测量工程,其基本的工作过程通常有资料收集、选点踏勘、技术设计、建立标志、野外观测、平差计算与数据整理和技术总结等。

1. 资料收集

需要向委托方、当地相关部门、上级测绘行政主管部门等单位收集测区内的各种比例尺地(形)图,各种规格、级别的控制点成果及相关资料(如平差过程、技术报告、成果说明等)。收集的控制点还需在野外踏勘核实。

2. 选点踏勘

对于较大型的控制测量工程,可先利用已有地形图在室内进行图上选点,然后在野外实地确定,这项工作往往需要几个回合才能最终完成。选好的控制点通常应满足如下基本要求:

(1)点位互相通视(水准点无需考虑此项要求),便于工作。点与点之间能观察到相应的目标,视线上没有障碍物。同时,应注意视线沿线的建筑物离开视线有一定的距离,避免旁折光对测量的影响。

（2）控制点数量足够，点位分布均匀。控制点的数量能满足进行地形测图或下一等级控制测量的要求，符合工程建设测量的需要。

（3）精心选点，便于保存。选在城镇地面上的点需考虑通视方向稍多、能控制较大的观测范围、方便继续发展下级控制的交叉路口；在乡村野外选点优先选择交通方便、土质坚实、稳定可靠的控制点。对原有控制点应尽量采用原来点位和点名。

（4）周围视野开阔，有利于加密。通常尽量利用当地的山头、单位楼顶等制高点来布设建造控制点，有利于控制点的逐级扩展和加密。

对于 GPS 控制网的选点，另有一些特殊要求，请参见相关标准。对于三角测量的选点也有些图形结构方面的严格规定，读者均可查阅国家相关控制测量标准。

3. 技术设计

对于较大型的控制测量工程需进行详细的技术设计。技术设计的内容主要包括工程来源、概况，测区地理位置、交通、环境、民俗等工作条件情况，已有资料收集、分析评估情况，控制网的设计优化、选点、精度估算情况，技术要求、技术标准的选择，工作程序布置、工期的大致安排，工作进度保障、技术质量保证（技术人员组成、仪器设备质量等）、工作量的统计，要求达到的效果目的等。

4. 建立标志

建立标志指在选定的点位上埋设固定标石和建立标架，即建标埋石。

埋石是用钢筋混凝土或花岗岩等坚硬的石材制成有中心标志的标石，在选定的地点位置进行埋设。有时控制点是设在坚固构造物上的中心标志，或是一种打入泥地里的带有中心标志的固定木桩。一般不同级别与要求的控制测量埋设不同的测量标志，而且根据实际情况选择是否建立觇标和确定觇标的材料与规格大小，控制点规格与觇标建造均可参阅相应的标准。图 7-6、图 7-7 所示是一些控制点标志与觇标（花杆、寻常标、双锥标）的样式，较大标石的顶面标志中心附近注有控制点的点号、建造单位及建造时间等。标石应稳定地埋设在冻土线以下的土地层，在点位附近设立指示标志，同时绘图照相、做好点位埋设记录（点之记）。对重要控制点应委托当地测绘行政主管部门落实保管措施。

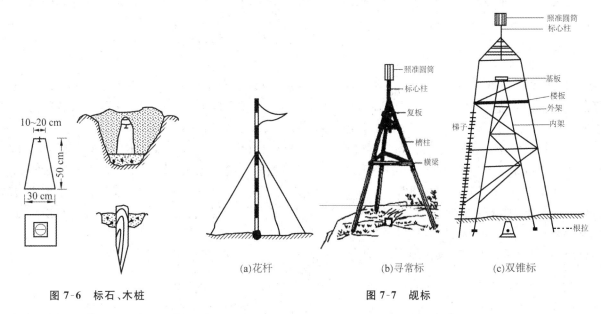

图 7-6　标石、木桩　　　　　　　(a)花杆　　　(b)寻常标　　　(c)双锥标

图 7-7　觇标

5. 野外观测

野外观测主要包括水准仪视距、高差测量，全站仪测角量边，GPS 数据采集等，有时还需进行大气

压、温度、湿度测量。野外作业基本工作要求有：① 做好仪器工具的检校，掌握仪器的性能；② 了解现场实际情况，做好观测组织安排，落实技术措施；③ 采集和保管野外观测数据。

6. 平差计算与数据整理

主要是通过一定手段（表格、计算器、计算机、软件等）求取控制点的点位坐标。工作内容与要求：① 根据控制测量的实施方法和确定的平差原则拟定计算方案；② 检查原始观测记录，核对野外观测成果及已知数据，必要时对野外观测数据进行高程投影平面改化；③ 计算总体平差、评定精度，规范清晰地输出计算过程和结果。

7. 技术总结

技术总结是对控制测量的整个工作过程进行如实反映。技术总结报告的内容除了包含技术设计书中的主要内容外，还应反映野外作业过程、方法要求，列表统计各项控制测量成果，如控制点的坐标、高程、边长、方位角等，按有关技术要求进行成果精度方面的相关说明，也应进行一些实际经验的总结，指出工作中存在的失误与缺憾。

任务 2 了解导线测量的基本情况

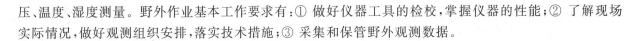

一、导线测量的布设形式

导线测量是一种以测角量边逐点传递确定地面点平面位置的控制测量，由此布设的折线状导线形式可以不受地带狭窄、地面四周通视比较困难的条件限制，比较适合居民建筑区和线形工程建设的测量需要。其布设形式主要有下面几种情况。

1. 附合导线

附合导线的典型布设形式如图 7-8(a)所示。导线的布设从已知控制点（图中用△表示）出发，连续经过若干条导线边之后附合到另一已知控制点结束，而导线两端的已知控制点具有各自的或相同的已知方向。图 7-8(a)中的 A、B、C、D 均是已知控制点，其余 1、2、3 是未知待求的导线点，图 7-8(a)中的观测值有 2 个连接角 φ_1、φ_2 和 3 个转折角 β_1、β_2、β_3 以及 4 条导线边长 D_1、D_2、D_3、D_4，共 9 个观测值，3 个未知点 6 个未知数于是产生 3 个多余观测亦即形成 3 个条件检核（1 个方位角条件和 2 个坐标增量条件）。

实际工作中，上述附合导线通常是我们导线形式的首选，一方面是因为附合导线具有自始至终的边长与方位角条件检核，可以将测量误差比较均匀地分配在沿线各导线点上，另一方面也可以间接检查和了解测区范围内已知控制点的可靠性。

当然，附合导线也还有其他形式，后面会进一步介绍。

2. 闭合导线

闭合导线是指从已知控制点出发，经过若干导线边的传递之后又回到原已知点。如图 7-8(b)所示，A 是已知点，AB 是已知方向，1、2、3、4 是未知的待测导线点。图中的观测值有连接角 φ 和 5 个转折角 β_1、β_2、β_3、β_4、β_5 以及 5 条导线边长 d_1、d_2、d_3、d_4、d_5，共 11 个观测值，4 个未知点 8 个未知数同样产生 3 个

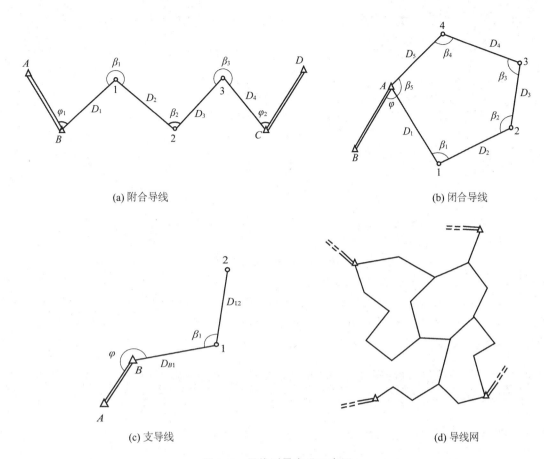

(a) 附合导线

(b) 闭合导线

(c) 支导线

(d) 导线网

图 7-8　导线测量布设示意图

多余观测形成 3 个条件检核。

　　闭合导线与附合导线具有相同的边长检核条件和方位角检核条件,但闭合导线只利用到 2 个已知控制点。从已知控制点的利用方面来考虑,闭合导线与附合导线相比稍逊一筹,所以实际中还须对已知点的边长进行检查核对。另外,起始连接角 φ 的测量误差如果过大甚至包含粗差,将会引起整个导线发生旋转位移。因此,实际工作中采用闭合导线时,要对起始连接角 φ 做更高精度的观测计算。

3. 支导线

　　如图 7-8(c)所示,从已知控制点出发,经几条导线边的传递直接在未知导线点结束,这样既不回到起始控制点,也无法附合到另一已知控制点的导线,称为支导线。图 7-8(c)中 A 是已知点,AB 是已知方向,1、2 是未知待求的导线点。观测值有连接角 φ 和 1 个转折角 β_1 以及 2 条导线边长 D_1、D_2,共 4 个观测值,无多余观测。

　　与附合导线和闭合导线相比,支导线的图形强度最差,无任何条件检核,实际工作中需谨慎对待。通常支导线控制测量采取往返测量的方法进行,往测时测量前进方向的左角,返回时测量另一个角再计算取平均值,利用全站仪电磁波测距时,往返测量可同时进行。如果是在地形测图过程中临时支点,为了节省时间不进行返测,尤需特别小心,一定要盘左盘右测角、对向测距,防止出现粗差,同时连续支点不要超过 3 次。

　　工程控制测量导线布设的长度、平均边长等技术要求参见 GB 50026—2020《工程测量标准》。

4. 导线网

　　导线网是由若干条闭合导线和附合导线构成的网形,如图 7-8(d)所示。有些教材将结点导线单独列为一种,其实结点导线也可划为导线网中,只不过这是一种最简单的导线网。图 7-9 所示便是一种结点导线的示意图。

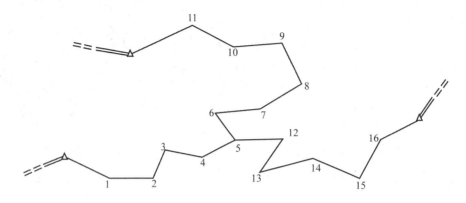

图 7-9　结点导线示意图

结点导线适合于已知控制点相距较远、导线布设较长的情况。不过由于导线受到几个方向的已知点控制,增加了多余观测,因此在控制精度上又可以获得比较满意的结果。例如,图 7-9 中有 16 个未知点,必要观测只需 32 个,但现在观测了 20 个角和 18 条边,有 6 个多余观测形成了 6 个条件可以进行检核与平差计算,使导线精度有所保障。

二、导线测量的外业工作

导线测量的外业工作主要有踏勘、选点、埋石及野外观测等工作。

1. 踏勘、选点、埋石

导线测量的踏勘、选点、埋石工作与其他控制测量类似,唯一不同的是要考虑各自的图形条件。根据 GB 50026—2020 中规定的"表 3.3.1 各等级导线测量的主要技术要求",不同级别的导线有不同的路线长度要求及相应的平均边长要求。

埋石工作也请参照相关标准执行。对于较低级别的控制导线,可以灵活考虑控制点的埋石标准,如在水泥路面上刻石,在沥青路面上钻孔打钉和配上金属标志,在泥土里钉下木桩等,关键是要将标志制作得清晰美观,便于长久保存,同时注明点号、照相留存于"点之记"中。

2. 野外观测

导线测量的观测值是角度与边长,以前的导线测量通常是用经纬仪测角,用钢尺量边,而且分开进行,现在则一般由全站仪统一测量,并称作光电测距导线。

图 7-10 所示是某条导线前几个测站的观测内容情况。图中的 A、B 是已知控制点,1、2、3 是导线点,前进方向表示野外观测按 B、1、2、3 顺序进行;S_{AB} 是已知边的边长,D_1、D_2、D_3 是导线边边长;φ 角将已知方向 BA 和未知方向 $B1$ 连接起来,故称连接角;水平角 β_1、β_2 在导线测量前进方向左侧,称为左角,β_3 在前进方向右侧,称为右角。实际中通常选择观测全部左角以便于计算,但四等以上导线需左右角同测。

测量时先在已知点 B 安置全站仪。以已知点 A 定向观测连接角 φ。一般在 A 点架设目标棱镜,因此顺便可以观测已知点间的水平距离 S_{AB},注意 S_{AB} 只用来对已知控制点进行点位检查,不参加导线的平差计算。同时还应该观测计算出点 B、点 A 间高差,以此检核已知点位置的正确性和它们高程的精度情况。这两项检查同时也可以反映出全站仪的精度品质。检查无误之后,观测出未知边的边长 D_1,如果同时进行三角高程测量,则还需观测视线的垂直角(天顶距)或直接测出视线高差,量取仪器高和觇标高(镜高)进行完整记录。

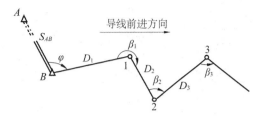

图 7-10　导线观测示意图

结束上述在已知控制点 B 的各项观测之后，搬迁至下一点 1 继续。此时的观测方向分别是 1—B、1—2，原始观测值依然是仪器高 i、觇高 l、斜距 s、水平角方向值、天顶距等五项，其中前两项是用小钢尺量测，后三项需用仪器分别观测盘左、盘右读数。观测过程中随时检查核对各项观测误差是否超限，其中水平角观测限差要求可参见 GB 50026—2020《工程测量标准》规定（见图 4-26），垂直角观测限差参见图 4-33。距离观测的测站误差主要有本站重复读数的误差和导线边的对向观测互差，前者主要反映仪器测距的内符合精度，一般不会超过 2～3 mm，后者则另外包含了仪器与镜站的对中误差和外界条件的影响，其误差要求可参见 GB 50026—2020《工程测量标准》规定的测距相对误差大小（图 5-2）。1 站观测结束后继续观测下一站 2，以此类推。

观测的测回数目亦遵循 GB 50026—2020《工程测量标准》（见图 5-2）中的规定。

三、导线测量的内业计算

导线测量的最终目的是要通过内业计算获得各导线点的平面坐标。对工程控制导线往往还同时进行三角高程测量，三角高程的工作稍后叙述，这里先介绍平面控制导线的内业计算。

导线计算的起算数据是已知控制点的坐标及根据坐标反算出来的已知边长与方位角，观测数据为观测角值和观测边长。对于较高等级的导线，应进行严密平差计算，但对于一级以下的单条导线可以采用近似平差方法进行计算。导线近似平差的基本思路是将角度误差和边长误差分别进行平差处理，先分配方位角闭合差，在此基础上再分配坐标增量闭合差，最后获得各导线点的坐标。

在进行导线测量平差计算之前，首先要检查和验算外业观测成果，确保各项观测成果准确无误并符合限差要求。

任务 3　学习与掌握附合导线的计算工作

附合导线的形式大致可归纳为三种情况：导线两端各有一个连接角，导线只有一个连接角，导线无连接角。它们各自的计算方法有所不同，以下分别介绍。

一、具有两个连接角的附合导线

图 7-11 与前面介绍的图 7-8(a) 相同，是一种具有两个连接角的标准附合导线，也是一种较为经典的附合导线，在实际工作中颇受青睐。

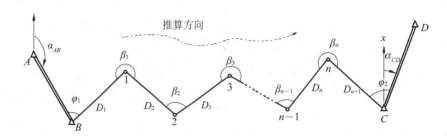

图 7-11　附合导线计算示意图

1. 方位角闭合差的计算与调整

项目 2 任务 5 已介绍了坐标方位角的概念,下面介绍坐标方位角是如何传递的。

(1) 计算方位角与方位角闭合差。

先复习一下正反方位角与圆周角的概念:

①正反方位角:假定图 7-11 中已经计算出直线 AB 的方位角 α_{AB},则已知起始点 B 所在的起始边 BA 的方位角为 α_{BA},根据公式(2-9),有

$$\alpha_{BA} = \alpha_{AB} \pm 180° \tag{7-1}$$

正负号需根据实际情况进行选择,选择的依据只有一个:保证 $0° \leqslant \alpha_{BA} \leqslant 360°$。显然图 7-11 所示情况应该选"+"号。当然,如果是用计算机计算,则随意选择正负号也不会对后面的计算结果产生影响。

②圆周方位角:圆周角的度数为 360°。针对图 7-11,有

$$\alpha_{BA} = \alpha_{BA} \pm 360° \tag{7-2}$$

公式(7-2)的含义为:一条直线在加、减 360° 之后其方向不变。这里选择正负号的依据,也是保证 $0° \leqslant \alpha_{BA} \leqslant 360°$。用表格计算时需考虑正负号的选择,用计算机计算也可以不考虑。

方位角的推算原则为:前进边(未知边)的方位角,等于后续边(已知边)的方位角"+"或"-"这两条边的夹角,左角用"+",右角用"-"。这里左角是指角度在前进边的左边,右角是指在前进边的右边,如图 7-12 和图 7-13 所示。该情况有点像经纬仪的水平角观测:顺时针旋转时方向值在增加,反之减少。

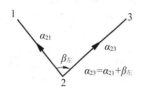

图 7-12　方位角的传递——左角 $\beta_{左}$　　　图 7-13　方位角的传递——右角 $\beta_{右}$

【例 7-1】　如图 7-14 所示,$\alpha_{AB} = 143°26'38''$,$\alpha_{MN} = 34°16'33''$,各观测角值如图 7-14 所示,试推算各未知边的坐标方位角。

[解]　图 7-14(a) 所示为沿前进方向进行左角观测,计算过程如下:

$\alpha_{BA} = \alpha_{AB} + 180° = 323°26'38''$,如取 $-180°$ 则会小于 $0°$;

$\alpha_{B1} = \alpha_{BA} + 260°13'24'' - 360° = 223°40'02''$,结果须减 360°;

$\alpha_{1B} = \alpha_{B1} - 180° = 43°40'02''$,如取 $+180°$ 则会大于 360°;

$\alpha_{12} = \alpha_{1B} + 333°42'35'' - 360° = 17°22'37''$,结果须减 360°;

$\alpha_{21} = \alpha_{12} + 180° = 197°22'37''$,如取 $-180°$ 则会小于 $0°$;

$\alpha_{23} = \alpha_{21} + 107°48'27'' = 305°11'04''$。

图 7-14(b) 所示为两个小组分别从两端往中间观测(计算时出现了左、右角):

$\alpha_{M9} = \alpha_{MN} + 281°32'15'' = 315°48'48''$;

$\alpha_{9M} = \alpha_{M9} - 180° = 135°48'48''$,如取 $+180°$ 则会大于 360°;

$\alpha_{98} = \alpha_{9M} + 245°35'07'' - 360° = 21°23'55''$，结果须减 360°；

$\alpha_{89} = \alpha_{98} + 180° = 201°23'55''$，如取 $-180°$ 则会小于 0；

$\alpha_{87} = \alpha_{89} - 282°18'09'' + 360° = 279°05'46''$，结果须加 360°。

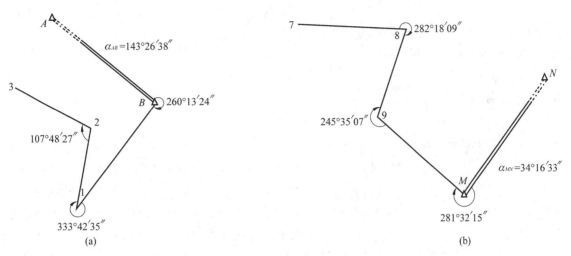

图 7-14　坐标方位角的计算示例

其实，实际工作中采用图解法推算会更加直观准确。推算时按照"左角用＋号，右角用－号"的原则。计算结果如图 7-15 所示。

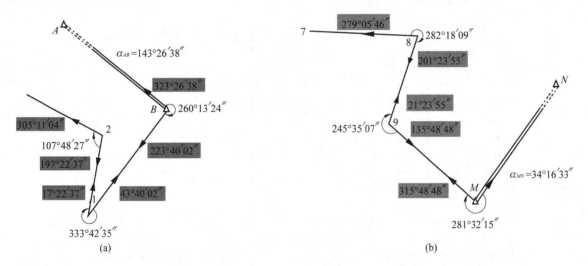

图 7-15　方位角的推算

考虑图 7-11 中各观测角值均为左角，以及图中各导线边的实际方位情况，则导线各边的方位角推算如下：

$$\alpha_{B1} = \alpha_{BA} + \varphi_1 - 360° = \alpha_{AB} - 180° + \varphi_1$$

$$\alpha_{12} = \alpha_{1B} + \beta_1 - 360° = \alpha_{B1} - 180° + \beta_1$$

$$\alpha_{23} = \alpha_{21} + \beta_2 - 360° = \alpha_{12} - 180° + \beta_2$$

$$\vdots$$

$$\alpha_{nC} = \alpha_{n(n-1)} + \beta_n - 360° = \alpha_{(n-1)n} - 180° + \beta_n$$

$$\alpha'_{CD} = \alpha_{Cn} + \varphi_2 - 360° = \alpha_{nC} - 180° + \varphi_2$$

如果将前面各条边方位角依次代入，则上式会变为

$$\alpha'_{CD} = \alpha_{AB} + \sum_1^n \beta_i + \varphi_1 + \varphi_2 - (n+2) \times 180° \tag{7-3}$$

注意式(7-3)中的最后一项为 $(n+2) \times 180°$，但该值并非一成不变，有时就会变为 $n \times 180°$（相差一个

圆周角),具体需根据实际情况而定。

式(7-3)中的 α'_{CD} 是用导线所有的观测角值推算出来的,由于测角误差的存在,它与用 C、D 两点坐标根据公式(2-13)反算出来的方位角 α_{CD} 存在差异:

$$f_\alpha = \alpha'_{CD} - \alpha_{CD} \tag{7-4}$$

f_α 就是导线测量的方位角闭合差,俗称角度闭合差 f_β。

根据式(7-4)及式(7-3),有

$$m_{f\alpha} = m_\beta \sqrt{n+2}$$

取两倍中误差作为限差,即

$$m_{f\alpha}(\text{限}) = 2m_\beta \sqrt{n+2}$$

如图 7-16 所示,GB 50026—2020《工程测量标准》中明确了方位角闭合差的限差要求,对测角中误差分别为 1.8″、2.5″、5″、8″、12″ 的三等、四等、一级、二级、三级导线,其方位角闭合差的限差分别为 $3.6''\sqrt{n}$、$5''\sqrt{n}$、$10''\sqrt{n}$、$16''\sqrt{n}$、$24''\sqrt{n}$(此处 n 为观测角的个数,即测站数,而上面各式中的 $n+2$ 为观测角的个数)。

若检核方位角闭合差未超限,则继续进行下面的工作。如果一个测区导线网中的导线数目达到 10 个,则还应根据公式(6-69)计算测角中误差,并保证测角中误差不超过 GB 50026—2020 中的相关规定(见图 7-16)。如果仅仅是测量一条导线,则可以利用公式(6-51)计算测角中误差,并同样保证测角中误差不超过 GB 50026—2020 中的相关规定(见图 7-16)。

表 3.3.1 各等级导线测量的主要技术要求

等级	导线长度(km)	平均边长(km)	测角中误差(″)	测距中误差(mm)	测距相对中误差	测回数				方位角闭合差(″)	导线全长相对闭合差
						0.5″级仪器	1″级仪器	2″级仪器	6″级仪器		
三等	14	3	1.8	20	1/150000	4	6	10	—	$3.6\sqrt{n}$	≤1/55000
四等	9	1.5	2.5	18	1/80000	2	4	6	—	$5\sqrt{n}$	≤1/35000
一级	4	0.5	5	15	1/30000	—	—	2	4	$10\sqrt{n}$	≤1/15000
二级	2.4	0.25	8	15	1/14000	—	—	1	3	$16\sqrt{n}$	≤1/10000
三级	1.2	0.1	12	15	1/7000	—	—	1	2	$24\sqrt{n}$	≤1/5000

注:1 n 为测站数;

2 当测区测图的最大比例尺为 1∶1000 时,一、二、三级导线的导线长度、平均边长可放长,但最大长度不应大于表中规定相应长度的 2 倍。

图 7-16 GB 50026—2020《工程测量标准》规定的各等级导线测量主要技术要求

【分析思考】 公式(7-4)中 α'_{CD} 的大小和精度与边长测量有关吗?

(2)分配方位角闭合差。

这项工作也称方位角闭合差的调整。由于各转折角都是按等精度观测,所以要将方位角闭合差 f_α 平均分配到每个观测角度上(包括连接角),在式(7-3)中对 $n+2$ 个观测角引入相同的改正数 v_α,有

$$\alpha_{CD} = \alpha_{AB} + \sum_1^n (\beta_i + v_\alpha) + (\varphi_1 + v_\alpha) + (\varphi_2 + v_\alpha) - (n+2) \times 180°$$
$$= \alpha'_{CD} + (n+2)v_\alpha$$

将式(7-4)代入上式,有

$$v_\alpha = -\frac{f_\alpha}{n+2} \tag{7-5}$$

当观测角为右角时,其改正数为

$$v_\alpha = \frac{f_\alpha}{n+2}$$

从而得到进行方位角改正之后的新的角度值。如果上面公式不能整除时,则将余数角度分配给短边所夹角的改正数中。分配时还应注意一个常识问题:分配的任何角度改正数都不能超过 GB 50026—2020 中的测角中误差规定值(见图 7-16)。

2. 坐标增量闭合差的计算与调整

将各观测角度进行方位角闭合差改正之后,便用新的角度值推算出每条导线边的方位角,再参照公式(2-11)计算出各条导线边的坐标增量:

$$\Delta X'_i = D_i \times \cos\alpha_i, \quad \Delta Y'_i = D_i \times \sin\alpha_i \tag{7-6}$$

式中,D_i 为观测各条边的水平距离,α_i 为用改正后的角度值计算出的各边方位角。

将图 7-11 中的各条边[共 $(n+1)$ 条边]的坐标增量累加,理论上应满足如下条件要求:

$$X_B + \sum_{i=1}^{n+1} \Delta X'_i = X_C, \quad Y_B + \sum_{i=1}^{n+1} \Delta Y'_i = Y_C \tag{7-7}$$

但由于式(7-6)中还存在边长测量误差,故式(7-7)并不严格成立,而是存在一定误差,误差大小为

$$f_x = X_B + \sum_{i=1}^{n+1} \Delta X'_i - X_C, \quad f_y = Y_B + \sum_{i=1}^{n+1} \Delta Y'_i - Y_C \tag{7-8}$$

全长闭合差为

$$f_s = \sqrt{f_x^2 + f_y^2} \tag{7-9}$$

全长闭合差的限差要求参见图 7-16(考虑相对闭合差 $K = f_s / \sum D$)。如符合要求,则按坐标增量大小来分配坐标增量闭合差,即

$$v_{\Delta Xi} = -\frac{|\Delta X_i|}{\sum |\Delta X|} \times f_x, \quad v_{\Delta Yi} = -\frac{|\Delta Y_i|}{\sum |\Delta Y|} \times f_y \tag{7-10}$$

坐标增量分配完成之后,即可进行各导线点的坐标计算,注意最后计算出的 C 点的坐标应与原已知坐标完全一致。

【例 7-2】 图 7-17 为某二级导线测量示意图。已知 4 个控制点的坐标(见表 7-2),观测出的 6 个角值和 5 条边长列于表 7-2 中,现要求按近似平差的方法进行导线计算,求出各导线点的坐标。

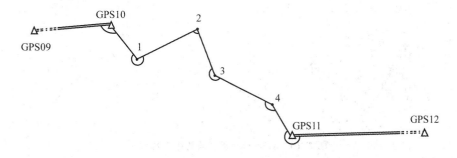

图 7-17　导线测量示意图

[**解**]　此为标准的附合导线图形分布,4 个未知点,5 条观测边长,6 个观测角值,有 $11-4\times2=3$ 个多余观测。导线测量的全部计算过程列于表 7-2 中。

表 7-2 常用附合导线坐标计算表

站点名	角度观测值 改正数 v_i/ (° ′ ″)	方位角 / (° ′ ″)	边长 s/m	坐标值			
				$\Delta x'$/m v_{x_i}/mm	$\Delta y'$/m v_{y_i}/mm	x/m	y/m
GPS12		268 00 51				87 512.708	3 056.079
GPS11	248 31 50(＋4)					87 489.672	2 391.705
		336 32 45	247.290	226.859(＋6)	－98.425(－2)		
4	150 58 24(＋4)					87 716.537	2 293.278
		307 31 13	352.796	214.868(＋5)	－279.816(－5)		
3	219 13 38(＋3)					87 931.410	2 013.457
		346 44 54	351.704	342.339(＋9)	－80.621(－1)		
2	66 06 53(＋3)					88 273.758	1 932.835
		232 51 50	373.764	－225.645(＋6)	－297.966(－6)		
1	281 06 43(＋4)					88 048.119	1 634.863
		333 58 37	266.581	239.554(＋6)	－116.958(－2)		
GPS10	109 23 51(＋4)					88 287.679	1 517.903
		263 22 32		$\Delta x_{理论}=$ 798.007	$\Delta y_{理论}=$ －873.802		
GPS09						88 243.072	1 133.815
$\sum$	1075 21 19(＋22)		1 592.135	797.975(－32)	－873.786(＋16)		
辅助 计算	$f_{\beta限}=16''\sqrt{6}=39'', f_\beta=1\ 075°21'19''+268°00'51''-263°22'32''-6\times180''=-22''<f_{\beta限}$（合格！） $f_x=-0.032, f_y=+0.016, f_s=0.036, K=f_s/\sum s=0.036/1\ 592.135=1/44\ 200<K_限=1/10\ 000$（合格！） $\sum|\Delta x|=1\ 249.265, \sum|\Delta y|=873.786$						

二、具有一个连接角的附合导线

图 7-18 所示是具有一个连接角的附合导线的示意图。与图 7-17 具有两个连接角的附合导线相比，这里在 C 点少测了一个观测角，于是方位角条件已经失去，但仍有两个多余观测使得坐标增量条件继续存在。

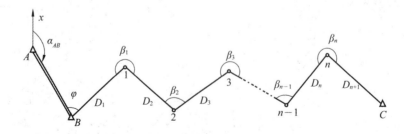

图 7-18　具有一个连接角的附合导线

【课堂提问】　图 7-18 中哪两个观测值最有可能是多余观测？

坐标增量条件是由于角度与距离测量的误差，使得从 B 点推算到 C 点的坐标，与已知的 C 点坐标存在误差，该误差的大小仍然与式(7-8)完全相同，为

$$f_x = X_B + \sum_{i=1}^{n+1} \Delta X_i' - X_C, \quad f_y = Y_B + \sum_{i=1}^{n+1} \Delta Y_i' - Y_C$$

相应的全长闭合差亦不变,为

$$f_s = \sqrt{f_x^2 + f_y^2}$$

f_s 的限差要求亦参照图 7-16 按相对误差考虑。如符合要求,则同样按坐标增量的大小对各导线边的坐标增量进行分配改正如下:

$$v_{\Delta X_i} = -\frac{|\Delta X_i|}{\sum |\Delta X|} \times f_x, \quad v_{\Delta Y_i} = -\frac{|\Delta Y_i|}{\sum |\Delta Y|} \times f_y$$

改正后的坐标增量为

$$\Delta X_i = \Delta X_i' + v_{\Delta X_i}, \quad \Delta Y_i = \Delta Y_i' + v_{\Delta Y_i}$$

分配改正之后,即可进行各导线点的坐标计算,注意计算出的 C 点的坐标应与原已知坐标完全一致。

总之,具有一个连接角的附合导线的计算,与两个连接角的附合导线的计算相比,除了无需进行角度平差改正之外,其余计算步骤完全相同。

三、无连接角的附合导线

图 7-19 所示是没有一个连接角的附合导线。图中仅仅在 $1, 2, \cdots, n$ 各未知导线点摆站观测,而无需在已知点 B、C 处架设仪器测角(注意:如果 B、C 两点间通视,在两点均可摆站观测的话,又回到前面的有两个连接角的附合导线的问题上了)。

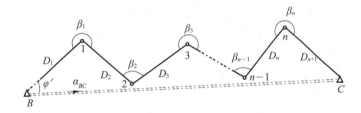

图 7-19 无连接角的附合导线

导线中观测有 n 个折角,$n+1$ 条边长,共 $2n+1$ 个观测值,因此有 1 个多余观测,故只有一个条件式,这个条件式就是:根据观测值计算出的 BC 边长应该与根据 B、C 两点坐标计算出的边长相符。注意:当 $n=1$ 时,问题演化为边角后方交会,该后方交会的测量计算稍后详述。

无连接角的附合导线的测量计算方法详见参考文献[8]《基础测绘学》第七章,此处不做详述。

任务 4 学习与掌握闭合导线的计算工作

根据本项目任务 2 的介绍,闭合导线与标准的附合导线相比,无法检验出起始控制点数据和连接角的粗差等问题。闭合导线同样有三个多余观测,能够列出三个条件式进行平差计算。因此,通常闭合导线具有与标准附合导线类似的近似平差过程。下面结合具体算例介绍闭合导线的计算过程。

【例 7-3】 图 7-20 所示为某图根导线的野外测量示意图,图上的数据均为野外观测结果(其中连接角 $305°24'18''$ 为高精度观测),已知点 B 坐标为 $(523.456, 834.567)$,BA 方位角为 $29°59'42''$,试进行近似平差,计算出各导线点的坐标。

[解] 参考附合导线的计算步骤,进行如下各项计算。最后计算结果见表7-3。

表 7-3　闭合导线坐标计算表

站点名	角度观测值改正数 v_i /(° ′ ″)	方位角 /(° ′ ″)	边长 s/m	坐标值			
				$\Delta x'$/m v_{x_i}/mm	$\Delta y'$/m v_{y_i}/mm	x/m	y/m
A		209 59 42					
B	121 27 02（−10）					523.456	834.567
		335 24 00	201.60	＋183.30（＋0.073）	−83.92（＋0.020）		
1	108 27 18（−10）					706.83	750.67
		263 51 08	263.40	−28.21（＋0.011）	−261.89（＋0.020）		
2	84 10 18（−10）					678.63	488.80
		168 01 16	241.00	−235.75（＋0.094）	＋50.02（＋0.020）		
3	135 49 11（−10）					442.97	538.84
		123 50 17	200.40	−111.59（＋0.045）	＋166.46（＋0.010）		
4	90 07 01（−10）					331.43	705.31
		33 57 08	231.40	＋191.95（＋0.077）	＋129.24（＋0.020）		
B		(335 24 00)				(523.456)	(834.567)
∑	540 00 50		1137.80	−0.30	−0.09		
辅助计算	对图根导线: $f_{\beta限}=\pm60''\sqrt{5}=\pm134''$, $f_\beta=+50''<f_{\beta限}$（合格） $f_x=-0.30$, $f_y=-0.09$, $f_s=0.313$, $K=f_s/\sum s=0.313/1137.80=1/3600<K_允=1/2000$（合格） $\sum|\Delta X|=750.80$, $\sum|\Delta Y|=691.53$						

1. 方位角闭合差的计算与调整

在图 7-20 中,由于闭合导线的局限性,其方位角闭合差的计算与已知控制点的方向无关,因此只需进行多边形内方位角闭合差的计算与分配。

角度观测值包含误差,使得多边形内角和的计算值不等于其理论值,而产生方位角闭合差,即

$$f_\beta=[\beta_内]_1^n-(n-2)\times180° \tag{7-11}$$

式中,n 为多边形边数或转折角数,本例中 $n=5$。

判断方位角闭合差 f_β 是否超限同样可参照 GB 50026 标准中关于方位角闭合差的限差要求,如未超限则对组成多边形的各水平角进行平均分配给予调整。

2. 计算坐标方位角

根据起始的已知方位角,推算出其他各导线边的方位角。该项工作与标准附合导线的方位角推算完全相同。但需注意,为确保推算过程中角度计算的正确性,对最后推算出的方位角(如 B_1 边)应有检核,即相同边的方位角应完全相同。

【温馨提示】 前面几次提到闭合导线仅利用到一个地方的控制点,而且对于起始控制点的坐标和起始连接角无从检验,因而不为测绘人员所青睐。实际上,连接角的粗差问题还是可以解决的。例如在

图 7-20 中，我们通常对连接角进行相当于普通转角两倍精度的观测，而且是瞄准三个方向进行左右角观测（或直接用全圆方向法多测回观测）。如此便保证了连接角的精度要求。对于起始控制点的点位粗差则必须检测起始边两个控制点之间的边长、高差，为了确保方位角的可靠，最好能同时检测到第三个控制点。

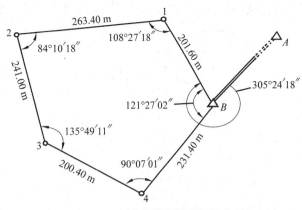

3. 坐标增量的计算及其闭合差的调整

根据已推算出的导线各边的方位角和相应边的边长，计算各边的坐标增量。

图 7-20 闭合导线野外观测示意图

如图 7-20 所示，对于起点、终点相重合的闭合导线，纵、横坐标增量代数和的理论值应为零，但导线边长的测量误差，使得实际计算所得的 $\sum \Delta X$、$\sum \Delta Y$ 不等于零，从而产生纵坐标增量闭合差 f_x 和横坐标增量闭合差 f_y，即

$$\left. \begin{array}{l} f_x = \sum \Delta x \\ f_y = \sum \Delta y \end{array} \right\} \tag{7-12}$$

导线全长闭合差 f_s 和导线全长相对闭合差 K 的计算与前述各例均相同一致：

$$f_s = \sqrt{f_x^2 + f_y^2}, \quad K = \frac{f_s}{\sum s} = \frac{1}{\sum s / f_s}$$

对于相对闭合差的限差要求，亦按国家标准执行，例如，GB 50026—2020《工程测量标准》规定图根导线的导线全长相对闭合差要求不超过 1/2000。

坐标增量的分配方法与附合导线也没有区别，同样按坐标增量大小依比例进行分配，计算结果填入表 7-3。

计算正确性检核：改正后的纵、横坐标增量之代数和应分别为零。

4. 计算各导线点的坐标

根据起始点 B 的已知坐标和改正后各导线边的坐标增量，依次推算出各导线点的坐标，填入表 7-3 中的最后两栏。最后推算出的起始点 B 的坐标，应与原有的已知值相等，以作为计算检核。

任务 5 了解其他导线的计算工作

除了上述的附合导线和闭合导线外，还有图 7-8 所示的支导线、导线网，也还有图 7-9 所示的结点导线，图 7-21 所示的组合导线，等等。这里主要介绍支导线和简单的单结点导线，其余较复杂的有多个结点的导线网用严格平差借助计算机编程计算较为方便快捷。

一、支导线的计算

支导线的定义前面已有讨论，它是从已知点支出去的导线，也是最简单的导线。图 7-22 所示是支导

线的结构示意图,图中标出了导线点与已知点的相互结构关系,包括方位角、连接角、坐标增量等。

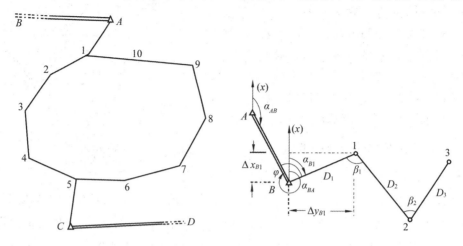

图 7-21　附合导线与闭合导线的组合　　　图 7-22　支导线结构示意图

相对于附合导线、闭合导线等其他导线来说,支导线的应用广泛。为了以最快速度获得当前位置的下一个控制点,野外测量中经常要用支导线进行临时性的控制测量;在使用全站仪进行施工放样、碎部测图、竣工测量、地籍房地产测绘等工作时,实际上都是在用支导线方法进行测量计算,只不过这些支导线已简化为只有一个未知导线点(碎部点)、一个观测站(仅在已知控制点摆站),观测值只有一个转角和一条边长。

支导线的外业观测迅速方便,计算也最为简单,通常就在野外现场完成(很多时候这也是必需的)。测图过程中如不考虑往返测经常就使用全站仪的内部计算机计算结果。结合图 7-22,支导线的计算过程与原理步骤大致如下:

① 反算直线 BA 的坐标方位角为 α_{BA},计算各导线边的坐标方位角 α_{B1}、α_{12} 等;

② 由各边的坐标方位角和边长计算各相邻导线点的坐标增量;

③ 依次推算 1、2、3 各导线点的坐标。

注意,支导线支出的未知点通常不超过 3 个,否则应寻求观测附合导线,至少应联测到一个已知控制点进行检查。

二、结点导线计算

如果是较为复杂的导线网,在当今计算机编程计算已经非常普及的时代,当然应该用严密的整体平差来计算各导线点坐标。如果是如图 7-9 所示最为简单的单结点导线,也可以利用近似平差方法,采用手工计算或计算器编程计算。参照图 7-23,单结点导线计算的原理与思路为:针对连接 3 段导线 L_1、L_2、L_3 的结点 5,先对所有观测角进行平差分配,再计算结点 5 的坐标平差值。最后计算各导线点的坐标平差值,具体计算过程如下。

(1)选定一条结点所在的任意导线边,一般选在边数较多的导线上(如 JJ')。

(2)根据各导线的已知起始方位角及观测的转折角,分别沿线路 L_1、L_2、L_3 推算结边的坐标方位角 α_1、α_2、α_3。

(3)循环计算上述三个方位角的互差,其中最大的互差不能超过允许差。允许差同样按相应等级考虑,如三级导线的允许差为 $24''\sqrt{n}$,这里 n 为相应两条导线的观测角数量之和。如未超限,则继续计算结边的方位角加权平差值。

(4)设各条线路的转折角个数分别为 n_1、n_2、n_3,则方位角 α_1、α_2、α_3 的权为

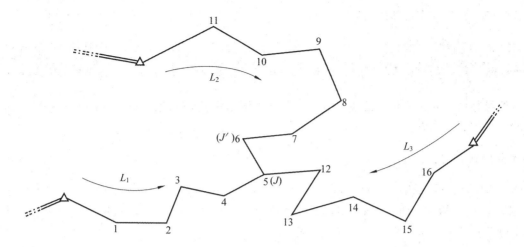

图 7-23　单结点导线计算示意图

$$p_{a_1} = \frac{c_1}{n_1}, p_{a_2} = \frac{c_1}{n_2}, p_{a_3} = \frac{c_1}{n_3}$$

这里 c_1 为任选的常数,按加权平均值原理,结边 JJ' 的坐标方位角的最或然值为

$$\alpha_{JJ'} = \frac{p_{a_1} \cdot \alpha_1 + p_{a_2} \cdot \alpha_2 + p_{a_3} \cdot \alpha_3}{p_{a_1} + p_{a_2} + p_{a_3}} \tag{7-13}$$

（5）将三条已知边到结边 JJ' 的导线作为三条附合导线,分别计算其方位角闭合差,并改正各转折角的观测值,进而算出各导线边的坐标方位角的平差值。

（6）由已知点及各边的观测边长和坐标方位角分别沿各线路计算结点的坐标为 (x_1, y_1),(x_2, y_2),(x_3, y_3),分别循环计算其坐标闭合差 f_x、f_y,及其相应的导线全长闭合差 f_s。若 f_s 未超限（可放宽或按相应等级的 $\sqrt{2}$ 倍考虑）,则继续下面的计算。

（7）设三条线路的总长为 s_1、s_2、s_3,则从各条路线推算结点坐标的权分别为

$$p_1 = \frac{c_2}{s_1}, p_2 = \frac{c_2}{s_2}, p_3 = \frac{c_2}{s_3}$$

这里 c_2 亦为任选的常数,结点坐标的最或然值为

$$x_J = \frac{p_1 \cdot x_1 + p_2 \cdot x_2 + p_3 \cdot x_3}{p_1 + p_2 + p_3}$$

$$y_J = \frac{p_1 \cdot y_1 + p_2 \cdot y_2 + p_3 \cdot y_3}{p_1 + p_2 + P_3} \tag{7-14}$$

（8）视 x_J、y_J 为已知坐标,将 L_1、L_2、L_3 作为三条附合导线,分别计算坐标增量改正数和各导线点坐标。

【温馨提示】　本教材省略导线的粗差诊断与导线测量的点位误差分析,有兴趣的读者可参见文献[8]《基础测绘学》相关内容。

任务 6 熟悉掌握交会控制测量

交会测量一般应用在两种场合,一种是精密工程的施工放样或现状位置测定,另一种是直接在已有控制的基础上进行控制加密。它可以在数个已知控制点上设站,分别向待定点观测方向或距离,也可以在待定点上设站向数个已知控制点观测方向或距离,而后计算待定点的坐标。常用的交会测量方法有前

方交会、侧方交会、后方交会和边角后方交会。

一、前方交会

传统的经纬仪前方交会是在已知控制点上设站观测水平角，根据已知点坐标和观测角值，计算待定点坐标的一种控制测量方法。

1. 计算公式推导

如图 7-24(a)所示，根据已知点 A、B 的坐标(x_A, y_A)和(x_B, y_B)，反算可获得 AB 边的坐标方位角 α_{AB} 和边长 s_{AB}，由坐标方位角 α_{AB} 和观测角 α 可推算出坐标方位角 α_{AP}，由正弦定理可得 AP 的边长 s_{AP}，再根据坐标正算公式即可求得待定点 P 的坐标为

$$\left. \begin{array}{l} x_P = x_A + s_{AP} \cdot \cos\alpha_{AP} \\ y_P = y_A + s_{AP} \cdot \sin\alpha_{AP} \end{array} \right\} \tag{7-15}$$

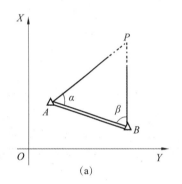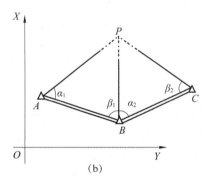

图 7-24　前方交会

如果是大量重复多次的观测计算，可根据式(7-15)和正弦定理推导出如下的编程计算实用公式：

$$\left. \begin{array}{l} x_P = \dfrac{x_A \cdot \cot\beta + x_B \cdot \cot\alpha - (y_B - y_A)}{\cot\alpha + \cot\beta} \\ y_P = \dfrac{y_A \cdot \cot\beta + y_B \cdot \cot\alpha - (x_B - x_A)}{\cot\alpha + \cot\beta} \end{array} \right\} \tag{7-16}$$

式(7-16)又称为余切公式，实际工作中可能会由于点位编号顺序不同而在形式上稍有不同，该情况稍加注意即可。

2. 质量精度保证

根据几何学知道，要确定一个三角形的形状与大小，必须依据三个已知条件，而且三个已知条件中至少有一个是边长条件。图 7-24(a)所示正好属于这种情形，图中的两个已知控制点确定了一条已知边长，实地观测了两个角度，形成了两角一边的已知条件。也就是说，在已知条件刚好够用的前提下，要确定一个未知点的坐标需要两个观测值。这两个观测值可以是两个角度（如前方交会、侧方交会、后方交会）、两条边长（三边测量）、一个角度和一条边长（支导线测量）。

如果刚好只有两个观测值没有一个多余观测，那就没有检核条件。而控制测量的基本精神就是要有多余观测，因此实际工作中至少要多找一个控制方向去交会未知点，如图 7-24(b)所示便有两个多余观测。此时，先按 $\triangle ABP$ 由已知点 A、B 的坐标和观测角 α_1、β_1 计算交会点 P 的坐标(x'_P, y'_P)，再按 $\triangle BCP$ 由已知点 B、C 的坐标和观测角 α_2、β_2 计算交会点 P 的坐标(x''_P, y''_P)，按下式计算两组坐标结果的点位误差 e：

$$e = \sqrt{(x'_P - x''_P)^2 + (y'_P - y''_P)^2} \tag{7-17}$$

e 在允许限差之内，则取两组坐标的平均值作为 P 点的最后坐标。即

$$x_P = (x'_P + x''_P)/2, y_P = (y'_P + y''_P)/2$$

对于图根控制测量,可取该限差不大于两倍测图比例尺精度来要求,即

$$e_{限} = 2 \times 0.1 M \tag{7-18}$$

式中,M 为测图比例尺分母,如对于 1:500 测图的图根控制点,该限差为 100 mm。

在前方交会测量中,交会点 P 的点位中误差按下式估算(推证略)

$$M_P = \frac{m}{\rho} \cdot \frac{s_{AB}}{\sin^2 \alpha} \cdot \sqrt{\sin^2 \alpha + \sin^2 \beta} \tag{7-19}$$

由式(7-19)可以看出:除了测角中误差 m 和已知边长 s_{AB} 对交会点误差产生影响外,交会点精度还受交会图形形状的影响。由未知点至两相邻已知点方向间的夹角称为交会角 γ。GB 50026—2020 规定,前方交会测量中的交会角一般应大于 30°小于 150°。

3. 优缺点分析

前方交会测量要求在两个以上的控制点摆设测站,野外工作量较大,其优点主要是不必在未知点摆设测站便可获得较高的精度,因此前方交会主要用于高精度的工程放样。图 7-25 所示是某桥梁工程中用前方交会方法测设大桥中线与河流中线交叉点坐标的示意图,图中为了精确地测定该点坐标,利用河流两岸的 6 个高等级控制点进行前方交会,测量 8 个角度值(其中 6 个是多余观测)交会测量出该点坐标,并对结果进行检核最后取总平均值,以保证该点的点位精度达到设计要求。

当今时代,我们已经拥有了可以同时进行高精度测角和精密测距的全站仪,这使得包括前方交会在内的各种交会测量发生了实质性的变化。例如在图 7-25 中除了测角外,还可以同时观测各测站点到未知点的边长,于是又增加了 6 个多余观测,与原来的 6 个多余观测角度值一起形成了 12 个多余观测值,可以进行各种方法的平差计算,从而保证和提高了未知点的精度。

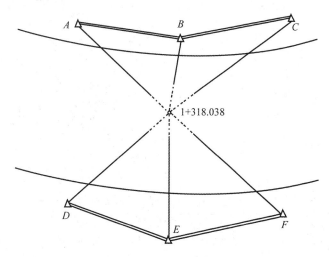

图 7-25 多点前方交会

【例 7-4】 如图 7-26 所示,已知前方交会控制点的坐标为 $M(52\,845.150, 86\,244.679)$,$N(52\,874.898, 85\,918.386)$,在 M、N 两点的观测角分别为 69°01′35″,72°06′18″。试求交会点 P 的坐标。

［解］ 方法一:先用坐标反算公式计算 MN 方位角、边长,其次用正弦定理计算 MP 边长,最后用坐标正算公式计算未知点的坐标,计算过程与结果如图 7-26 所示。

方法二:根据余切公式(7-16)计算,计算时注意数据顺序,结果为

$$x_P = \frac{x_A \cdot \cot\beta + x_B \cdot \cot\alpha + (y_B - y_A)}{\cot\alpha + \cot\beta} = 53\,323.317$$

$$y_P = \frac{y_A \cdot \cot\beta + y_B \cdot \cot\alpha - (x_B - x_A)}{\cot\alpha + \cot\beta} = 86\,109.692$$

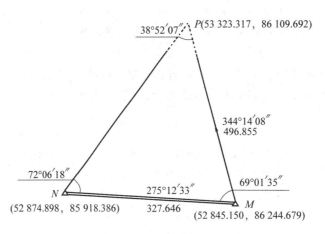

图 7-26　计算示意图

二、侧方交会

传统侧方交会是只在一个已知控制点和待测点摆站的交会方法,如图 7-27 所示。侧方交会的计算与前方交会基本相同,在图 7-27(a)中,先根据三角形内角和公式求出另一个内角,剩下的计算则与前方交会方法完全相同。在图 7-27(a)中也没有多余观测来进行检核,因此实际中可选择另一控制点 C,瞄准测出角度 β' 来进行检核。

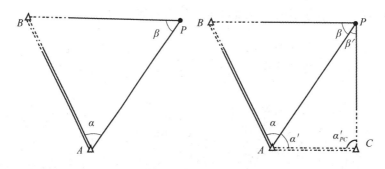

图 7-27　侧方交会

以下介绍两种检核方法:

(1) 可借助已经测出的 P 点坐标与已知的 C 点坐标反算出距离 s_{PC},利用方位角 α_{PA} 与观测角 β' 计算出方位角 α'_{PC},算出 C 点的另一个坐标 (x'_C, y'_C),从而可计算出 C 点的点位差来与限差进行比较。点位误差的计算公式同前方交会方法,见公式(7-17),限差要求与相应等级的控制要求相同。

(2) 根据上述 P 点坐标与 C 点坐标反算出距离 s_{PC}、方位角 α_{PC} 以及上述方位角 α'_{PC},直接用公式计算测角误差产生的点位误差(准确地说是垂直于 PC 方向的横向误差):

$$\Delta_P = \frac{\alpha'_{PC} - \alpha_{PC}}{\rho} \times s_{PC} \tag{7-20}$$

式中,取 $\rho = 206\,265''$。此公式用来将角度观测误差转化为地面横向误差,计算出的 Δ_P 可以与相应等级的控制测量精度要求做比较,不要超出限差范围标准,以保障工程测量的要求。

由于侧方交会的坐标计算公式与前方交会基本相同,故其点位误差的计算公式及影响要素亦相同,图形要求也相同。

侧方交会也需要在两个点上摆站,它适用于不怎么方便去另一个已知控制点摆站架设仪器的情形,例如控制点在交通不便的山顶、河流对岸等(见图 7-28)。

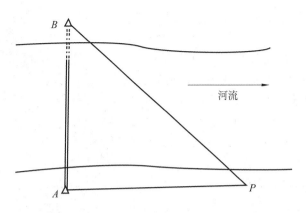

图 7-28 侧方交会建立控制点

三、后方交会

先考虑一个关于三角形外接圆的几何问题。

如图 7-29 所示,以 AB 为固定底边、顶角为 α 的三角形有无数个,这些三角形的顶点可以在△ABP 的外接圆上随意滑动。另外,以 BC 为固定底边、顶角为 β 的三角形也有无数个,同样这些三角形的顶点也在△BCP 的外接圆上滑动。当三角形的顶点都滑动到两外接圆相交处 P 点时,形成两个具有公共边 PB 的三角形。换句话说,只有在 P 点才能绘出顶角为 α 和 β 的两个三角形——△PAB 和△PBC。这便是后方交会的几何基础。

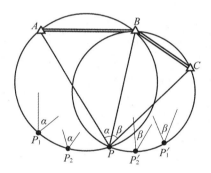

图 7-29 后方交会的几何原理

如图 7-30(a)所示,仅在待定点 P 设站,向三个已知控制点观测两个水平夹角 α、β,从而计算出待定点的坐标,这便是传统的测角后方交会。

由于图 7-30(a)中也只有两个观测值,刚好只能计算出待定点 P 的坐标,没有检核条件,所以实际中还会瞄准第四个已知控制点 D 来测量一个多余观测值 γ_1,作为检核条件,如图 7-30(b)所示。检核的方法与前述侧方交会情况相同。如检核合格,也可以从四个已知控制点中重新挑选出三个图形条件比较好的控制点,再计算出一套待定点坐标,与之前坐标对照取平均值。这里的图形条件比较好主要是指待定点能避开后方交会的危险圆范围。

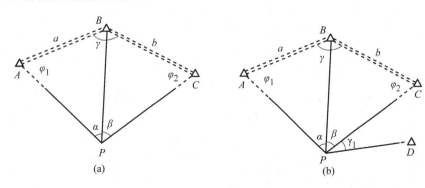

图 7-30 后方交会

后方交会的解算方法很多。由于全站仪的广泛使用,传统的测角后方交会已经很少采纳,因此这里不予阐述。有兴趣者可查阅参考文献[8]《基础测绘学》相关章节内容。

后方交会的最大好处是只需在待定点摆一个站观测,不必在已知控制点摆站,这大大提高了野外作业的工作效率,缺点是操作人员容易忽略危险圆对点位的影响,又因为时间紧张而匆忙收工,缺少多余观测从而给后面的工作带来烦恼。这里要提醒大家的是,在野外一定要多观测一个甚至两个已知方向,作为备用观测。

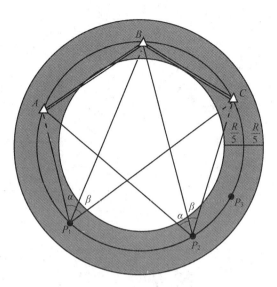

【名词解释——危险圆】 如图 7-31 所示,后方交会的三个目标控制点 A、B、C 确定了一个外接圆。显然,如果我们不小心在这个圆周上选取了待定点摆站观测,无论点位选在这个圆周的哪个位置,如 P_1 点、P_2 点、P_3 点等,观测的两个角度 α、β 均相同,亦即计算出的未知点的坐标也相同,但这在实际上是不可能的,是一件危险的事情,所以称这个外接圆就是危险圆。实际工作中要求测站点不仅不能摆在危险圆上,还要偏离危险圆的圆周一定距离,一般要偏离圆周 $R/5$(R 是危险圆的半径)的距离,要在图中的圆环范围以外设站。

图 7-31 后方交会的危险圆

四、边角后方交会

在前方交会时就已经提到,传统的依赖于测角的经纬仪交会测量慢慢被测角、测边均有很高精度的全站仪交会测量取代。于是,实际工作中便出现了一种工作效率更高、又能保证一定精度的交会测量方法——边角后方交会。可以说,在地形测图、施工放样或是验收测量等各种野外测量工作中,只要是需要建立交会控制点的地方,边角后方交会便是首选。由于这种方法选择待定点位置的自由度较大,因此又可以称作自由交会测量。

如图 7-32 所示,在未知点 P 摆站,分别瞄准已知控制点 A、B,测出边长 s_1、s_2 和水平角 β,便完成了仪器操作观测。当然,通常顺便也观测垂直角以便将 P 点的高程也计算出来(此高程也是从 A、B 两个方向传递过来的,能够互相检核取平均值)。

由于图 7-32 中有三个观测值,因此已有一个多余观测供检核计算和求取平差值。如果对这两个控制点的情况还不足以计算和检核,则可增加一个控制点 C 观测出角度 β_2 与边长 s_3,再进行数据处理检核计算,如图 7-33 所示。

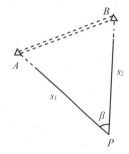

图 7-32 边角后方交会

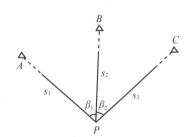

图 7-33 增加方向的边角后方交会

参照图 7-32 最基本的边角后方交会,其简单平差计算可按如下过程进行。

(1)利用三角形的三条边长由余弦定理求算出角度 β:

$$\beta_1 = \arccos \frac{s_1^2 + s_2^2 - s_{AB}^2}{2s_1 s_2} \tag{7-21}$$

(2)与观测角值 β_2 相比较,按侧方交会检核的第二个方法进行检核。

(3)若结果未超限,则可取 β_1 和 β_2 的加权平均值,进而计算未知点 P 的坐标。

对式(7-21)应用误差传播定律求观测值函数的权有点麻烦,况且事先还得对 s_1、s_2 以及对观测角值进行定权,更加烦琐。由于现在的全站仪测距、测角精度均较高,实际中可采取一些简便方法计算。

首先,可先利用两个边长观测值解算出三角形计算未知点 P 的坐标;

其次,利用其中一条观测边长和观测角度计算未知点 P 的坐标;

再次,利用另一条观测边长和观测角度计算未知点 P 的坐标;

最后,对上述三个结果进行比较,若相差不大则可取平均值作为最后结果。

上述公式(7-21)是利用余弦定理反算三角形的夹角。当利用一条观测边长和观测角解算三角形时,还须利用正弦定理来反算出三角形的另外夹角。如反算夹角 A 的公式为

$$A = \arcsin \frac{s_2 \sin\beta}{s_{AB}} \tag{7-22}$$

如图 7-32 所示,如果不观测 P 点位置的夹角,仅测量 P 点与两个已知点相连的边长,则是测边后方交会,一个三角形的测边后方交会没有检核条件。

【例 7-5】 现针对如图 7-34 所示的未知点 P 进行边角后方交会测量,测得 PA、PB 边长及其夹角,试计算未知点 P 的坐标。观测值及已知点坐标均如图 7-34 所示。

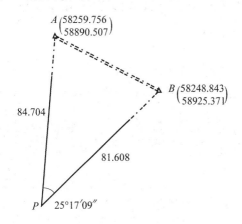

图 7-34 例 7-5 图

[解] 根据已知坐标反算出 AB 边的方位角及边长为

$$s_{AB} = 36.532 \text{ m}, \alpha_{AB} = 107°22'51''$$

用公式(7-21)计算 P 点夹角如下:

$$\beta = \arccos \frac{s_1^2 + s_2^2 - s_{AB}^2}{2s_1 s_2} = 25°17'23''$$

结果与观测角值 $25°17'09''$ 相差 $14''$。

于是参照式(7-20)计算出点位相对误差为 1/14 700(横向)。此精度可媲美工程测量标准中规定的三级导线的精度。

① 用边长观测值 84.704 m 及 81.608 m,计算得 $\angle P = 25°17'23''$,$\angle A = 72°36'42''$,$\angle B = 82°05'55''$,P 点坐标为(58 175.052,58 890.518)。

② 用 84.704 m 及 $25°17'09''$ 可计算得 $\angle A = 72°40'28''$,$\angle B = 82°02'33''$,P 点坐标为(58 175.052,58 890.425)。

③ 用 81.608 m 及 $25°17'09''$ 可计算得 $\angle A = 72°35'08''$,$\angle B = 82°07'43''$,P 点坐标为(58 175.034,58 890.557)。

④ 对照检查,步骤②中 Y 坐标误差稍大,可弃之不用,采纳步骤①和步骤③的结果,取二者平均值得 P 点坐标为(58 175.043,58 890.538)。

注意:上述步骤②的结果中 Y 坐标误差较大,这与边长精度无关,这主要是由于从 A 点到 P 点的方位角已接近 $180°$,Y 坐标增量很小,导致 Y 坐标计算精度降低(其原理参见例 6-26)。

如果用清华山维平差软件计算验证,结果如图 7-35 所示。

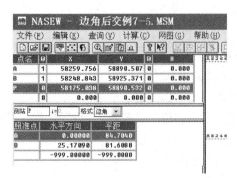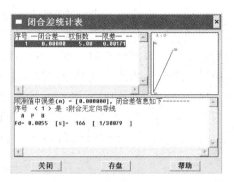

图 7-35 清华山维平差软件计算结果

任务 7 全面学习与掌握三角高程测量

全站仪三角高程测量具有如下优点:①观测方法简单,伴随平面控制同时进行;②测量受地形条件限制最小,可获得满意可靠精度;③速度快、效率高,直接在现场计算获得高程结果。

一、三角高程测量的基本概念

三角高程测量(trigonometric leveling)是通过观测两点之间的水平距离和垂直角求定两点间高差并计算未知点高程的方法。三角高程伴随控制点的平面坐标一起,主要用来进行各种比例尺测图和工程建设施工测量。一般是在上一等级的水准网控制下,用三角高程测量的方法测定加密控制点的高程。由于精密全站仪的应用,现在已有大量精密三角高程测量的成功实例,其精密程度相当于水准测量的四等、三等甚至更高。

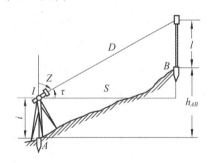

图 7-36 三角高程测量

三角高程测量一般用在两种场合:一是用于高程控制,如三角高程导线;另一是碎部测量,如地形测图。以前在地形测图时,使用标尺进行视距测量与垂直角测量,据此计算两点间高差和目标点高程;或利用垂直角和已知边长推算出两点间高差进而求得未知点高程。而现在基本上是利用全站仪电磁波测距的三角高程,下面的讨论也以全站仪三角高程测量为主。图7-36所示是三角高程测量最基本的工作示意图。

如图 7-36 所示,设 A、B 为地面两控制点,现要求两点间高差 h_{AB},工作时在 A 点安置仪器,在 B 点设反射棱镜,用小钢尺量取仪器中心 I 至地面点 A 的距离作为仪器高 i(仪器高一般可量至毫米,为提高测量精度,可从不同方位量取仪器高两次,取平均值),同时可在棱镜杆上直接读取棱镜高 l,瞄准目标棱镜测出斜距 D 和垂直角 τ(或测出天顶距 Z 之后计算出垂直角),则可得两点间高差 h_{AB} 为

$$h_{AB} = D \times \sin\tau + i - l \tag{7-23}$$

如果是用钢尺或用视距法直接测定出平距 S,或根据坐标反算得到平距 S,则按下式计算 h_{AB}:

$$h_{AB} = S \times \tan\tau + i - l \tag{7-24}$$

具体计算时注意距离与三角函数值的有效数字位数对凑整误差的影响。

以建立控制点为目的的三角高程测量一般会进行直反觇(往返观测),上述从点 A 到点 B 称为直觇(往测),获得 h_{AB}。将仪器安置于 B 点、棱镜置于 A 点,同样可测得从 B 点到 A 点的高差 h_{BA},根据要求核查往返测高差较差是否超限,如合格则取二者平均值作为点 A 到点 B 的高差平均值:

$$h_{\Psi} = (h_{AB} - h_{BA})/2 \tag{7-25}$$

公式(7-25)已经考虑了垂直角的正负号(可能为正,也可能为负),因为垂直角 τ 是有正负之分的,当 τ 为仰角时取正值,当 τ 为俯角时取负值,所以公式中的括号内取"—"号,这一点在垂直角接近于 $0°$ 时尤其要注意。

二、三角高程测量的严密公式

上述图 7-36 推导出的高差计算公式没有考虑到地球曲率影响和大气折射影响。其实,地球曲率对高差的影响是很可观的,相距数百米的两点间高差,该项影响便会高达数厘米。另外大气的垂直折光也会对高差测量产生一定影响。下面对这两项影响进行详细分析。

地球曲率和大气折射对高程测量影响的示意图如图 7-37 所示。欲观测地面两点 A、B 之间的高差,在 A 点架设仪器 P,仪器高度为 i,在 B 点架设反射棱镜 N,觇标高为 l,AF、PE 分别为过点 A、点 P 的水准面弧线,$s = PC$ 为 P 点所在水准面切线长。当仪器望远镜瞄准目标 N 时,由于大气折光的影响,使得望远镜视线并不是从 P 点到 N 点的直线,而是一条弧线 $\overset{\frown}{PN}$,弧线的切线为 PM,仪器测得的垂直角为 PM 与 PC 间夹角 τ_{1-2}。

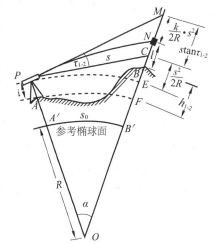

图 7-37 三角高程测量原理示意图

定义参考椭球体面的曲率半径为 R,光程曲线 $\overset{\frown}{PN}$ 的半径为 r,$k = R/r$ 为大气折光系数,微波取 $k = 0.25$,光波取 $k = 0.13$,即 $r \approx 4R \sim 7R$。另外定义点 A、点 B 所对应的参考椭球体弧长为 s_0,相应的球心夹角为 α。

由图 7-37 可知,A、B 两地面点间的高差为

$$h_{1-2} = BF = MC + CE + EF - MN - NB$$

式中,EF 为仪器高 i,NB 为觇标高 l,CE 为地球曲率影响距离,MN 为大气折光影响距离。

可推导 A、B 两地面点的高差[1]为

$$h_{1-2} = s\tan\tau_{1-2} + \frac{1}{2R}s^2 + i - \frac{k}{2R}s^2 - l$$
$$= s\tan\tau_{1-2} + \frac{1-k}{2R}s^2 + i - l$$

令式中 $\frac{1-k}{2R} = C$,C 一般称为球气差联合改正系数,则上式可写成

$$h_{1-2} = s\tan\tau_{1-2} + Cs^2 + i - l \tag{7-26}$$

式(7-26)就是单向观测计算高差的基本公式。例如某台全站仪在某地区的高差测量计算公式为 $h_{1-2} = s\tan\tau_{1-2} + 659 \times 10^{-10}s^2 + i - l$,说明该球气差联合改正系数为 659×10^{-10},并可据此反算出大气折光系数 $k \approx 0.16$。

式(7-26)中垂直角 τ,仪器高 i 和觇标高 l,均可由外业观测得到。s 为实测的水平距离。

当然也可直接按全站仪实测的斜距 D 进行高差计算,此时式(7-26)变成:

---

[1]具体推导过程可参见参考文献[8]《基础测绘学》。

$$h_{1\text{-}2} = D\sin\tau_{1\text{-}2} + C \times D^2 \cos^2\tau_{1\text{-}2} + i - l \tag{7-27}$$

同样，可以根据式(7-25)的含义，进行从点 B 到点 A 的高差返测，比较往返测高差，满足要求之后，获得从点 A 至点 B 往返测的高差平均值：

$$\begin{aligned}
h_{\Psi} &= (h_{1\text{-}2} - h_{2\text{-}1})/2 \\
&= \frac{1}{2}\left[D_1\sin\tau_{1\text{-}2} - D_2\sin\tau_{1\text{-}2} + C(D_1^2\cos^2\tau_{1\text{-}2} - D_2^2\cos^2\tau_{2\text{-}1}) + i_1 - i_2 - l_1 + l_2\right]
\end{aligned} \tag{7-28}$$

由式(7-28)可以知道，如果往返测的仪器高、棱镜高比较接近，则斜距与垂直角也会接近相等，于是上式中的球气差改正可以得到很好的抵消。至于三角高程测量所能达到的精度，参考文献[5]指出："根据实测试验表明，当垂直角测量精度 $m_\tau \leqslant \pm 2.0''$，边长在 2 km 范围内时，电磁波测距三角高程测量完全可以替代四等水准测量。如果缩短边长或提高垂直角的测定精度，还可以进一步提高测定高差的精度。如果 $m_\tau \leqslant \pm 1.5''$，边长在 3.5 km 范围内可达到四等水准测量的精度；边长在 1.2 km 范围内可达到三等水准测量的精度。"

三、外业观测过程与方法

电磁波测距三角高程测量的外业工作一般紧随平面控制测量(或碎部测量)同时进行。关于距离测量的方法已在项目 5 中专门叙述，这里主要介绍垂直角的观测和大气折光系数的确定方法等内容。

1. 垂直角的观测

垂直角的观测方法除了之前介绍的中丝法之外，还可以用三丝法进行观测，以便提高效率。中丝法观测计算的过程在项目 4 任务 5 中已详细介绍，这里不再赘述。图 7-38(a)、图 7-38(b)所示分别是中丝法盘左、盘右观测瞄准示意图。

三丝法是以上、中、下三条水平横丝依次照准目标进行读数记录与计算的方法。完成一个测回的观测程序如下：

盘左位置，如图 7-39(a)所示，按上、中、下三条水平横丝依次照准同一目标各一次，分别进行垂直度盘读数，取平均值得盘左读数 L。

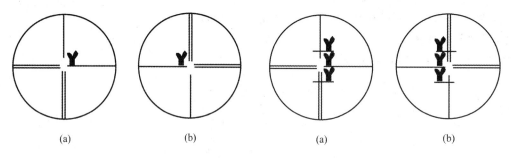

(a)	(b)	(a)	(b)

图 7-38　中丝法观测　　　　　　　　　　**图 7-39　三丝法观测**

盘右位置，如图 7-39(b)所示，按上、中、下三条水平横丝依次照准同一目标各一次，分别进行垂直度盘读数，取平均值得盘右读数 R。

指标差和垂直角的计算同样根据仪器度盘的注记形式，参照项目 4 任务 5 进行。

实际中一般对各个方向分别照准，依次观测。如果一个测站上观测的方向太多，也可将观测方向分成若干组，每组包括 2~4 个方向，分别进行观测。

2. 大气垂直折光系数 k 和球气差系数联合改正 C 的确定

大气垂直折光系数 k，对于全站仪除了仪器本身的载波信号之外，还随季节、时间、地区、地点、气候、地面覆盖物和视线超出地面高度等条件不同而变化,要准确测定它的数值大小,目前尚有困难。通过实验发现,系数 k 在一天内的变化,大致在中午最小,也较稳定;在日出、日落时最大,变化也快。因而垂直角的观测时间最好在地方时 10:00—16:00 之间,此时系数 k 在 0.08~0.14 之间。图 7-40 所示为根据系数 k 计算的系数 C 在一天内随时间变化的曲线。不少单位对系数 k 进行过大量的测量计算和统计工作,例如某单位根据 16 个测区的资料统计,得出系数 $k=0.107$[①]。

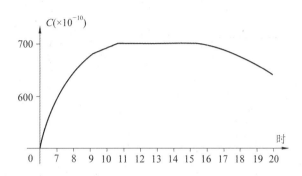

图 7-40 系数 C 在一天内随时间变化的曲线

在实际作业中,往往不是直接测定系数 k,而是先设法确定系数 C,再根据 $C=\dfrac{1-k}{2R}$ 求取系数 k。因为平均曲率半径 R 对一个小测区来说是一个定值,所以确定了系数 C,系数 k 也就知道了。实践表明,$k=R/r$ 恒小于 1,故系数 C 恒为正值,其数量级如图 7-40 所示。

下面介绍确定系数 C 的两种方法。

(1)根据水准测量的观测成果确定系数 C。

先用水准测量方法测得两点之间的正确高差 h,再用三角高程方法观测,按式(7-27)计算两点之间的高差,如果所取的 C 值正确,也应该得到相同的高差值,即有

$$h = s\tan\tau + Cs^2 + i - l$$

式中仅包括一个未知数 C,解此方程就可以得到 C 值。实际中可多布置几条测线进行观测,最后取平均值以获得较为准确的结果。

(2)根据同时对向观测计算系数 C。

设两点间的正确高差为 h,同时对向观测的高差分别为 h_{1-2} 和 h_{2-1},因为是同时观测,可以认为 $C_1=C_2=C$。即

$$h_{1-2} = s_1\tan\tau_{1-2} + Cs_1^2 + i_1 - l_1 = h_1 + Cs_1^2 = h$$
$$h_{2-1} = s_2\tan\tau_{2-1} + Cs_2^2 + i_2 - l_2 = h_2 + Cs_2^2 = -h$$

将上两式相加,即可解得系数 C:

$$C = -\frac{h_1 + h_2}{s_1^2 + s_2^2} \tag{7-29}$$

无论用哪一种方法,都不能根据一两次测定的结果确定一个地区的平均大气垂直折光系数,而必须在不同季节、不同时间、不同地点进行大量野外观测,并对这些数据进行分析处理,然后取平均值才较为可靠。

3. 仪器高、目标高测量

根据三角高程测量的高差计算公式可知,测量中必须测量仪器高度 i 和目标高度 l。仪器高 i 指安置好的仪器中心至地面标志点的距离,目标高 l 指仪器中横丝瞄准的目标位置到地面标志点的距离。一般等级(如四等以下)的三角高程测量时,用小钢尺丈量读数至毫米,丈量时需从三个不同方位量测,互差最

---

① 见参考文献[5]《控制测量学》(上册)。

大不超过 3 mm,而且在仪器观测开始与观测结束时分别各量测一次,注意要将这些读数全部记录下来再取平均值。

但实际测量时,受三脚架的影响,量取仪器中心或棱镜中心到地面标志点的距离并不方便,精度也不高(含系统误差影响)。如果是高等级的精密三角高程测量,则可采用类似水准测量的方法精密测量仪器高。测量的示意图如图 7-41 所示。

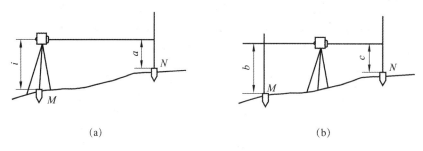

(a) (b)

图 7-41 测量仪器高

以全站仪作为水准仪进行水准测量。如图 7-41(a)所示,仪器安置在控制点 M 处,在仪器不远处选取过渡点 N,并在 N 点竖立标尺。瞄准 N 位置标尺,通过调节望远镜的上下微动旋钮使显示屏垂直度盘示数为 90°,此时认为视准轴处于水平位置,在标尺上读取示数 a',为消除垂直度盘指标差影响,用盘右 270°位置读取示数 a'',取 a'、a'' 的平均值为 a。再将仪器移至如图 7-41(b)所示位置,分别用盘左、盘右位置测得视线水平时的读数 b'、b'',及 c'、c'',取各自的平均值得 b、c。根据一站式水准测量的高差计算方法,得仪器高 i 为

$$i = a + (b - c) \tag{7-30}$$

对于目标高的测量,可按如下方法进行:分别用盘左、盘右瞄准棱镜观测,读取示数之后,在目标控制点上换上一把水准标尺,调节望远镜,用盘左、盘右对应相同的垂直度盘示数瞄准棱镜,分别读取仪器高取平均值。

使用上述方法测量仪器和觇标高度时,可以同时用小钢尺直接量测仪器高和棱镜高,以便能够检核。

四、线路三角高程测量的平差计算

水准测量中有一站式、线路水准、水准网,平面控制测量也有一站式、平面导线、导线网。与之相对应,三角高程也有一站式、线路三角高程、三角高程网。线路水准测量、平面导线测量、三角高程导线测量,在实际测量工作中应用频繁,是一般测量技术人员必须掌握的技术工作。

与线路水准测量相对应,线路三角高程的形式也分为附合线路和闭合线路,计算原理与方法也基本类似,标准中对它们相同级别的线路闭合差的要求也相同。下面结合例题介绍某附合路线三角高程测量的近似平差计算过程。

【例 7-6】 如图 7-42 所示,从已知水准点 BM_1 出发进行三角高程测量(五等级别),经过未知高程点 A、B、C、D 共观测 5 个测段,最后附合到另一个水准点 BM_2 结束。已知点的高程、各测段高差、各测段长度均见图 7-42。现要求各未知点的高程。

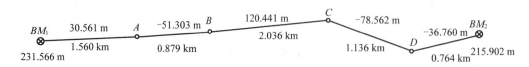

图 7-42 附合高程导线的计算

[解] 计算的过程及结果均见表 7-4。步骤说明如下。

表 7-4　附合线路三角高程平差计算

测段序号	站点名	高差观测值 h'_i/m	测段长 D_i/km	$v_i = \dfrac{D_i^2 W}{[DD]}$/mm	高差最或然值/m	高程/m
	BM_1					231.566
1		30.561	1.560	−11	30.550	
	A					262.116
2		−51.303	0.879	−3	−51.306	
	B					210.810
3		120.441	2.036	−18	120.423	
	C					331.233
4		−78.562	1.136	−6	−78.568	
	D					252.665
5		−36.760	0.764	−3	−36.763	
	BM_2					215.902
$W_容 = \pm 30\sqrt{[D]} = \pm 75$ mm $W = H_1 + \sum h'_i - H_2$ $= 41$ mm $\leqslant W_容$			$[D] = 6.375M$ $[DD] = 9.226$	$[v] = -41$ mm $= -W$	$\sum h = 0$	计算闭合

（1）列表，填写已知数据及观测数据，见表 7-4。

（2）计算闭合差。

$$W = H_{BM_1} + h'_1 + h'_2 + h'_3 + h'_4 + h'_5 - H_{BM_2} = 0.041 \text{ m}$$

（3）检核（按五等三角高程）。

$$W = 0.041 \text{ m} \leqslant W_容 = \pm 75 \text{ mm}$$

（4）观测高差改正数计算。

改正数的计算与水准测量不同。根据式（6-61）的分析，三角高程测量的权与距离的平方成反比。因此可将闭合差按距离的平方成比例分配，即

$$v_i = -W \frac{D_i^2}{[DD]} \tag{7-31}$$

式中，D_i 是第 i 测段的距离，$[DD]$ 为各测段长度的平方和。

其余高差或然值、高程计算等，均与水准测量完全相同。

五、视距三角高程测量

在没有普及光电测距仪、全站仪的年代，野外测图过程中会经常用视距三角高程测量来获得控制点的高程，当边长不大而且采取对向观测时同样能满足地形测图要求（等高距的十分之一），同时所有的碎部点高程也是视距三角高程测量的结果。

根据式（5-15），可得自点 A 至点 B 的高差为

$$h_{AB} = \frac{1}{2} kl \sin 2\tau + i - l_中$$

$$= 50 \times l \sin 2\tau + i - l_中$$

$$= 50 \times (l_上 - l_下) \sin 2\tau + i - l_中$$

同样可获得自点 B 至点 A 的高差 h_{BA}，再取二者的平均值：

$$\bar{h}_{AB} = (h_{AB} - h_{BA})/2$$

最后计算 B 点高程为

$$H_B = H_A + \bar{h}_{AB}$$

六、中间法三角高程测量

中间法三角高程测量是模拟水准测量中前后视观测的特点，快速测量未知点高程的方法。该方法仅在两控制点间布置测站，工作效率较高，但由于没有对向观测，缺乏往返测高差较差的检核，因此必须加强测角的精度与测距的正确可靠性。

如图 7-43 所示，将仪器安置在两控制点 A、B 之间，对准前后控制点上的棱镜测量距离与垂直角（不用观测水平角），则可参照式（7-27）计算出如下高差：

$$\left. \begin{aligned} h_1 &= D_1 \sin\tau_1 + (1-k)\frac{D_1^2}{2R}\cos^2\tau_1 + i - l_1 \\ h_2 &= D_2 \sin\tau_2 + (1-k)\frac{D_2^2}{2R}\cos^2\tau_2 + i - l_2 \end{aligned} \right\} \tag{7-32}$$

注意式中的倾斜边长 D_1、D_2 须经过仪器常数改正和气象改正（参照仪器说明），其他符号的含义如图 7-43 所示。

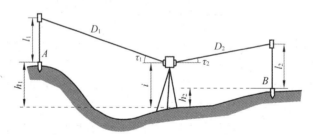

图 7-43 中间法三角高程测量

故点 A、点 B 的高差为

$$h_{AB} = h_2 - h_1$$

$$= D_2 \sin\tau_2 - D_1 \sin\tau_1 + \frac{(1-k)}{2R}(D_2^2 \cos^2\tau_2 - D_1^2 \cos^2\tau_1) - l_2 + l_1 \tag{7-33}$$

式（7-33）中没有仪器高 i，说明中间法三角高程测量可免去测量仪器高。若 $l_1 = l_2$，也可免去测量反射棱镜高，则式（7-33）变为

$$h_{AB} = D_2 \sin\tau_2 - D_1 \sin\tau_1 + \frac{(1-k)}{2R}(D_2^2 \cos^2\tau_2 - D_1^2 \cos^2\tau_1) \tag{7-34}$$

根据式（7-33）、式（7-34）可以得出，如果将仪器摆在点 A、点 B 的中间点附近，则同样可以大大减少大气折光和地球曲率的影响，从而提高高差测量精度。

七、三角高程测量的其他内容

参考文献[8]《基础测绘学》详细分析讨论了"三角高程测量的限差要求"，提出了"三角高程测量的误差分析与措施采取"，分析了如何"利用三角高程测量代替一、二等水准测量"，介绍了"跨河水准测量"的具体办法。有兴趣的读者可参阅共同研讨。

最后需要指出的是,虽然三角高程在精度上与几何水准测量有一定的差距,但在很多时候,人们又习惯用它来代替水准测量。因为它能跨过特殊地段(如施工场地、高山峡谷、河流水面),在较远距离测量未知点的高程,观测需要的时间相对水准测量来说大大缩减,生产效率、经济效益均大大提高。尤其在高山峡谷作业区,几何水准测量异常艰难,三角高程测量便可以发挥它的优势,解决几何水准测量难以解决的高程传递问题。

参 考 文 献

[1]罗时恒.地形测量学[M].北京:冶金工业出版社,1985.

[2]张坤宜.测量技术基础[M].武汉:武汉大学出版社,2011.

[3]潘正风,程效军,成枢,等.数字测图原理与方法[M].2版.武汉:武汉大学出版社,2009.

[4]中华人民共和国住房和城乡建设部.工程测量标准:GB 50026—2020[S].北京:中国计划出版社,2021:2.

[5]孔祥元,郭际明.控制测量学:上册[M].4版.武汉:武汉大学出版社,2015.

[6]刘延伯.工程测量[M].北京:冶金工业出版社,1984.

[7]张正禄.工程测量学[M].武汉:武汉大学出版社,2005.

[8]徐兴彬,邱锡寅,黄维章,等.基础测绘学[M].广州:中山大学出版社,2014.

1.工程控制测量中,下列表述正确的有(　　　)。

A.后方交会的三个控制点之间均不必相互通视

B.导线测量中坐标增量闭合差与方位角闭合差大小无关

C.闭合导线的起始方位角误差与起始控制点坐标相关

D.导线测量的精度比三角测量的精度高

E.附合导线计算中,各未知点坐标与起始已知边和最后已知边的边长均无关

F.当河流宽度大于 300 m 时,可以采用特殊的过河水准测量方法

2.我国的国家控制网有(　　　)。

A.国家一、二、三、四等平面控制网(三角形网)

B.国家Ⅰ、Ⅱ、Ⅲ级导线网

C.国家一、二、三、四等水准网

D.国家Ⅰ、Ⅱ、Ⅲ级平面控制网

E.国家 GPS-A 级、GPS-B 级网(27＋818 点),GPS 一、二级网(534 点),中国地壳运动观测网络(1081 点)

F.国家一、二、三、四等三角高程网

3.假定图 7-12 中 $n=7$,现计算出该导线的方位角闭合差为 45″,满足 GB 50026—2020 的要求,则该导线为(　　　)导线。(提示:注意观测角的个数)

A.二级　　　　　　　　　　B.5″级

C.8″级　　　　　　　　　　D.10″级

E.均不对

4.三角高程测量中,在计算往返高差时,要求对向观测垂直角。其主要目的是(　　　)。

A.有效地抵偿或消除地球曲率影响

B.有效地抵偿或消除仪器高和觇标高测量误差的影响

C.有效地抵偿或消除大气垂直折光的影响

D.有效地抵偿或消除读盘分划误差的影响

E.有效地抵偿或消除垂直角读数误差的影响

5.用坐标方位角计算坐标增量时,下列计算结果正确的是( )。

A. $\alpha_{AB} = \alpha_{AB} + 2 \times 360°$

B. $\alpha_{AB} = \alpha_{BA} + n \times 360°$（$n$ 为正整数或零）

C. $\alpha_{AB} = \alpha_{BA} - n \times 180°$（$n$ 为正整数,且为奇数）

D. $\alpha_{AB} = \alpha_{AB} + n \times 180°$（$n$ 为整数）

E. $\alpha_{AB} = \alpha_{BA} - n \times 180°$（$n$ 为正整数,且为奇数）

F. $\alpha_{AB} = \alpha_{BA} + n \times 180°$（$n$ 为整数）

6.图 7-44 所示为某二级导线的附合导线测量示意图。四个控制点的坐标及 6 个观测角和 5 条观测边长均如图 7-44 所示。现要求按近似平差的方法进行导线计算,求出各导线点的坐标。

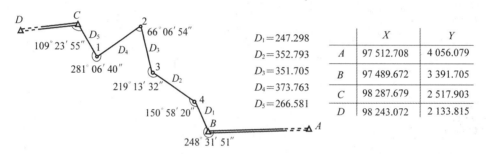

	X	Y
A	97 512.708	4 056.079
B	97 489.672	3 391.705
C	98 287.679	2 517.903
D	98 243.072	2 133.815

$D_1 = 247.298$
$D_2 = 352.793$
$D_3 = 351.705$
$D_4 = 373.763$
$D_5 = 266.581$

图 7-44 题 6 图

7.图 7-45 所示为某闭合导线测量示意图。按图根控制要求进行的野外观测结果如图 7-45 所示(其中连接角 308°24′18″为高精度观测值),已知点 B 坐标为($88\ 523.456, 90\ 834.567$),BA 方位角为 30°59′42″,试进行近似平差计算,求出各导线点的坐标。

8.边角后方交会测量示意图如图 7-46 所示,已知点 A、点 B 的坐标分别为 $A(58\ 259.756, 58\ 890.507)$、$B(58\ 248.843, 58\ 925.371)$,观测值边长及水平角如图 7-46 所示。请计算未知点 P 的坐标,并进行相应的精度评定,指出该测量成果与标准中何种等级的控制测量精度相当。

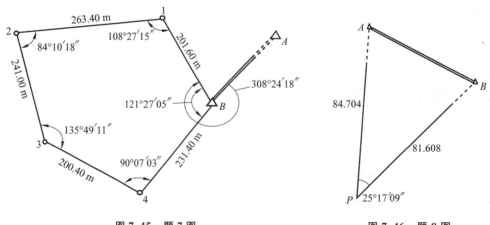

图 7-45 题 7 图   图 7-46 题 8 图

9.三角高程导线测定的垂直角、水平距离、仪器高、目标高等观测数据列于表 7-5 中,试计算各导线点的高程。已知高程数据为 $H_{G06} = 153.866$ m, $H_{G17} = 167.530$ m。（提醒:往返测时,球气差改正可抵消）。

表 7-5 题 9 表

测站	仪器高/m	目标	目标高/m	垂直角/(°′″)	水平距离 s/m	h/m	$h_\Psi+v_i$	H/m	备注
G06	1.508	N_1	1.456	1 08 42	243.168			153.866	
N_1	1.486	G06	1.700	−1 06 36					
		N_2	1.637	0 32 48	295.618				
N_2	1.560	N_1	1.600	−0 30 36					$\sum h = 13.698$ mm
		N_3	1.514	0 18 42	329.750				$\Delta h = 0.034$ mm
N_3	1.488	N_2	1.442	−0 19 54					$[ss] = 456791.9$
		N_4	1.389	2 33 30	284.549				$v_i = -\dfrac{s_i{}^2}{[ss]}\Delta h$
N_4	1.503	N_3	1.520	−2 34 24					
		N_5	1.456	−1 36 54	252.087				
N_5	1.464	N_4	1.340	1 34 24					
		G17	1.662	−0 18 48	238.789				
G17	1.513	N_5	1.425	0 20 12				167.530	

10. 利用全站仪进行后方测边交会,观测数据见表 7-6。试计算交会点 P 的高程(需考虑球气差影响),并分析垂直角大小与交会点高程精度的关系。

表 7-6 题 10 表

测站	目标	垂直角/(°′″)	水平距离/m	目标高/m	仪器高/m	备注
P	G15	−1 16 24	417.224	1.534	1.508	$H_{G15}=158.457$
	G20	0 30 42	410.590	1.627		$H_{G20}=145.582$

11. 在使用全站仪进行附合导线三角高程测量时,设测距综合误差为 ±10 mm,垂直角测量误差为 $\pm15''$;仪器高与目标高采用小钢尺进行丈量,设误差为 ±3 mm;导线平均边长为 250 m,平均倾角为 $2°$,不考虑大气垂直折光系数误差的影响,试推算每边对向观测高差较差的限差。若导线边数为 12 条,不考虑起始高程误差的影响,试推算三角高程导线全长高差闭合差的限差。

项目 8

地形图的认识、应用与测绘

■ 内容提要

　　介绍地形图的基本概念，分析地形图的表达内涵，统计地形图的分类，介绍地形图的新、旧分幅办法，推荐地形图阅读的技巧，讲解地形图的基本应用，叙述地形图测绘的基本步骤。

■ 提前思考

　　在了解地球地形图投影法则的基础上，分析提出测绘月球地形图和火星地形图的投影法则。

任务 **1** 认识地形图

一、地形图的概念

关于地形图的定义,许多文献总结出各种不同的说法。有的说,"地形图是根据一定的投影法则,使用专门符号,经过测绘综合,将地球表面缩小在平面的图件";也有的说,"数字地形图是存储在数据库中的地理数据模型";等等。

《测绘学名词》(第四版)定义,**地形图**是指"标准化地表示地物、地貌的平面位置及其基本地理要素,且地貌用等高线描绘的普通地图"。同时又定义,**地图**是"按照一定的数学法则,运用符号系统和综合方法,以图形或数字形式表示的具有空间分布特性的自然与社会现象的载体"。

其实,上述地形图定义中关于"地貌用等高线表示"的内容是针对较大比例尺地形图的。对很多小比例尺地形图(如中国地图出版社 1999 年 6 月出版的 1∶6 000 000 中国地形图),是不可能用等高线去表示地貌的。针对上述各种定义,并考虑到地形图表达的具体内容,我们可以先对地形图与地图做如下归纳分析:

① 地图是根据一定的数学法则绘制而成的。这个法则主要指地图的投影法则。如项目 2 中介绍的墨卡托投影、兰勃特投影、高斯投影等。

② 地形图属于地图中的一种,同样具有相应的投影法则。地图包含地形图,但不等同于地形图。地图表示的范围一般较大,注重自然要素的同时,更加注重社会经济要素。地形图表示的范围可大可小,主要倾向于表达地表形态和地貌变化以及地物的空间位置。因此,地形图与地图的主要区别就在于前者具有对地形地貌的准确表达而后者没有。它们的共同点在于都是按一定的数学法则和比例尺建立起来的图形资料。

③ **地形**,顾名思义是指地球表面的形状、形态。如《战国策·秦策二》:"甘茂,贤人,非恒士也。其居秦,累世重矣,自肴塞、溪谷,地形险易,尽知之。"白居易《早春即事》诗:"物变随天气,春生逐地形。"《明兵部尚书节寰袁公墓志铭》:"公久历海上,凡地形险易,军储盈缩,将吏能否,虏情向背皆洞若烛照,故登莱终公之任销锋卧鼓。"毛泽东《论持久战》七十:"射击原则的'荫蔽身体,发扬火力'是什么意思呢?前者为了保存自己,后者为了消灭敌人。因为前者,于是利用地形地物,采取跃进运动,疏开队形,种种方法都发生了。"等等,说的都是关于地形的概念,即地表的高低起伏变化、丘陵山形走势。

④ **地貌**。古时有孔子"以貌取人"的故事,还有"貌合神离""道貌岸然"的成语,说的都是人的外表情形。由此可见,貌是指人或物体表面的分布情况与色彩的表达。地貌则可理解为地表的面貌分布组成,如草原地貌、森林地貌、作物地貌,它们的面貌颜色会随春夏秋冬的季节变化而有所不同;对于冰川、雪原、荒沙、戈壁、水面等地貌,它们则有可能随时间的推移发生从量变到质变的变化;在地质上也有喀斯特地貌、丹霞地貌、雅丹地貌等,这些地貌同样会在一定时间内发生可观的变化。可见,无论从历史、文化等社会科学方面求索,还是从地质、地理等自然科学方面考究,地形与地貌都具有不同的含义,不能混为一谈。

⑤ **地物**是指附着在地表上的自然或人工物体。自然物体大的如山脉、河流、海洋、草原、冰川等,小的如水塘、小山、小河等,它们一般都具有自己确定的位置和固定的名称,人工的地物则有公路、铁路、楼房等建筑物与构筑物,它们同样有各自固定的位置和名称。

⑥ 地形、地貌、地物三者是一个有机的结合体。地物是客观存在的物质体，具有物理的含义；地貌是自然物体的表面分布情况，其表面分布的自然色彩能够随时间与季节性变化而发生改变，具有化学变化的含义；地形则是地物的表面形状与形态，是数学概念。地形、地貌、地物组成了地形图表达的三个要素：地形用等高线(山地)和高程注记(平地)来表示，也有些用色彩、色晕塑造立体形态来表示；地貌用符号和文字注记说明(如菜地、水面、沙砾、草地等)；地物则根据其形状、大小与位置，按比例或非比例绘制出来，并恰当地给予名称注记。

综合以上分析，我们可以简单地将地形图定义为"按一定比例表示地形、地貌、地物的平面位置和高程的数学投影图"。而地图在描述各要素自然属性的基础上，更加偏重社会属性，是"对地球表面的自然因素和社会现状的缩略图"。

二、地形图的名称与用途分类

1. 几种地(形)图名称介绍

时下比较热门的地形图或地图称谓有如下各种：

(1) 线划地(形)图。

这便是一般的普通地(形)图，又简称地(形)图。从古到今，线划地(形)图是用毛笔、钢笔、铅笔一笔一画描绘出来的，以前称为地(形)图，在计算机中存储管理的则称为数字线划图(DLG)；

(2) 数字地(形)图。

数字地(形)图是20世纪末的产物，指以数字形式存储在计算机中，可用于编辑修改、打印输出的图形资料，又称电子地(形)图。数字地(形)图包括数字线划图(DLG)、数字正射影像图(DOM)、数字化专题地(形)图等，又可称电子地形图、电子地图。

(3) 影像地(形)图。

它是具有影像内容、数学基础、图廓整饰的地(形)图，如数字正射影像图(DOM)、专题影像图等。

(4) 工程地形图。

在各种工程的规划、设计、施工中使用的大比例尺地形图。比例尺一般为1∶5 000～1∶500不等。

(5) 中、小比例尺地形图。

这是国家政府投资、用摄影测量方法完成的全国范围地形图。比例尺一般有1∶1 000 000、1∶500 000、1∶100 000、1∶50 000、1∶10 000等，其中1∶50 000地形图为实测地形图，比例比它小的是在此基础上生产出来的编绘地形图。

(6) 专题地(形)图。

这是用于各种专题工作或项目研究的地形图。如珠江流域地形图、三江源自然保护区地形图等。

(7) 网络地图。

网络地图包括Google地图、手机导航地图、汽车导航地图等。

2. 地形图的用途与分类

① 地形图按比例尺大小可分为小比例尺地形图、中比例尺地形图、大比例尺地形图。比例尺小于1∶100 000的为小比例尺地形图，主要用于大范围内的宏观评价和地理信息阅读、研究；1∶100 000～1∶10 000的为中比例尺地形图，主要用于一定范围内较详细的各种规划研究和评价，其中1∶50 000地形图是我国各行业部门进行国民经济建设和国防建设规划的基本工作用图；大于1∶10 000的为大比例尺地图，用于各部门、单位进行种类规划、设计、勘察、施工及科研等使用。

我国有 8 种基本比例尺地形图（1∶1 000 000、1∶500 000、1∶250 000、1∶100 000、1∶50 000、1∶25 000、1∶10 000、1∶5 000），其中前 3 种为小比例尺地形图，中间 4 种为中比例尺地形图，最后 1∶5 000 为大比例尺地形图。

图 8-1 所示为我国常用的各种比例尺地形图，8 种基本比例尺地形图中除 1∶1 000 000 采用兰勃特投影外，其余均采用高斯-克吕格投影。1∶2 500 000 为采用兰勃特投影的中国全图。中国地图出版社还出版有 1∶4 000 000、1∶6 000 000 等各种比例尺的中国地形图，其中 1999 年 6 月出版的 1∶6 000 000 挂图全面反映了我国山川地貌的立体地形图，它们均是采用兰勃特投影。

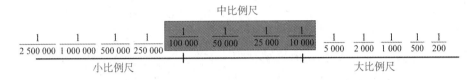

图 8-1　地形图的比例尺分类

② 地形图要通过野外地形测量或摄影测量的方法获得，以前传统的办法是用经纬仪平板测图（白纸测图）而获得白纸地形图，现在大量采用数字化测图而获得数字地形图。数字化测图也有很多种类，根据测图工作的方法及测图成果表现形式的不同，地形图又可分为数字线划图 DLG（又称数字矢量图，以矢量方式表示并以矢量数据结构存储的数字地图）、数字高程模型 DEM（用大量坐标点对地形表面起伏的表示）、数字地面模型 DTM（表示地形起伏和地表景观的一系列坐标点的集合，是传统地形图的数字化形式）、数字正射影像图 DOM（用正射像片编制的带有公里格网、图廓内外整饰和注记及有关地物要素的地图）、数字栅格地图 DRG（以栅格数据表示并以栅格数据格式存储的数字地图）。

③ 根据获取影像数据的工具、手段不同可分为航空影像图、卫星影像图（用处理过的卫星像片按一定要求制成的影像图）、雷达影像图、摄像图等。

④ 根据用途可分为通用地形图和专用地形图（如作战地形图、水下地形图等）。

⑤ 也可以综合各种影像资料或地形基础资料编制出各种合成地图或地形图。

此外，地籍图（描述土地及其附着物的位置、权属、数量和质量的图件）、宗地图（描述单宗地的地籍图）、权属图、边界地形图等是地形图的进一步表达形式。

我们一般不能根据一张地图就能编制出一份地形图，但有了一定比例尺的地形图，便可以编制相同比例尺或更小比例尺的地图，因此可以说，地形图是编制地图的基础图件，地图是地形图的目标成果，没有地形图的具体测绘，就没有丰富多彩的地图为我们服务。地图按其内容可分为普通地图和专题地图（如行政区划图、交通游览图、自然保护区地图等），按形式可分为白纸地图和电子地图，按出版格式可分为单张地图和地图集、地图册，按其表现形式可分为线划地图、影像地图、平面地图、立体地图等，近年还出现了导航地图、网络地图等。

三、地形图的精度要求

GB 50026—2020《工程测量标准》规定，地形图地物点的图上精度，相对于邻近图根点的点位中误差，在城镇建筑、工矿区为 0.6 mm，一般地区为 0.8 mm，水域地区为 1.5 mm。

地形点的高程精度，相对于邻近图根点的高程中误差，对于平坦地带（地面倾角 $\alpha < 2°$）、丘陵地带（$2° \leqslant \alpha < 6°$）、山地（$6° \leqslant \alpha < 25°$）、高山地（$\alpha \geqslant 25°$），分别不能超过地形图上基本等高距的 1/3、1/2、2/3、1 倍。

其他更加详细的精度要求读者可查阅相应的测量标准如《海洋工程地形测量规范》《城市测量规范》《工程测量标准》等。

任务 2 深入领会地形图的各种比例尺

地形图的比例尺是指线段在图上的长度与其在实地的水平长度之比。设线段图上长为 l，实地水平距离为 L，则地形图的比例尺为

$$比例尺 = \frac{1}{M} = \frac{l}{L} = \frac{1}{L/l} \tag{8-1}$$

式中，$M = L/l$ 称为比例尺分母，表示缩小的倍率。

常见的比例尺有以下几种：数字比例尺、图示比例尺、三棱比例尺。其中图示比例尺又有直线比例尺、斜线比例尺、经纬线比例尺。

一、数字比例尺

用分子为 1 的分数来表示的比例尺就是数字比例尺。这就是说，数字比例尺是用数字来表示比例尺的关系，如 1：50 000、1：5 000 等。数字比例尺的优点是比例关系明确，能根据公式方便地进行图上长度或实地长度的计算，计算公式由式（8-1）变形可得

$$L = l \times M, \quad l = L/M \tag{8-2}$$

【例 8-1】 量得一座桥梁两端之间的水平距离为 98.6 m，试求在 1：500 大比例尺地形图上应画出的长度。

［解］ 按公式（8-2）有

$$l = \frac{L}{M} = \frac{98.6 \text{ m}}{500} = 0.197 \, 2 \text{ m} = 19.72 \text{ cm}$$

【例 8-2】 设在 1：1000 大比例尺地形图上量出一房屋的长为 3.24 cm，宽为 2.24 cm，求这房屋的占地面积。

［解］ 由公式（8-2）有

$$L_1 = l_1 \cdot M = 3.24 \text{ cm} \times 1000 = 3240 \text{ cm} = 32.4 \text{ m}$$
$$L_2 = l_2 \cdot M = 2.24 \text{ cm} \times 1000 = 2240 \text{ cm} = 22.4 \text{ m}$$
$$面积 \, S = 32.4 \text{ m} \times 22.4 \text{ m} = 725.76 \text{ m}^2$$

【温馨提示】 数字比例尺的分母越大，则比值越小，比例尺也就越小；相反，分母越小，则比例尺越大。

数字比例尺也叫主比例尺，它包含两个重要因素：一是图纸没有物理上的伸缩变形，二是没有数学上的投影变形。这里数学上的投影变形是指，在小比例尺地（形）图上，除标准纬线上以外，均会产生投影变形，而地（形）图上标注的数字比例尺是指在该图上某个位置无数学投影变形的比例尺，即标准纬线上的比例尺。

标准纬线是地图上经投影后保持无变形的纬线。正轴圆锥投影和正轴圆柱投影中，当圆锥面或圆柱面与地球椭球体相切时，有一条标准纬线。相割时，有两条标准纬线，即割纬线。标准纬线可根据制图区域而定，也可根据投影条件图解求得。编制中国全图时，通常采用兰勃特投影中的双标准纬线割圆锥投影，两条标准纬线现在一般取 25° 和 47°，以前则常取 24° 和 48°。图 8-2(c) 所示是我国军事部门编制的一幅全国交通图所采用的经纬线图示比例尺，该图示比例尺显示此图采用的双标准纬线是 24° 和 46°。

当编制我国的分省（区）地图时，将我国从南到北分成 10 个投影带，对每个分带同样采用兰勃特投影中

的割圆锥投影,10 个投影带中每个带均有自己的两条标准纬线,各标准纬线的纬度值参见百度文库"我国分省地图投影标准纬线"的介绍。用这种分带投影的方法可获得较小的长度变形,10 个投影带中的最大长度变形,以新疆维吾尔自治区最为厉害(因其纬度差最大),约 0.5%,内蒙古次之(0.4%),最小的为湖北、安徽、江苏、上海等地所在的投影带,为 0.1%左右。其余投影带的最大长度变形为 0.2%~0.3%。

二、图示比例尺

在地(形)图的图纸上绘制的比例尺称图示比例尺。图示比例尺的应用有两个好处,一是方便直观,可以参照比例尺上所刻的比例长度关系,目估图上任意两点间的距离,经常读图的人的估计精度可以达到 10%以内;二是绘在图纸上的图示比例尺随图纸一同伸缩,用它在同一幅图上量测距离时,就可以基本上消除因图纸伸缩而带来的量测误差。图示比例尺有直线比例尺、斜线比例尺,还有一种用在较小比例尺图上的经纬线比例尺。

1. 直线比例尺

直线比例尺是在一段直线上截取若干相等的线段,称为比例尺的基本单位,如图 8-2(a)所示的比例尺基本单位是 20 mm(实地为 20 m)。对基本单位长度的选取,以换算成实地距离后应是一个使用方便的整数为原则。如对于 1∶1000 及 1∶5000 的比例尺,可取 2 cm 作为基本单位,因它相当于上述比例尺的实地长度 20 m 及 100 m;对于 1∶2000 的比例尺,则取 2.5 cm 作为基本单位比取 2 m 作基本单位方便实用,因为前者相当于实地 50 m,后者相当于实地 40 m。

截取基本单位后,再把左端第一个基本单位分为 10 等份(如能够,也可以分成 20 等份以提高计数精度,通常最小可分出 1 mm 间隔),在第一个基本单位右端分划线上注以"0"字,并在其他基本单位分划上注记相应比例尺的实地长。图 8-2(a)所示为 1∶1000 的直线比例尺,其基本单位(取 20 mm)相当于实地 20 m。

应用时,把分规的两脚尖对准图上待量距离的两点,然后,将分规移至直线比例尺上,使一个脚尖对准"0"分划线右侧的某一个分划,而使另一个脚尖落在"0"分划线左侧有小分划的分段中,则所量的距离就等于两个脚尖读数的总和,不足一个小分划的尾数可估读,如图 8-2(a)所示读数为 49.5 m(读数吻合。对 1∶1000 比例尺地形图,使用毫米刻划的直尺量距,人眼可直接估读出 0.5 m)。

2. 斜线比例尺(复式比例尺)

图 8-2(b)所示为斜线比例尺。由于它是在直线比例尺的基础上制作出来的,同时也具有直线比例尺的功能,故又叫复式比例尺。

从上述示例可以看出,在直线比例尺上,只能直接读至 1/10(或 1/20)比例尺基本单位,剩下的读数就要目估读取,这与直接用毫米刻划的三角板在图上量测距离具有相同的精度。为了提高读数的精度,通常采用斜线比例尺。斜线比例尺可以直接读到基本单位的 1/100,读数精度大大提高。

如图 8-2(b)所示,在直线 ABE 上按基本单位(20 mm)长度截取各分点,过各分点作 ABE 的垂线,垂线的长度与基本单位一致(20 mm)。再将两端的垂线作 10 等份,连接各对应的分点,得到与 ABE 平行的 10 条横线。然后,将左起第一个基本单位的上、下两边各分为 10 等份,并依次把上边左端点与下边左起第一分点,上边第一分点与下边第二分点,……,上边第九分点与下边右端点相连,由此得到 10 条斜平行线。最后在第一段右端下方注记"0",其他各基本单位分划下注以相应比例尺的实地长度,即得斜线比例尺。

使用时,用分规的两脚尖在图上截取要量的距离,再将它移至斜线比例尺上,使一个脚尖置于"0"分划右侧的基本单位分划线上,另一个脚尖恰好落在斜线与横线的某交点上,则两个脚尖读数之和就是所量的距离,如图 8-2(b)所示,$st=178$ m,$pq=234$ m。

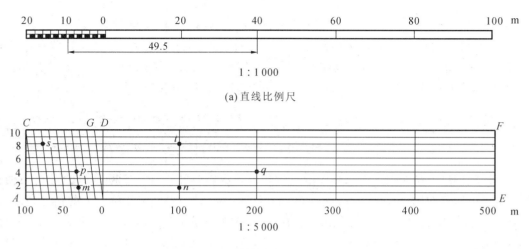

(a) 直线比例尺

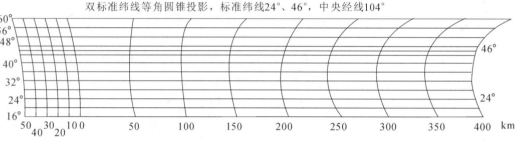

(b) 斜线比例尺

双标准纬线等角圆锥投影，标准纬线24°、46°，中央经线104°

1 : 4 500 000

(c) 经纬线比例尺

图 8-2　地形图的三种图示比例尺

斜线比例尺也可以估读出直读单位的一半，如图 8-2(b) 中可直读出 1 m，则可估读出 0.5 m，图中的 $mn=131.5$ m。此时可用式(8-1)计算出分规量取的图上长度为 131.5 m/5 000＝26.3 mm，如果用毫米刻划的三角板直接对 1∶5000 的地形图量距，加上估读只能量出 26.5 mm(最接近 26.3 mm)，算得 mn 实地长 $L_{mn}＝26.5$ mm×5 000＝132.5 m。可见，二者的量算精度不同，结果也不同。

当然，图 8-2(b) 所示的斜线比例尺也可以制作成 1 mm 间隔(现在是 2 mm)的最小基本单位，使读数精度再提高一倍，只是由于用分规量取图上点位时的照准精度可能达不到相应要求而失去意义。因为人眼分辨率一般为 0.1 mm，1∶5 000 比例尺图对应的实地距离为 0.5 m，而现在图 8-2(b) 中的估读距离也是 0.5 m，刚刚吻合。这比用毫米刻划的三角板直接在图上量测(直读 5 m，估读 2.5 m)已经提高了整整 5 倍的精度。

3. 经纬线比例尺

图 8-2(c) 所示是经纬线比例尺的一种样式，上面注有不同纬度时，纬线的线段代表实地水平长度(单位为 km)。用经纬线比例尺量算的距离，可减弱以至消除因各处投影变形不同而引起的误差，从而得到较精确的量测结果。另外，还可以从经纬线比例尺上直观地看出沿纬线变形的分布情况。经纬线比例尺一般只在 1∶1 000 000 和更小比例尺的地(形)图上使用。图 8-2(c) 所示是一幅中国交通图上的经纬线比例尺，该比例尺右侧注明双标准纬线为 24°和 46°。

三、三棱比例尺

在实际工作中，应用数字比例尺需要经常换算，有些不方便；图示比例尺需要先用分规在图上截取距离之后再与图上的比例尺进行比对，操作步骤烦琐。为了减少这种换算的麻烦，可以应用图 8-3 所示的三棱比例尺直接在各种比例尺地形图上量距。三棱比例尺简称三棱尺,有 6 种比例尺,常见的有:1∶500、1∶1 000、1∶1 500、1∶2 000、1∶2 500、1∶3 000。尺上注记均为实地长度。如果遇到测图比例尺超出三棱尺的范围,就在原尺上灵活运用(扩大或缩小 10^n 倍)。例如,当测图比例尺为 1∶10 000 时,可以用尺上的 1∶1 000 的比例尺量距,将量距结果扩大 10 倍使用。

图 8-3 三棱比例尺

四、比例尺的精度

由于正常人的眼睛在图上能分辨出的最短距离约为 0.1 mm,这就是说,小于 0.1 mm 的线段绘在图上已无多大实际意义。因此,通常定义图上 0.1 mm 代表的地面长度称为比例尺精度,以 ε 表示(单位为mm),则有

$$\varepsilon = 0.1 \times M \tag{8-3}$$

由上式可以算出不同比例尺地形图的精度:

当比例尺为 1∶500 时,$\varepsilon=50$ mm$=0.05$ m;当比例尺为 1∶1 000 时,$\varepsilon=100$ mm$=0.1$ m;当比例尺为 1∶2 000 时,$\varepsilon=200$ mm$=0.2$ m;当比例尺为 1∶5 000 时,$\varepsilon=500$ mm$=0.5$ m。

上述结果表明,当地面实物的尺寸分别小于 0.05 m、0.1 m、0.2 m 和 0.5 m 时,在相应比例尺的图上是表示不出来的,故测图时可以舍去或用规定的符号表示;当测绘相应比例尺的地形图时,测量距离的精度(在不考虑其他误差时)只要分别准确到 0.05 m、0.1 m、0.2 m 及 0.5 m 就可以了。因此,当确定了测图比例尺后,就可应用公式(8-3)推算出测量地面上两点间距离误差和测量实物尺寸应达到的精度。

此外,根据比例尺的精度还可以选择适当的测图比例尺。例如,要求在图上能表示出大于实地 0.2 m大小的物体时,则由公式(8-3)可计算出比例尺分母为

$$M = \varepsilon / 0.1 = 200/0.1 = 2000$$

这就是说,测图比例尺不应小于 1∶2000。

任务 **3** 初步认识地形图的符号

地形、地貌、地物构成了地形图的三个基本要素。因此,地形图中形形色色的符号也可按其功能分成三大类:地形符号、地貌符号、地物符号。除此之外,还有用文字、数字、符号表达的注记符号。

在地物符号中,按符号的比例特性可分为比例符号、非比例符号、半比例符号。比例符号是根据地物大小按比例绘制的面状符号,如房屋、水塘、菜地等。非比例符号是点状(点位)符号,如测量控制点、电线杆、独立树、水井等。半比例符号是线状符号,其长度按比例表示,宽度则不能按比例表示,如电线、围墙、小路、单线河流水渠等。

一、地形符号——等高线

1. 等高线的概念

地形是指地面的立体形态（姿态），表示地面的高低起伏程度。地形图中的地形符号就是指等高线，等高线是指用高程相等的相邻点连接而成的闭合曲线，即**高程等值线**。根据高程的定义，等高线又可理解为水准面与地表面的交线。当范围不大时，可将水准面看成是水平面，如图 8-4 所示。

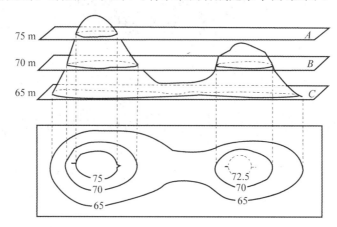

图 8-4　等高线的概念

2. 用等高线表示的各种地形

我们可以由等高线的疏密程度判断出地形的平缓陡斜（见图 8-4），也可以由等高线的凹凸方向确定山脊（等高线向上凸）或山谷（等高线向下凹），如图 8-5 所示。如果碰到悬崖峭壁，便可以将等高线中断，用地物符号联合表示出来。

图 8-5 所示是用等高线表示的几种常用地形（山顶、山坡、山脊、山谷、鞍部、陡崖）。从图中可以看出，山头或山顶是一座山最高的地方。山坡是山体四周的斜坡面。山脊是各条等高线同时急拐弯且凸向上坡方向，山谷则刚好相反。将各条等高线急拐弯的中点相连便成为山脊线或山谷线。鞍部是两个山头之间的地形，鞍部的位置有 4 条相邻的等高线，两两相对的等高线的高程相等。陡崖、悬崖的等高线重合或相交。

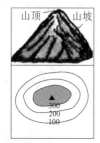 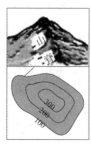 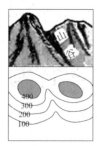 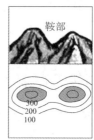 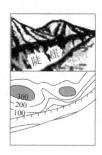

图 8-5　地形符号——等高线

图 8-6 所示是两块地形比较复杂的局部地形图。由图可见，实地中无论地形多么复杂，都可以用等高线来表示。图中的山头和凹地均绘有表示下坡方向的示坡线。

【课堂练习】　假设图 8-6(a)中最东面的山头高程为 533.4 m，基本等高距为 10 m，试推算其他几个山头的高程。

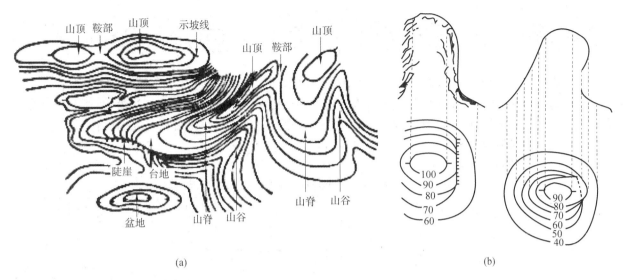

图 8-6 复杂的局部地形图

3. 等高线的分类与等高距选择

等高线分首曲线、计曲线、间曲线、助曲线四种。当地形图中出现等高线时,前两种必须使用,后两种根据情况选用,主要是在工程施工中需要表示平缓地带的地形时使用。

根据基本等高距(简称等高距)绘出的等高线就是首曲线。等高距即相邻两条首曲线之间的高差。而图上加粗绘制的计曲线用于计算高程(或高差),每相隔四条首曲线绘一条计曲线,相邻计曲线之间的高差为 5 倍等高距。在一幅具有高低起伏坡度的地形图中,首曲线与计曲线是必需的。

间曲线、助曲线视情况选择使用。间曲线在两条相邻等高线之间内插,表示二分之一等高距。助曲线继续内插,表示四分之一等高距。

各种比例尺的基本等高距通常并不相同。等高距的选定与测图比例尺有关,有时也与测区的地形有关,当地形较平缓时等高距设置可较小一些,地形坡度较大时等高距可选得稍大一些,通常 1∶500、1∶1 000、1∶2 000 的大比例尺地形测图可视地形情况分别选取 0.5 m(或 1 m)、1.0 m、2 m 的等高距。下面列出几种国家基本比例尺地形图的相应等高距。

表 8-1 几种国家基本比例尺地形图的相应等高距

比例尺	1∶10 000	1∶25 000	1∶50 000	1∶100 000	1∶200 000
等高距/m	2.5	5	10	20	40

4. 等高线的特性

(1) 等高线是闭合曲线。由于水准面是闭合曲面,用它截地表得到的必然是闭合曲线。不过由于一幅图的图幅范围有限,等高线不一定在本图幅内闭合。为了使图面清晰,绘制等高线时遇到房屋、公路、陡坎等地物时,等高线应断开;另外,间曲线和助曲线也只绘制在需要的局部地区。

(2) 同一条等高线上的各点高程相等。反之,高程相等的点不一定在同一条等高线上。如图 8-6(b)所示的左右两个山头,高程相等的点便不在同一条等高线上。

(3) 等高线不会相交或重合,但悬崖峭壁除外,如图 8-6(b)所示。

(4) 等高线与山脊线、山谷线正交。山脊的等高线向上凸,山谷等高线向下凹。

(5) 等高线越密,坡度越陡;等高线越疏,坡度越缓。

二、地貌符号

前已述及,地貌指地表的面貌,也指地表的覆盖物。据此,我们可以将能表示地表覆盖物特性的要素都划归为地貌符号,如高山上的冰川,山坡上的森林,江河湖泊的水面,连绵不断的沙漠、草原、戈壁,疏林地、灌木林地、荒草地,各种地质地貌,各种农作物地,等等。这些地物都使用相应的地貌符号注记,有时还加以文字说明来加强注记。

部分地貌符号的样式见表 8-2。

表 8-2 几种常见地形图符号

符号式样	符号名称	符号式样	符号名称	符号式样	符号名称	符号式样	符号名称
天顶山 △ 154.821	三角点	⊗文	学校		铁路		河流水涯线
⊡ 116 / 84.46	导线点	⊕	医院	⊓	里程碑		河流流向
⊗ Ⅲ5 / 31.804	水准点		路灯	沥	公路		河流潮流向
⊙ N16 / 79.21	图根点		一般房屋	碎石	简易公路		水闸
	道路中线点		特种房屋		小路	车渡	渡口
⊙	钻孔		简单房屋		大车路		水塘
	探井	建	在建房屋		内部道路		公路桥
	加油站	破	破坏房屋	■—○—■	通讯线		铁路桥
变电室	变电室		棚房		高压电力线		人行桥
⊥	独立坟		过街天桥		低压电力线		经济林
	避雷针	厕	厕所		沟渠		经济作物地

续表

符号式样	符号名称	符号式样	符号名称	符号式样	符号名称	符号式样	符号名称
↳	路标	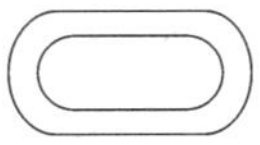 ⬭	露天体育场	 ⊢───	围墙	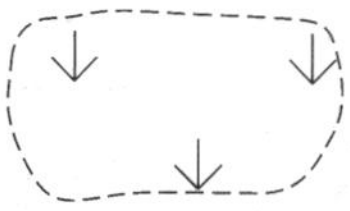	水稻田
🜨	消防栓	 ◖	独立树阔叶	 ──×────×──	铁丝网	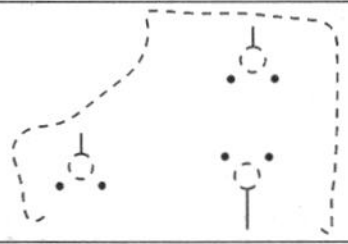	灌木林
⊞	水井	 ⌽	独立树果树		加固斜坡		林地
⬤	泉	⊗	开采矿井		未加固斜坡		旱地
⌂	山洞	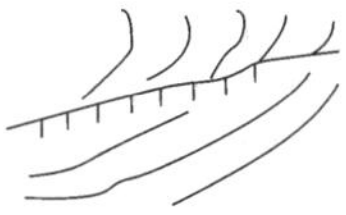	土质陡崖		加固陡坎		盐碱地
 ⋀	石堆		石质陡崖		未加固陡坎	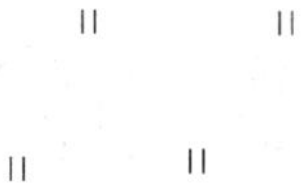	草地

三、地物符号

地物是指附着在地表上的自然或人工物体。地物符号的表达为：地物的位置一般用实线描绘该地物所占据的范围大小，然后给予名称注记，如山川、河流、公路、大桥的名称，建筑物的名称，等等。

四、综合

关于地形图的符号可以总结出如下结论：

（1）地物是主体。根据国际惯例和我国的《中华人民共和国物权法》，目前地球表面上所有不动产物体均有其所有权。因此地形图中的地物测量首先要测量出它的坐标位置、平面形状以及它的高程，以便能进一步体现出地物的物权属性；同时，所有地物均有它自己的立体形状，如地形、物体形态（即姿态）；另外，地物还有它的地貌（面貌），大如一座山、一片海，小如一栋楼、一块地，均有其各自不同的地貌。总结为一句话："地物决定地形与地貌，地形地貌存在于地物之中。"它们是不可分割的统一体。

（2）在非比例和半比例的地物符号中，无须地形符号或地貌符号与其配合。在按比例绘制的地物符号中，地形符号与地貌符号一起配合地物符号使用。作为地形符号的等高线表示地物的高低起伏形态。而地貌符号与地物符号配合使用时，是根据地物的范围大小均匀地加以符号填充注记，如旱地、水稻田等。地物通常注记其相应的名称，如××冰川、××山脉，以及江河、山岭、建筑物等地物的名称。测量时对于没有名称的重要地物，可请示当地地名办公室赐予或咨询当地老百姓用当地土名。

（3）有些地物既有它的地物符号（如边界线、地类界线等），也有它的地形符号和地貌符号，如山坡上的旱地、林地、坟地等；有些只有地物符号与地貌符号，如公路的宽度边界线是其地物符号，而路面上注记的"碎石""砼"或"沥青"等，以及路中间或路两边的绿化带则是它的地貌符号；有些则只需要地物符号便能解决问题,如城市中的大片建筑物,只测绘建筑边界线,等高线则不绘制(有路边、墙脚的高程注记点),对建筑物的面貌也不详加描绘(有些中、小比例尺地形图在中间加绘斜线,可认为是其地貌表示),只注记建筑物层数、建筑主体结构等。

(4)地貌符号说明覆盖物的性质与名称,有些地貌具有随季节气候的变化而变化不定的特点,如冰川、雪原、水面、农作物地貌等。地貌符号既不是比例符号也不是非比例符号,而是一种说明符号,对地物起进一步解释作用。

(5)在彩色地形图中,地貌范围可根据其覆盖物的颜色进行面状着色,如雪域、冰川可配以深浅不同的白色,植被配绿色,水面配蓝色,等等。而地形(等高线)、地物符号只能是线状着色。

表8-2列出了68种常用的地形图符号,图中符号来源未按比例尺分类,有些是中小比例尺地形图使用,有些是与大比例尺地形图通用。不同类型比例尺地形图的图式符号有所区别,它们的比例符号、非比例符号、半比例符号也会根据比例尺大小发生转化。关于地形图的图式符号内容与要求,有专门的国家标准——国家基本比例尺地形图图式,图式分为四个部分:GB/T 20257.1—2017《国家基本比例尺地图图式 第1部分:1∶500 1∶1000 1∶2000 地形图图式》;GB/T 20257.2—2017《国家基本比例尺地图图式 第2部分:1∶5 000 1∶10 000 地形图图式》;GB/T 20257.3—2017《国家基本比例尺地图图式 第3部分:1∶25 000 1∶50 000 1∶100 000 地形图图式》;GB/T 20257.4—2017《国家基本比例尺地图图式 第4部分:1∶250 000 1∶500 000 1∶1 000 000 地形图图式》。

地形图上有大量的注记符号,注记符号包括名称注记和说明注记,名称注记是对地物的名称进行注记,如道路、河流、山岭、水库、村庄、行政区域等的名称。说明注记包括文字说明和数字说明,是对地形、地貌、地物的进一步解释和补充说明。对地形的说明注记就是等高线的高程(计曲线高程),如山顶、山脚、平地、水面、涵洞等高程点的高程(数字说明)。对地貌的说明注记是用文字进一步解释地貌的名称,如灌木、杉、松、棉、麻、砂石、沥青等。对地物的说明注记是进一步说明物体的性质、数量和质量,如房屋的结构、层数,公路的等级,河流的水深、流速,高压线的输电电压,等等。

任务 **4** 了解地形图的分幅编号

像各家各户都有自己的门牌号码一样,地面上的每幅地形图也有自己的图幅编号。地形图的分幅编号是指按一定的规格大小,将地球表面划分成若干小块区域,从而对各区域的地形图进行统一的分块与编号。地形图分幅的办法有两种,一种是按地理坐标的经纬线分幅,称梯形分幅,一般用于国家基本比例尺地形图;另一种是按直角坐标格网线分幅的矩形分幅,通常用于工程建设规划的大比例尺地形图。

一、梯形分幅与编号

地形图的梯形分幅又称国际分幅,是按国际统一规定的经纬线(大地坐标)为基础划分的。

国际上统一规定在整个地球表面自0°子午线开始,按6°经度差画出60条经线,同时从赤道开始按4°纬度差在北半球、南半球共画出45条纬线,形成各个像梯形样的小方块,每一个小方块就对应一幅1∶1 000 000的地形图,将这些图幅按一定规则编号,则世界各地位置就有了自己所在的图幅编号。图8-7所示为北半球东经范围的1∶1 000 000地图国际分幅及编号。

我国所有基本比例尺地形图均是在1∶1 000 000地图分幅的基础上进行的。1949年以来,国家已经几次发布和实施关于地形图分幅和编号的国家标准,最近的两次是20世纪90年代国家技术监督局发布的《国家基本比例尺地形图分幅和编号》(GB/T 13989—1992)国家标准(该标准自 1993 年起实施),以及 2012 年 6 月 29 日由国家质量监督检验检疫总局①和国家标准化管理委员会发布的《国家基本比例尺地形图分幅和编号》(GB/T 13989—2012)国家标准(该标准自 2012 年 10 月 1 日起实施),这里按标准实施的时间段分别介绍我国梯形分幅地形图的分幅与编号。

1. 1992 年前的分幅与编号

(1) 1:1 000 000 比例尺图的分幅与编号。

为了统一划分全球的地形图,国际地理学会对 1:1 000 000 比例尺地形图做了分幅和编号方法的规定,称为国际分幅编号。

国际分幅编号规定自经度 180°起,自西向东按经差 6°分成 60 个纵行,各行依次用 1、2、…、60 表示(注意,高斯投影按 6°带分带是从经度为 0°的子午线开始,二者刚好相差 180°);由赤道起,向南、北分别按纬差 4°分成 22 个横列,各横列依次用 A、B、…、V 标明,如图 8-7 所示。由于图幅面积随着纬度的升高迅速减少,规定在纬度 60°至 76°之间双幅合并,纬度 76°至 88°之间四幅合并,剩下的北极圈或南极圈全部合并成以 88°纬线为图廓线的极圈图,用 Z 表示。我国位于北纬 60°以下,故没有合并图幅。

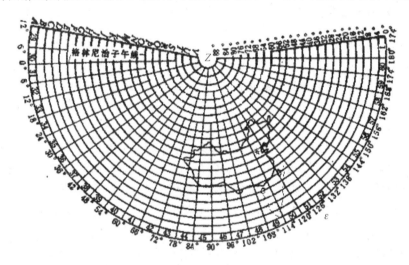

图 8-7　1:1 000 000 地图国际分幅编号

每一幅图的编号由其所在的"横列-纵行"的代号组成。例如,北京天安门某点的经度为东经 116°23′29″,纬度为北纬 39°54′26″,则其所在的 1:1 000 000 比例尺图的图号为 J-50(见图 8-7)。

为了区别图幅是在北半球还是在南半球,规定在图号前加 N 或 S,分别代表北半球和南半球。我国领土全部在北半球,故可省略 N。而那些位于赤道线附近的国家或地区,则无法省略。

(2) 1:1 000 000 以上比例尺地形图的分幅与编号。

1:1 000 000 以上的比例尺地形图通常有:1:500 000、1:250 000、1:200 000、1:100 000 比例尺及 1:50 000、1:25 000、1:10 000 比例尺,以及 1:5 000、1:2 000 比例尺。这些比例尺地形图的分幅和编号都是以 1:1 000 000 比例尺地形图为基础进行分幅编号的。所有这些比例尺地形图的分幅与编号办法、图示示例,均请查阅参考文献[10]《基础测绘学》第八章相关内容。

图 8-8 显示了 1:1 000 000 比例尺地形图分幅成各种比例尺地形图的分幅路径,以及各比例尺地形图所包含的图幅数目、图幅大小、举例位置(北京天安门附近的东经 116°23″29″,北纬 39°54′26″)所在的图幅编号名称。

---

① 于 2018 年 3 月 13 日组建国家市场监督管理总局,不再保留国家质量监督检验检疫总局。

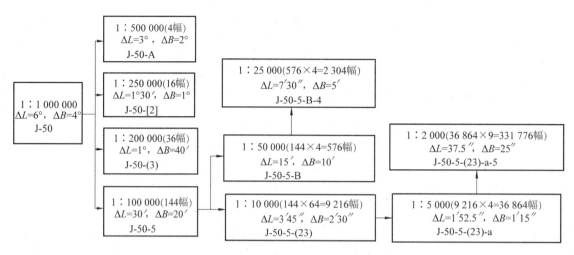

图 8-8 梯形分幅中各比例尺地形图的层级关系

2.1992 年后的分幅与编号

1992 年 12 月,为了方便计算机数字化管理,我国颁布了《国家基本比例尺地形图分幅和编号》(GB/T 13989—1992)标准,于 1993 年开始实施。标准中对分幅与编号方法、如何用经纬度计算图幅编号做了详细说明,相关内容请查阅参考文献[9]《基础测绘学》第八章。

3.2012 年现行标准介绍

2012 年 6 月 29 日发布的《国家基本比例尺地形图分幅和编号》(GB/T 13989—2012)国家标准于 2012 年 10 月 1 日起实施,与 1992 年发布的《国家基本比例尺地形图分幅和编号》(GB/T 13989—1992)相比,其分幅办法与编号规则没有实质性变化(分幅实质就是所有比例尺地形图均是在 1∶1 000 000 比例尺地形图的基础上分幅)。只不过随着我国经济的发展与社会的进步,国家提出将 1∶5 000 以上的三种规格比例尺地形图,即 1∶2000、1∶1000、1∶500 这三种常用的大比例尺地形图,也按梯形分幅来进行分幅和编号,而且也是直接在 1∶1 000 000 比例尺地形图上进行的,同时新增这三种比例尺代码分别为I、J、K。新的地形图分幅与编号情况及举例,感兴趣的读者可查阅参考文献[9]《基础测绘学》第八章相关内容。

二、矩形分幅与编号

在交通土木工程的建设规划设计中,以及在城市规划与管理的工作中,通常要使用 1∶5 000～1∶500 的大比例尺地形图。对于这些大比例尺地形图的分幅,一般按纵横直角坐标线进行分幅编号,即采用矩形分幅与编号的方法。

1.分幅办法

矩形分幅是一种自由度很大的灵活性分幅,这主要根据测区范围的大小、形状来确定,测区范围越小灵活度越大,主要为了测图、用图和管理的方便。测区范围较大时,对 1∶5 000 可采用矩形分幅办法,也可采用梯形分幅办法。而对线路工程中的带状地形图,为了减少拼图、接图的麻烦,可采用任意坐标方向线分幅办法。

表 8-3 为矩形分幅的常用图幅规格情况(表中列出正方形分幅情况)。

表 8-3　矩形分幅的常用规格

比例尺	图廓大小/cm²	实地面积/km²	一幅 1:5 000 地形图中包含的图幅数	坐标格线的坐标值/m
1:5 000	40×40	4	1	500 的整倍数
1:2 000	50×50	1	4	200 的整倍数
1:1 000	50×50	0.25	16	100 的整倍数
1:500	50×50	0.0625	64	50 的整倍数

2. 图幅编号

图幅的编号通常有两种情况。

(1) 按坐标编号。

当测区已与国家控制网连接时,图幅编号由下列两项组成:

① 图幅所在投影带的轴子午线经度;

② 图幅西南角的纵、横坐标(以 km 为单位)。

图 8-9 所示的 1:5 000 比例尺地形图的图幅编号为"114°-3108.0-656.0",表示图幅所在投影带的轴子午线经度为 114°,图幅西南角的坐标为 $X=3\,108.0$ km,$Y=656.0$ km。

对于轴子午线经度,主要用于了解整个测区的地理位置,故一般可不注出,而写在技术总结报告中。

当测区未与国家控制网连接而采用任意直角坐标(独立坐标)时,图幅编号由下列两项组成:

① 测区坐标起算点的纵、横坐标;

② 图幅西南角的纵、横坐标(以 km 为单位)。

例如,图号为"20,20-14-16"的图幅,表示测区起算点的坐标为 $X=20$ km,$Y=20$ km;图幅西南角的坐标为 $X=14$ km,$Y=16$ km。

(2) 按数字顺序编号。

对于小面积测区的图幅,通常采用工程代号或按数字顺序号等进行编号,如图 8-10 所示,虚线表示测区范围,数字表示图号,其数字排列顺序为从左到右,从上到下。

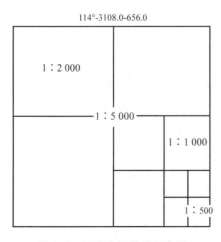

图 8-9　矩形分幅关系示意图

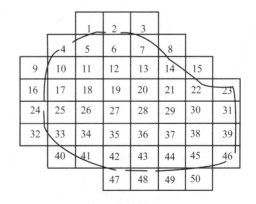

图 8-10　图幅按数字顺序编号

在实际工作中,也有可能同时使用坐标编号和顺序编号两种办法,二者并无严重冲突。

也可以采用基本图号法编号,如以 1:5 000 比例尺地形图为基础,在它的编号后面加上罗马数字或字母作为较大比例尺地形图图幅的编号。

任务 **5** 认真仔细地阅读地形图

一张地形图储存有大量的地理、社会信息，要对这些信息准确无误地认识和理解，就必须对地形图进行仔细认真地阅读。这里所说的"阅读"，绝非指快速浏览一下，而是很耐心地从上到下、从左到右，从图廓外的信息资料到图廓内的具体内容，全部逐行逐条地阅读理解。要不放过图中的每一条线、每一个点、每行文字、每个注记符号，要保证读完之后不留任何疑难问题，最起码所有的地物都能认清。通常，需注意以下三个基本方面的阅读：① 掌握图廓注记；② 了解图中的地形和判明重要地物、行政事业单位分布情况；③ 搜集图中可用的重要控制点位资料。

一、图廓与图廓注记

图廓，是指一幅图的绘图有效区域范围以外的部分。图廓线就是一幅图的范围界线，又称内图廓线。除内图廓线外，还有一条由内图廓线往外平移出去的外图廓线，一般外图廓线与内图廓线相距 10 mm 左右。根据地形图的方位，图廓的上、下、左、右称为北图廓、南图廓、西图廓、东图廓。

图廓注记又称图廓附注，即附在地形图图廓线外用于指导查阅地形图的说明。下面结合图 8-11 对图廓注记的内容逐一介绍。

（1）图名。

通常以该幅图所在区域内最为突出的地名、地物、单位来命名，如图 8-11 中的王家庄。图名印刷在北图廓正中位置，字体加粗、大小适当。

（2）图号。

地形图的图号也位于图廓外的上方中间位置，紧跟在图名的旁边或下方。大比例尺地形图的图号一般用该幅图西南角的平面直角坐标按 X-Y 的形式编排，如 64.0-54.0，表示西南角的 X 轴坐标（尾数）为 64.0 km，Y 轴坐标为 54.0 km。

（3）比例尺。

数字比例尺标注在地形图正下方的图廓外，从比例尺的大小可以第一时间推测该地形图是否满足用图精度要求。图示比例尺一般用于中小比例尺地形图，绘制在图廓下方左角位置。地形图使用之前，你可以用一根小型镍钢尺测量图示比例尺的长度来检查地形图纸的伸缩变形情况。

（4）序号。

为了方便工作，在进行一个独立测区的地形测量时，通常会按工程代号顺序对整个测区制作一个图幅接合表，直接用阿拉伯数字的顺序编排，给每幅地形图编一个序号，如 1、2、3…，该序号通常标注在图廓外的右上角。档案室对同一批地形图进行管理时，也会编制一张图幅接合表，对每张地形图排序，方便借阅使用和归档保管。在用独立坐标系测图时，序号有时就是图幅的编号。

（5）小接图表。

小接图表绘在图廓的左上方，中间的斜线框是本图"王家庄"图幅，与之相邻的东、西、南、北各图幅有相应的图名及编号，便于查找。小接图表是上述整个测区图幅接合表的一部分。

（6）测量单位。

西图廓外是测绘单位名称，有时此处注有两个单位名称，一个是地形图的施测单位，另一个是地形图的所有权单位（测图工作委托方）。

（7）坐标系统。

坐标系统指明地形测量所使用的控制点属于何种坐标系统及坐标系的原点情况。图 8-11 所示是任意直角坐标系，即独立坐标系。

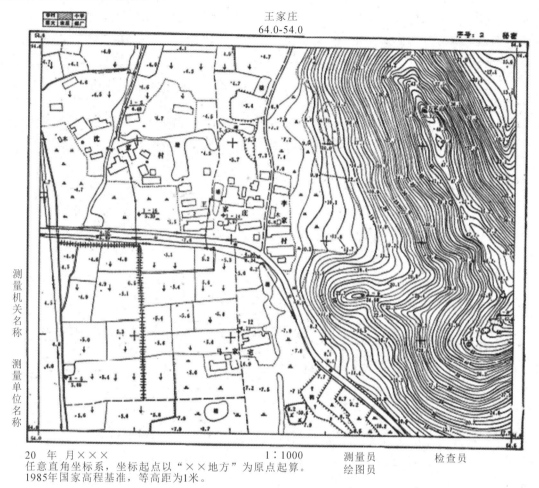

图 8-11　大比例尺地形图

（8）高程系统。

高程系统指明控制点的高程系统名称。如果是地方高程系统，须清楚与国家高程系统的换算方法。

（9）图示比例尺。

比例尺形式一般有两种：直线比例尺和斜线比例尺。有些小比例尺（小于 1：1 000 000）地形图还有经纬线比例尺。

（10）等高距。

基本等高距，是两条相邻等高线之间的高度差。

（11）测量时间。

测量时间指明测量的具体年度月份，顺便说明测量方法（如平板测图或数字化测图）。测量时间反映出地形图的现势性，据此可以判断图的可用程度。

（12）工作人员。

南图廓外印有测量员、绘图员、检查员签名信息。

（13）图例。

在中小比例尺地形图上，东图廓外印有常用的各种地物地貌符号，方便查阅。

（14）坐标格网线。

沿图廓线位置标注有纵、横坐标分格线，从南往北为纵坐标增加，自西向东横坐标增加。坐标格线分球面坐标和平面坐标两种,大比例尺地形图一般只有平面坐标,坐标格线按图上 10 cm 分格,图幅之中也相应绘有十字格网线(方便坐标量算)。中、小比例尺地(形)图有的只有球面坐标,有的同时注有球面坐标和平面坐标,平面坐标格线通常亦按图上 10 cm 进行分格,球面坐标的分格(经差、纬差)根据图的比例尺大小而定,读者可以从图中查阅推算各点位的平面坐标或球面坐标(大地经纬度)。

(15)三北方向示意图。

三北方向示意图(见图 8-12)绘在南图廓外,表示该幅图中三个北方向之间的关系。关于三北方向的含义参见项目 2 任务 5 的详细介绍。

(16)坡度尺。

坡度尺(见图 8-13)也绘在南图廓外。使用时,可用分规直接量取地形图上的等高线(用两条或六条)一定距离之后,与坡度尺上的等高线进行比对,从而获得山坡的倾斜角度和坡度百分比。

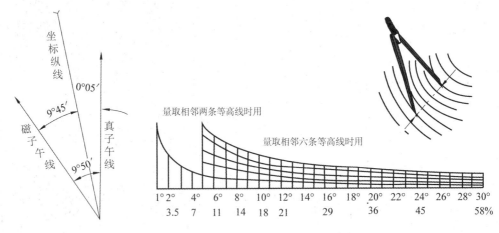

图 8-12　三北方向示意　　　　　　　　图 8-13　坡度尺

(17)密级。

国家公文的秘密等级分为"绝密""机密""秘密"三种,地形图也按此分类,普通地形图可分为"秘密"一类,中等程度的军用地形图可分为"机密",专用的保密军事设施地形图可为"绝密"。使用者根据地形图右上角标注的秘密等级进行使用和做好保密工作。

二、地形图内容的阅读

地形图具体内容的阅读指对图廓线以内有效绘图区域的各项内容进行阅读,包括图上的地形、地貌、地物及相应的注记,在读懂它们的基础上获得关于地形图反映情况的判断。现以图 8-14 为例进行地形图内容的阅读(该图为整幅地形图的一部分)。

(1)根据等高线的高程、地形点、示坡线判明坡度走向。

等高线中的计曲线加粗绘制,并标注有高程,山坡或平地测量有地形点。地形点就是在斜坡上测量的高程碎部点,又称地形加密点,有些地形点同时又是地物点,如屋角点、路边线点等。可以通过计曲线的高程和地形点的高程变化情况判断出地势坡度的走向、雨水的汇集方向、水沟的流向等。图 8-14 中计曲线高程分别有 90、100、110…,可知其等高线基本等高距为 2 m。从整个区域的等高线分布情况来看,该地区处于由北向南倾斜的北高南低地势。图中地势最高的天顶山上面有三角控制点,高程为154.821 m。朱岭是朝阳村东面的最高峰,高程是 130.7 m,地势较低的是图的最南部的两个水塘。

(2)根据等高线的疏密程度判别地形陡斜,区分山地、平地与丘陵。

图中天顶山山顶周边的等高线较密,地形坡度较陡,其余山坡则稍微平缓。如需获得准确的坡度大小,可使用坡度尺量测比对,或直接在图上量测计算。

　　山地、平地、丘陵的划分需根据区域的范围大小、最高高程、平均高程、相对高差来确定,测量中一般将相对高度在 200 m 以内、由矮山丘和平地共同组成的区域称为丘陵,将高差在 50 m 以内的区域称为平原。根据图 8-14 的情况来看,图中所绘区域应属于丘陵地带。

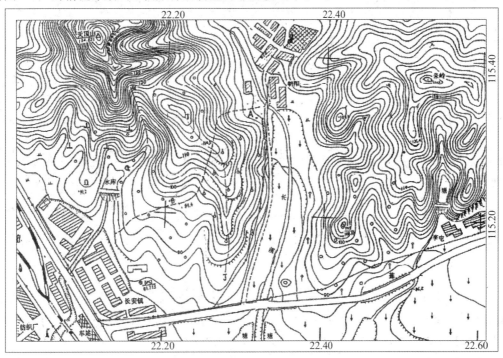

图 8-14　地形图内容的阅读示例

　　(3) 根据等高线的凹向判别山脊、山谷,区分山地、平地的分布。

　　从天顶山、朱岭的山顶向四周延伸,形成一些不同形状、规格、程度的山脊、山谷,这些山脊、山谷有的圆滑,有的尖锐;有的较长,有的较短。图中的 J-J 便是比较突出明显的山脊(线),G-G 是比较突出的山谷(线)。

　　(4) 根据居民点地物的分布判定村镇集市位置和经济概况。

　　图内有三个村镇,分布在地势比较平缓的山脚地段,其中长安镇是该地区较大的集镇,另两个是村(屯)。三地间均有公路、电力线、通信线相连。长安镇与外界有铁路相连,从长安镇至朝阳村还有过山小路。该地区的交通、邮电比较发达。

　　【课堂练习】 判断图 8-14 的比例尺为多少,量测从火车站步行到李屯的距离,如果在长安镇后山的水库与李屯后山的水塘之间修一条水渠,判断水流的方向。

　　(5) 根据植被符号综合分析地表的种植情况。

　　图中平坦耕地以稻田为主,长溪右侧的山脚坡地及李屯西南山脚是香蕉园,在长溪左侧山上有一片经济林,天顶山及朱岭是灌木林,山地上的其余地区是林地。在长安镇北侧山坡还有一片坟地。

　　(6) 搜集控制点信息资料。

　　GPS 控制点、三角点、导线点、图根点、水准点等控制点,其位置在编绘地形图时都以非比例符号标明在地形图上。这些控制点是工程测量中可以利用的。实际中,如果找到这些控制点,则可根据图上的控制点名称和点位,到供图单位索取控制点的有关数据资料,为下一步的野外测量做准备。图 8-14 中有水准点 BM_2,高程是 81.773 m;天顶山三角点,高程是 154.821 m,三角点平面坐标需咨询相关单位。另外图上还有一些图根控制点。一般情况下,普通图根控制点难以在实地找寻恢复。

　　地形图上可阅读的内容很多,如地形图中标明的交通线、车站、码头、桥梁、渡口,以特定注记符号表示的天文台、气象台、水文站、变电站;又如政府机关、医院、学校、工厂等。在阅读地形图时应尽量分清这些重要的机关、单位、设施,对自己的工作会有所帮助。

任务 6 熟悉与掌握地形图的基本应用

当前,地形图的应用也紧跟时代的步伐变得越来越广泛。但是"万变不离其宗",下面介绍的关于地形图的各项基本应用仍然是我们工作中经常要使用到的。其中有些方法可以直接在计算机应用软件平台(如AutoCAD)上操作获得,或在专门的二次开发软件(如 CASS 等)上操作获得,但其基本原理仍然与此相同。

一、图上定位

图上定位,指利用地形图测定点的位置参数,确定点与点的相互位置关系。基本内容有:量测图上点的坐标、高程,确定地面点在图上的对应关系,计算点与点之间的长度、方位、坡度等。

1.量测图上的点位坐标

一般大比例尺地形图只有直角坐标,小比例尺地(形)图通常使用大地经纬度坐标,而有些比例尺地形图上同时有大地经纬线坐标和平面直角坐标。因此地形图上的坐标量测会碰到两种情况:大地坐标量测和平面直角坐标量测。

(1)大地坐标量测。

大地坐标量测主要针对中、小比例尺地(形)图而言。中小比例尺地(形)图是以经纬度来分幅的,图幅的东、南、西、北四条内图廓线的边线上均标注有相应的大地坐标(经纬度)。图 8-15 所示为一幅 1:25 000 地形图的局部,以此作为大地坐标量测的示意图。

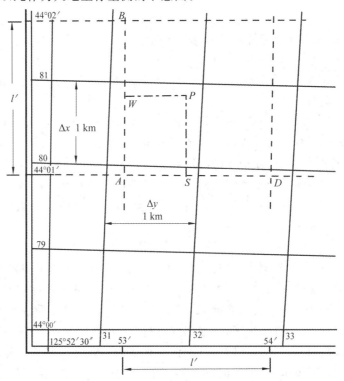

图 8-15 大地坐标量测示意图

假定图中 P 点在 A、B、C、D 的格区内,格区的左下分格点 A 的大地坐标为 L_A、B_A,分格位 AD、BC 的经差 ΔL 及分格位 AB、CD 的纬差 ΔB 的标称值为 $1'$。过 P 点分别作 AD、AB 的平行线交于点 W、点 S,在图上量取 AB、AD、PW、PS 的长度,则 P 点的大地坐标计算公式可表示为

$$L_P = L_A + \Delta L_P = L_A + \Delta L \times PW/AD$$
$$B_P = B_A + \Delta B_P = B_A + \Delta B \times PS/AB$$

如图 8-15 所示,已知 A 点的大地坐标为 $L_A=125°53'$,$B_A=44°01'$。设图上量测出 $AB=55.5$ mm,$AD=48.4$ mm,$PW=19.5$ mm,$PS=29.0$ mm。把量测值代入上面公式,可计算得 $L_P=125°53'24.2''$,$B_P=44°01'31.4''$。

(2)平面直角坐标的量测。

许多大比例尺地形图的图幅范围通常取图 8-16 所示的 50 mm×50 mm。四条内图廓线上均注有实地坐标值,其中东、西两条图廓线上标注的是 X 坐标值,南、北两条图廓线上标注的是 Y 坐标值,西南角的坐标值是本幅图的最小坐标值,而图幅中间也绘有与图廓线上的坐标线相对应的十字交叉坐标格线。当量测图上某点 P 的坐标时,便利用图幅中与该点最近的西南方位的坐标格线十字交叉点为基准点进行量测,如图 8-16 所示。P 点坐标计算过程为:$X_P=39.45+\Delta X_P$,$Y_P=41.05+\Delta Y_P$。

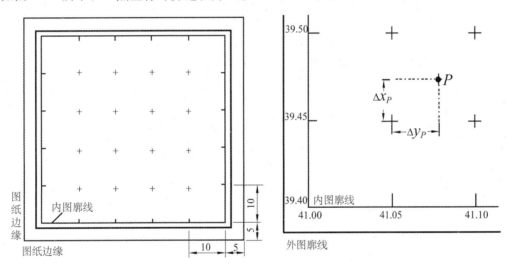

图 8-16 图廓坐标线与坐标量测原理

图上量测点位坐标受到地形图精度的影响,故点位坐标值的精确值只能准确到地形图比例尺所限定的位数。图 8-16 中 P 点所在地形图比例尺是 1:500,则从图上量取 P 点的点位误差可精确到 $0.1M=$ 50 mm=0.05 m。

2. 量测两点之间的距离

要得到图上两点之间的距离,可以利用图上量测的点的平面直角坐标,按式(2-15)计算图上点与点之间的距离。当地形图变形误差影响可忽略时,也可以直接丈量图上两点之间的长度,然后把丈量的长度乘以地形图的比例尺分母 M,便得到点之间的实际长度。

3. 量测两点间连线的方位角

图上点与点之间连线的坐标方位角,可以利用在图上量测的点的直角坐标,按式(2-13)计算,也可以利用量角器直接在图上量得。量算磁方位角、真方位角时应注意三北方向的关系。

4. 量测两点之间的坡度

利用地形图上的坡度尺可测定地表的坡度情况。量测时用分规在地形图上卡住 2 根或 6 根等高线

的宽度 l，然后在坡度尺上找出匹配的坡度。

如果地形图上无坡度尺，则可以直接量出两点间的高差与距离，用高差与距离相除，同样可获得两点间的坡度百分比，即

$$i = h/s \times 100\% \tag{8-4}$$

5. 点位高程的量测

上述 A 点、B 点高程一般直接从地形图上估读，其基本原理见图8-17，量算公式为

$$H_P = H_0 + h_j \times l/d \tag{8-5}$$

式中，H_P 为 P 点的高程；H_0 为与 P 点相距最近的低等高线的高程；h_j 为地形图的基本等高距；l 为 P 点与相距最近的低等高线 H_0 的距离；d 为 P 点附近两条等高线之间的平距。

【例8-3】 如图8-18所示，设图的比例尺为1:500，图上量得 A、B 两点间距离 $s = 40$ mm，试求出 A、B 两点间倾角与坡度。

[解] 点 A 至点 B 倾角：

$$\beta = \arctan \frac{(H_B - H_A)}{s} = \arctan \frac{110.2 - 114.5}{0.040 \times 500} = \arctan(-0.215) = -12°8'2''$$

点 A 至点 B 坡度：

$$i = h/s \times 100\% = \frac{110.2 - 114.5}{0.040 \times 500} \times 100\% = -21.5\%$$

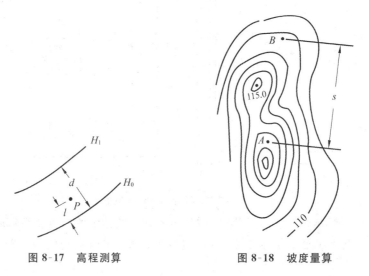

图 8-17 高程测算　　　　　图 8-18 坡度量算

6. 地形图野外定点

野外工作人员通常根据手中的地形图，结合实地附近已有的地形地物与地貌关系，来判定自己在图上的位置。野外定点前必须先将地形图的方向与实地方向相吻合，称作野外定向。野外定向可用下述两个方法进行。

(1) 根据地形、地物目估定向。

在图上选择两个以上的明显地物特征点，或明显的线性地物，使之在方向上与地形图上对应的地物符号方向吻合。如图8-19所示，实地的特征点有山顶三角点觇标、路边的独立树。定向时，工作者把地形图摆放在本人所在的点位附近平面上，转动地形图并瞄准图上三角点和实地三角点，使人、图、实地三点成一线。用同样方法使人、图上独立树、实地独立树三点一线。反复操作上述步骤，当同时满足上述两个"三点一线"条件时，地形图上的 P 点便与实地的 P 点相重合，地形图的北方向也与实地的北方向一致。

利用线性地物或地物之间的连线也可以完成地形图的目估定向。如地形图中有表示实地通信线、高

压线以及道路等线性地物符号,只要转动地形图使线性地物符号与实地线性地物的方向一致,便可确定地形图的基本位置。

(2)利用罗盘仪定向。

一般地,中比例尺地形图下方图廓边附有三北方向线图,注有磁偏角和子午线收敛角数值,图幅中央坐标网格上的下图廓线之间注有磁子午线方向线,可以利用该磁子午线与磁罗盘指北针重合,获得当地某条直线的磁方位角的大小。另外,现在我们的手机上一般也有导航地图(如 Google 地图),可以将手机在地上放平,转动手机使地图上的坐标北方向线与手机导航地图坐标盘的北方向重合,获得实地某条直线的方位角大小(见图 8-20,另见**彩图** 8-20)。图中 AB 道路线的方位角可判断为北偏东 62°(两条红色直线的夹角)。图中除了可显示方向外,还有比例尺、位置、海拔高程等信息。

图 8-19 地形图目估定向

图 8-20 用手机上的导航地图定向

二、图上选线

在管道、电力线、道路等线形工程中,经常需要根据规划设计的坡度在地形图上选定出确定的路线,称为图上选线。选线的步骤如下。

(1)根据坡度 i 和等高距求两条等高线之间的平距 l:

$$l = \frac{h_j}{i \times M} \tag{8-6}$$

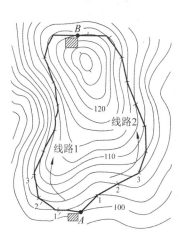

式中,l 为两条相邻等高线之间的路线长度(图上距离);h_j 为地形图的基本等高距;i 为设计的坡度;M 为地形图比例尺分母。

(2)以路线起点为圆心、以 l 为半径画弧,弧线与等高线交叉获得该段线路的下一个点。

(3)又以下一个点为新的起点,同样以此点为圆心,以 l 为半径画弧,弧线与下一条等高线交叉获得此段线路的下一个点,以此类推,直到终点。将这些点相连便是整个线路的中线确切位置。通常可以从两条途径选出两条线路到达目的地,如图 8-21 所示。

【例 8-4】 图 8-21 所示是某一地形图的局部,基本等高距 $h_j = 2$ m,比例尺为 1∶5000,点 A、点 B 分别为道路的起点和终点,试按 5% 的坡度进行图上选线。

图 8-21 图上选线

(1)根据式(8-6)计算两条等高线之间的线路长 l:

$$l = (h_j/i)/M = (2000/0.05)/5000 = 8 \text{ mm}$$

（2）以起点 A（高程 100 m）为圆心，以 8 mm 为半径画弧分别交等高线（高程 102 m）于 1、1′点。再分别以 1、1′点为圆心，以 8 mm 为半径画弧交等高线（高程 104 m）于 2、2′点。以此类推，到 B 点附近为止。

（3）分别连接各交点形成两条上山的路线，即 $A、1′、2′、\cdots、B$ 的线路 1 和 $A、1、2、\cdots、B$ 的线路 2。最后，根据道路的长短、地形条件、道路工程施工的难度、效益等因素，从两条路线中选取其中一条路线。

三、确定汇水范围

跨越山谷的道路一般都有跨谷桥梁或涵洞。图 8-22 所示的道路在山谷上设计修造了一座桥涵。在设计桥涵时，桥下水流量大小是决定涵洞直径大小的重要参数。由图 8-22 可见，道路的北面是高山包围的山谷，通过涵洞的水流是 $A、B$ 两山脊之间的雨水汇集而成，水流量（单位时间内水流过的体积）与山坡雨水的汇集范围有关，同时考虑该地最近 50 年的单次最大降雨量，即单位时间内的降雨毫米数。

利用地形图确定雨水汇集范围的主要方法如下。

（1）在图上标出设计的道路（或桥涵）中心线与山脊线（分水线）的交点 $A、B$。

（2）自 A 点、B 点分别沿山脊线往山顶方向划分范围线（见图 8-22 中的虚线），该范围线及道路中心线 AB 所包围的区域就是雨水汇集范围，其中 AB 间有排水沟通向桥涵。图中的箭头表示雨水落地后的流向。

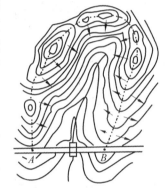

图 8-22　确定汇水范围

四、绘断面图

利用地形图绘断面图，即沿地形图上某一给定方向，绘制地形剖面图，直观地体现该方向地表面的起伏形态，图 8-23 所示是一条纵断面图。沿 AB 方向绘制断面图的方法如下。

（1）沿 AB 方向在地形图上画一直线，标出直线与地形图等高线相交的点号，如 1、2、$\cdots$，如图 8-23(a) 所示。

（2）在一张方格纸上画纵横轴坐标线。一般横轴的比例尺与地形图比例尺相同，纵轴比例尺是横轴的 10 倍或 20 倍。图 8-23(b) 所示横坐标轴与直线 AB 的比例是 1∶2 000，纵坐标轴与高程的比例是 1∶200。

（3）在横轴上按距离标出直线与等高线的交点位置，根据交点对应的高程在纵轴方向上展出交点位置，如图 8-23(b) 所示。

（4）光滑地连接各点，便构成直线 AB 方向的地形断面图，如图 8-23(b) 所示。

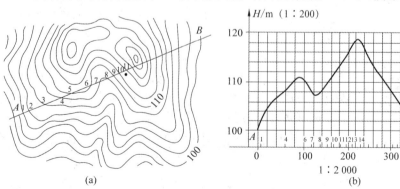

图 8-23　绘制断面图

五、地域面积的测算

工程建设中地域面积的测算,可以在地形图上用几何法、求积仪法、解析法等求得。

1. 几何法与求积仪法

几何法就是按照某种几何图形进行累加计算面积的方法。最常用的有方格网法、梯形法、三角形法等。求积仪法是利用一种按积分求积原理制成的求算面积的仪器(有机械求积仪和电子求积仪),仪器探针沿着图纸上的闭合图形边界轨迹行走,在仪器上读取相关图形的面积。在各行各业数字化的今天,用几何法求算面积已经非常少见,求积仪法使用同样稀少。两种方法的工作原理与过程在参考文献[9]《基础测绘学》第八章中有详细阐述。

2. 解析法

以前进行用地规划设计时,先在纸质地形图上画出地块的闭合边界线,将图上的各边界点用坐标展点器量测出来,列成坐标表格作为边界线的坐标成果表,再用这些点的坐标计算出面积。当边界点数量很多时,技术人员通常使用可编程计算器(如 Casio fx-7500)编程计算多边形的面积。现在则大量使用计算机绘图软件进行规划设计,其中的多边形面积计算也以此为依据,只不过操作时是通过计算机键盘输入命令,由计算机自动执行完成面积计算的,又快又准。

解析法主要适合于已知拐点坐标的多边形面积计算。实际工作中也可以用仪器测出各边界点的坐标来计算多边形的面积,如土地管理中的地籍测量便属于这种情况。有些全站仪也已经具有此项面积测量的自动计算功能。

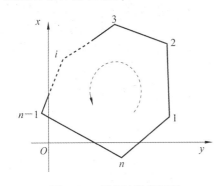

图 8-24 解析法计算面积

如图 8-24 所示,设地形图上某一用地范围的边界点为 1、2、$\cdots$、n,它们的坐标分别为 (X_1, Y_1)、(X_2, Y_2)、$\cdots$、(X_n, Y_n),利用解析法计算该多边形面积的公式为

$$S = \frac{1}{2}\left\{ \sum_{i=1}^{n-1}(X_i Y_{i+1} - X_{i+1} Y_i) + (X_n Y_1 - X_1 Y_n) \right\} \quad (8\text{-}7)$$

公式(8-7)是用解析法计算多边形面积的严密公式,式中 $n \geqslant 3$,当 $n=3$ 时为三角形,当 $n=4$ 时为四边形,以此类推。解析法计算面积的公式有许多表现形式。由于在多边形计算的起点、终点之间编号顺序发生变化,一般还会加以特别说明。

实际中注意计算结果的正负号,当按顺时针编号计算时为正,按逆时针编号计算则为负。图 8-24 所示按逆时针方向计算,其结果为负值,需要取其绝对值作为面积。

六、土方量的测算

土方量的计算实质是体积的计算,其计算的宗旨公式是 $V = S \times h$。但实际工作中,土石方的计算又是一项很复杂而烦琐的工作,这主要是因为土方体积包含各种各样的情形,如坑塘洼地填土、道路建设开挖、土地填挖平整、山头爆破取石、海岸吹填沙,等等。针对不同的情形使用不同的计算方法如平均高程法、方格网法、断面法、等高线法等,可获得理想的计算效果与精度。

1. 平均高程法

平均高程法是经常使用的一种土方量计算方法,在以前使用纸质地形图的年代尤其适用,其实质就

是总面积 S 乘平均高差 h，即

$$V = S \times h = S \times |H_平 - H_设| \qquad (8\text{-}8)$$

式中，V 为填（或挖）总土方量；S 为填（或挖）总面积；$H_平$ 为平均高程；$H_设$ 为设计高程。

上述平均高程 $H_平$ 为根据现状地形图计算出的加权平均高程。加权时主要根据高程点的面积控制范围进行加权。例如，计算图 8-25 所示范围内的高程平均值，则图中的各格网交叉点对高程的控制加权平均值可按下式计算：

$$H_m = \frac{\sum H_角 + \sum H_边 \times 2 + \sum H_拐 \times 3 + \sum H_中 \times 4}{4n} \qquad (8\text{-}9)$$

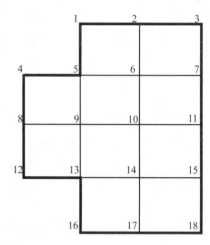

图 8-25 高程点的权影响

式中，n 为测区范围内小方格网的个数；H_m 为测区平均高程；$H_角$ 为只涉及一个小方格的角点高程；$H_边$ 为涉及两个小方格的边点高程；$H_拐$ 为涉及三个小方格的拐点高程；$H_中$ 为影响四个小方格的中点高程。如图 8-25 所示，有 1、3、4、12、16、18 六个角点，2、7、8、11、15、17 六个边点，5、13 两个拐点，6、9、10、14 四个中点，共 18 个交叉点。

式(8-9)只是计算高程加权平均值的理论公式。工程实际中的边界不可能像图 8-25 所示那样方正，因此其高程的加权平均值计算就应根据实际情况考虑。现在的平均高程计算已普遍用计算机软件自动进行。

2. 方格网法

前面介绍了用方格网计算面积的情形。与此相类似，土方体积计算也可按此法进行。这种方法一般适合于大范围的、填（挖）厚度比较均匀的情况，而在当今电子地形图盛行的年代更是大行其道。下面的例子适合于用纸质地形图或电子地形图进行土石方工程计算。

图 8-26 所示是一块地进行填、挖土地平整的地形图的局部，图中等高距为 1 m，等高线高程分别有 51 m，52 m，…，58 m。工作时先根据设计的平土高程 $H_设$ 绘出填、挖分界线（图中虚线，高程为 $H_设 = 54.4$ m），按一定边长（如可按图上 1×1 cm^2 或 2×2 cm^2）绘纵、横方格线 1、2、3、4、5、6 及 A、B、C、D，然后进行如下计算。

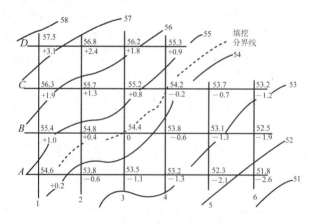

图 8-26 用方格网计算土方量

① 用内插法计算方格网交叉点的高程并标注在交叉点右上方，如图 8-26 所示。

② 根据平土设计高程和各交叉点高程计算各点的填（挖）高差，标注于交叉点的右下方。"＋"表示挖方，"－"表示填方。

③ 用上述的交叉点高差取平均值计算小方格的填（挖）高差 h_m。对于填（挖）分界线所在的方格，则

需分开计算。

④ 计算小方格的挖（填）方量体积 $V=S\times h_m$，这里 S 为小方格的实地面积。对于填（挖）分界线所在的方格，同样需分开计算。

⑤ 累加各小方格的体积，得总的工程挖（填）方量。

3. 等高线法

等高线法主要适合于整座山体自上而下的采挖过程，露天矿的往下开采也属于这种情况。图 8-27 所示是应用这种方法的典型案例图。

图中，规划将整个山头爆破平土至 65 m 等高线位置，要求预算工程量大小。

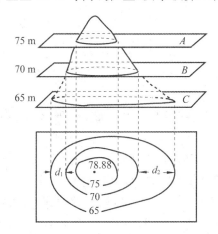

图 8-27　等高线法计算土方量

实际中，可用求积仪量测出各条等高线所包含的面积，分别计算相邻等高线之间台柱体的体积，然后累加则得总土石方工程量。图 8-27 所示山体由三段台柱墩组成，即有

$$V=\frac{h}{2}(S_{65}+S_{70})+\frac{h}{2}(S_{70}+S_{75})+\frac{3.88}{2}(S_{75}+0)$$

将 $h=5$ m 代入，同时将各条等高线围成的实地面积代入，便可计算得总工程方量。

4. 断面法

图 8-23 介绍了断面图绘制的基本原理。根据此原理，我们可以在某些线路，例如铁路、公路、水渠等工程设计和方案规划预算中，采用该方法进行土石方工程计算。图 8-28 所示是用断面法计算体积的基本原理图。

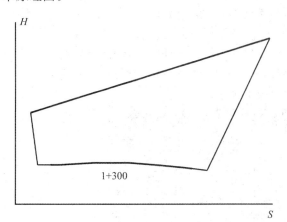
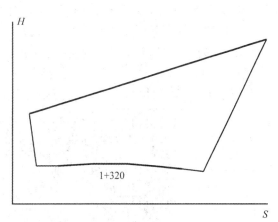

图 8-28　断面法计算土方量

图 8-28 绘出了公路沿线某两条相邻里程桩 1+300、1+320 所在的横断面图,它们分别反映了各自在横断面方向的地表形态,同时也反映出各自在横断面位置需要开挖(或回填)至基本高程面的面积 S_{1+300}、S_{1+320}。显然,只要求出这两个断面的面积,用它们的平均值与断面之间的距离相乘,便得到这两断面之间的体积。计算公式为

$$V = \frac{h}{2}(S_{1+300} + S_{1+320}) \times L \tag{8-10}$$

式中断面之间的距离 L 就是它们的里程桩桩号之差,图 8-28 中两断面相距 $L=20$ m,这是公路设计中经常使用的 20 m 桩号之间的距离。

任务 7 初步测绘地形图

测绘工作中最大的一项任务,就是测绘各种比例尺的地形图,要求能够以此为基础编制各种各样的地图产品,使之服务于国民经济与社会的发展。在 20 世纪中期前后,地形测图的工作可分为两大类型,即中小比例尺的航空摄影测量方法成图和大比例尺的极坐标法野外测量成图。但测绘科技发展到今天,由于新的数据采集方法如雨后春笋般层出不穷,如卫星影像、数字影像、遥感影像、低空摄影、卫星定位技术的辅助摄影、GNSS 数据采集、三维激光扫描仪测图,等等,使得当今的地形图测量工作出现百花齐放、百家争鸣的局面。这里除简要介绍一些传统的大比例尺地形图测图方法外,主要介绍一种比较流行的地形测图方法——全站仪数字化测图。

一、传统大比例尺测图

20 世纪中后期之前的大比例尺地形图测绘,均是用模拟法测图。测图之前,先利用测区内的一些高等级控制点进行图根控制测量,获得一定密度的图根控制点,再进行野外实地测图作业,测图方法一般有大平板仪测图和小平板仪测图。

1. 大平板仪测图

大平板仪测图又简称大平板测图,如图 8-29 所示(注:另有彩图 8-29)。测图之前先在室内大图板上固定好聚纸薄膜,用精密钢尺、坐标尺、移动分规、硬质铅笔等工具,在聚纸薄膜上打好十字格网坐标线(10 cm 格线),注意检查格线精度(垂直边误差不超过 0.2 mm,斜边误差不超过 0.3 mm),格线精度合格便将该幅图范围内的所有图根控制点(包括高等级控制点)按坐标展绘到薄膜纸上,展点完毕应注意边长检查(量测控制点图上边长与坐标反算结果比较,或量测控制点与其附近坐标格线交叉点的距离进行比较,获得控制点的展点中误差和最大展点误差,均不得超出标准规定数值)。

图 8-29 大平板测图与大平板仪

实测时将大平板连接在三脚架上，用水准器与对中器整平对中，并做好后视定向工作，准备工作完成后便可以开始测图。测量时平板固定不动，仪器在平板上移动，用仪器直尺边的零刻线对准图上的测站点，望远镜瞄准标尺立尺点，根据测站到立尺点的水平距离按比例尺大小缩绘到直尺边的图上位置，同时根据测站点的高程、视距、垂直角、仪器高、觇标高计算出立尺点的高程，在图上标注碎部点的相应位置，如此反复进行碎部点测量，测量的同时注意相同地物点的连线描绘，地名、地貌注记等。野外作业完成之后回到室内及时完成清绘、校对、检查、图幅接边等工作，质量合格可进行着墨晒蓝成图。

2. 小平板仪测图

小平板仪测图实质上就是经纬仪配合小平板仪测图（图 8-30，另有彩图 8-30）。测图前的内业准备工作与上述大平板仪测图相同。实测时将经纬仪架设在控制点上，进行后视定向之后按极坐标法测定各碎部点的坐标，同时用三角高程测量方法测出碎部点的高程，绘图人员则在仪器旁边现场描绘。工作时图板可随意移动，绘图员使用一个精确度较高、透明度较好的半圆量角器，用大头针将其中心固定在图板上的测站点位置，根据测站控制点和后视控制点在图上定好后视方向。

图 8-30　经纬仪配合小平板仪测图

然后根据经纬仪测出的水平角旋转量角器，再根据仪器测出的水平距离在量角器边线上展点，并标注高程，如此反复。当然，绘图员也可依据测站坐标，利用仪器测出的水平角、垂直角、视距，直接计算出碎部点的坐标，用坐标塑料板将碎部点的坐标展绘在地形图上，然后标注高程。其余工作与大平板仪测图相同。

二、数字化测图的概念

从计算机科学可知，数字化特征是电子计算机的基本属性。在电子计算机的中央处理器中，基本加法运算器采用 0、1 数字进行加减运算与存储，由此构成计算机的完整运算指令、各种功能指令及记忆系统。电子计算机的数字化基本属性是当代数字化世界的基础，也是数字测量的基本前提。

目前，数字测图作业模式大致可分为如下几类。

（1）由数字化的全站测量仪器（全站仪、测距电子经纬仪等）、电子手簿（笔记本计算机、掌上计算机）、计算机和数字测图软件构成的内外业一体化数字测图作业模式。

（2）由全球导航卫星系统（GNSS）、实时差分动态定位装置（RTK）、计算机和数字成图软件构成的 GNSS 数字测图作业模式。

（3）由航空摄影地面影像或卫星地面影像、无人机与计算机（数字化摄影测量系统）组成的数字摄影测图作业模式。

此外，还可以对已有的模拟地形图进行数字化（通过扫描仪或数字化仪）来获取数字地形图。近年来又出现了一种崭新的数字测图方法——地面三维激光扫描仪测图（图 8-31，另有彩图 8-31）。

图 8-31　地面三维激光扫描仪测图

三、全站仪数字测图的特点

与传统模拟测图相比,全站仪数字化测图具有如下特点。

(1)测量精度高、速度快。

传统模拟测图中光学视距测量误差较大。普通视距测量的相对误差为 1/300～1/200,而数字化测图光电测距相对误差一般可达 1/40 000,地形点到测站距离长达几百米的测量误差也在 1 cm 左右。数字地图的重要地物点相对于邻近控制点的位置精度小于 5 cm。对于一些可以直接瞄准测量的物体(如电杆、屋顶、阳台、飘楼等),用免棱镜测量可以大大提高工作效率。

(2)定点准确无误。

传统手工展绘方法的控制点和图上定的碎部点,其展点误差至少为 0.1 mm。数字测图方法采用计算机自动展点,几乎没有定点误差。采用定点误差小的数字测图方法时,图根点加密和地形测图可以同时进行,方便可靠。

(3)图幅连接自如,产品多样化。

传统测图方法图幅区域限制严格,接边复杂。数字地图吸取 AutoCAD 分层存储的特点,将地物、地貌要素数据按类分层存储。例如,将地物分为控制点、建筑物、行政边界、地籍边界、道路、管道、水系以及植被等类型,再分层存储。因此,数字测图不仅可以获得一般地形图,根据需要还可以控制数字地图分层输出各种专题地图,实现一图多用。

(4)便于比例尺选择。

数字地图是以数字形式存储的 1∶1 比例尺地图,根据用户的需要,在一定比例尺范围内可以打印输出不同比例尺及不同图幅大小的地图。

(5)便于地图数据的更新。

传统的测图方法获得的模拟地形图随着地面状况的改变会失去现势性,更新难度大。数字地形图也有失去现势性的问题,但更新难度不大。数字地形图可根据电子文档的特点及时修测、编辑和更新,以保持地形图的现势性。

四、CASS 9.0 数字化测图软件基本情况

数字化测图的关键是要选择一种成熟的、技术先进的数字测图软件。目前市场上比较成熟稳定的大比例尺数字化测图软件主要有广州南方测绘仪器公司的 CASS 9.0、北京威远图仪器公司的 SV 300、北京清华山维公司的 EPSW 2008、广州开思测绘软件公司的 SCS GIS 2005、武汉瑞得测绘自动化公司的 RDMS。这些数字化测图软件大多是在 AutoCAD 平台上开发的,如 CASS 9.0、SV 300、SCS GIS 2005 等,它们均可以充分应用 AutoCAD 强大的图形编辑功能。各软件都配有一个加密狗,图形数据和地形编码一般不相互兼容,只供在一台计算机上使用。下面对 CASS 9.0 软件的基本情况进行介绍。

1. CASS 9.0 对计算机软硬件的要求

配置硬件环境:CPU 为 P Ⅲ 600 以上,内存不小于 256 MB,硬盘不小于 20 GB,VGA(1028×768)以上彩色显示器。这些要求均为最低,实际配置时通常会超过很多,一般紧跟市场行情的中上要求便可。

建议软件环境:Microsoft Windows NT 4.0 SP 6a 或更高版本、Microsoft Windows 9X、Microsoft Windows 2000、Microsoft Windows 7、Microsoft Windows 8 等系列,安装 AutoCAD 2008 以上的版本(中、英文版均可,但必须是完全安装)。

2. CASS 9.0 的安装和驱动

CASS 9.0 包装盒内有软件加密狗、程序光盘、说明书。CASS 9.0 安装以前必须安装 AutoCAD 程序。

CASS 9.0 的安装工作应该在安装完 AutoCAD 并运行一次后才进行。打开 CASS 9.0 文件夹,找到 setup. ese 文件并双击,进入安装界面,用户选择安装路径进行安装。软件安装完成后,自动转入软件加密狗驱动程序的安装,用户可根据提示完成安装。

3. CASS 9.0 的操作界面

CASS 9.0 启动后的界面如图 8-32(另有**彩图** 8-32)所示,它与 AutoCAD 2008(下面以 AutoCAD 2008 为例进行讲解)的界面及基本操作是相同的,二者的区别在于下拉菜单及屏幕菜单的内容不同。图 8-32 所示的界面为图形窗口,窗口内各区域的功能如下。

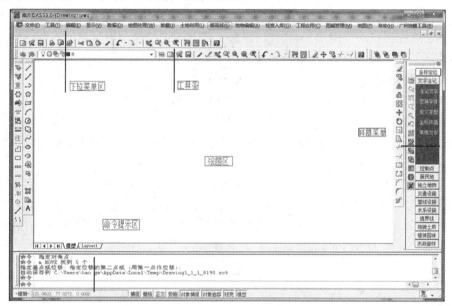

图 8-32 CASS 9.0 工作界面

① 下拉菜单区:包括主要的测量功能。

② 屏幕菜单:包括各种类别的地物、地貌符号,是操作较频繁的区域。

③ 绘图区:是主要工作区,显示及操作具体图形。

④ 工具条:包括各种 AutoCAD 命令、测量功能以及快捷工具。

用户可以通过图形窗口执行 CASS 9.0 和 AutoCAD 的全部命令并进行绘图数据库自动实时联动更新。

五、草图法数字测图的作业流程

草图法数字测图的作业流程分为野外数据采集、数据通信、内业成图、图幅编辑与整饰、输出管理等几个步骤。

1. 野外数据采集

草图法测图并不在野外现场由计算机成图,因此一般需要在野外现场绘制草图。外业数据采集时,作业组通常由三人组成:仪器观测、立镜、草图绘制各一人。以前的简略全站仪无内存卡或磁卡时,观测员还要另外操作电子手簿,用以记录观测数据。现在则是在全站仪内部建立文件自动记录所测数据,甚至利用 USB 接口直接保存在外部存储设备上(如保存在个人 U 盘上)。

仪器操作应严格按操作规程进行。在选择的测站点(图根控制点)上安置好仪器后,量取仪器高,将测站点、后视控制点的点名、三维坐标、仪器高、镜高输入全站仪(具体操作顺序须参考全站仪的说明书),观测员操作全站仪照准后视点(起始方向)后进行定向并测量后视点的坐标,如与已知坐标相符可进行碎部测量,否则选取另一后视控制点重新定向。

碎部测量时立镜员手持反射镜立于待测的碎部点上,观测员操作仪器瞄准反射镜,按下"测量"按键(有些仪器无须按键便进行自动测量记录),测出水平方向值、天顶距和斜距,利用全站仪内的程序自动计算出所测碎部点的三维坐标 x、y、H,并自动记录在相关载体上。草图绘制人员同时勾绘现场地物属性关系草图,标明所测点的点号。

立镜员须熟悉地形图的要素组成与绘图原理,有针对性地在特征点上立镜,既要注意不漏测特征点,又要不观测重复多余的碎部点,还要舍弃那些无关紧要的废点。在一个测站,立镜员也要注意计划好本测站各碎部点位置观测的先后顺序,选择合理的跑尺路线,以保证工作效率。观测过程中,立镜员应有意识地在所经过的已有控制点上立镜测量,让仪器操作员核对测量结果与原坐标值是否一致。

草图绘制人员通常又称为领图员,应熟悉地形图图式。草图绘制要准确、简洁、快速,注意时常与观测员核对点号(一般每测 50 个点就与观测员核对一次点号)。草图绘制应有固定格式,不可随意绘制。草图不能随便画在几张纸上,要装订成册;每张草图均要记录清楚工作日期、测站、后视点、观测员、绘图员等信息;当遇到搬站时,尽量换页绘图。注意不要在一张纸上描绘太多的内容,遇地物密集处或复杂地物(如不规则的复杂楼房)可放大比例描绘在草图空白处,或单独绘制一张草图。既清楚又简单的草图对下一步的内业成图编辑有非常大的帮助作用。

值得提出的是,现在的草图法测图也发生了实质性变化:针对每个碎部点,观测员直接输入各碎部点的地物编码,也就是碎部点的名称(如房间便输入 FJ,公路便输入 GL,等等),据此建立起碎部点的点号与点名的对应关系,以便内业绘图时通过计算机自助编辑绘图。这样,无须在野外现场绘制草图,相当于节省了野外测图的人力和工作时间,大大提高了工作效率。

2. 数据通信

数据通信的作用是完成电子手簿或带内存的全站仪、存储设备与计算机之间的数据传输,形成观测坐标文件,全站仪与计算机的有线电缆数据通信操作步骤如下。

① 用仪器箱中的通信电缆将全站仪与计算机相连。

② 选择图 8-32 中的"数据"下拉菜单的"读取全站仪数据"选项,系统弹出如图 8-33 所示的对话框。

图 8-33　全站仪内存数据转换对话框

③ 根据不同仪器的型号设置通信参数,再选取要保存的数据文件名,单击"转换"键。

如果想将已有数据(比如用超级终端传过来的数据文件)进行数据转换,则要先选好仪器类型,再取消"联机"选项。这时你会发现,通信参数全部变灰,接下来,在"通信临时文件"选项卡中填上已有的临时数据文件,接着在"CASS 坐标文件"选项下面填上转换后的 CASS 坐标数据文件的路径和文件名,单击"转换"键即可。

3. 内业成图

在内业工作时,根据作业方式的不同,绘制草图的方法分为"点号定位""坐标定位""编码引导"几种。测量中使用得较多的是"坐标定位"的方法,下面主要讲解"坐标定位"内业成图流程。

(1) 定显示区。

定显示区的作用是根据输入坐标数据文件的数据大小定义屏幕显示区域的大小,以保证所有点在屏幕范围内可见。

首先,单击"绘图处理",弹出如图 8-34 所示的下拉菜单,然后选择"定显示区",弹出如图 8-35 所示对话框。

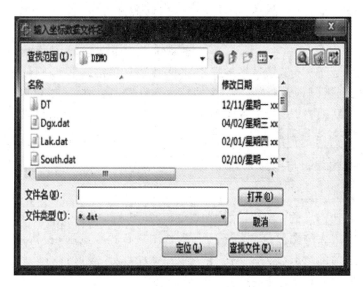

图 8-34 "绘图处理"下拉菜单   图 8-35 选择测点点号定位成图法的对话框

这时,需输入碎部点坐标数据文件名。找到从全站仪下载的数据的存放路径,选取要进行成图的坐标数据,单击"打开",这时命令显示区会显示该坐标文件中的最大坐标和最小坐标。

(2) 改变当前图形比例尺。

选择"绘图处理"→"改变当前图形比例尺",按照测图要求输入当前图形的比例尺。

(3) 野外观测点展点。

展点是将坐标文件中全部点的平面位置在当前图形中展现显示出来,并标注各点的点号,以便下一步的连线成图。其操作方式是,选择"绘图处理"→"展野外测点点号",系统弹出如图 8-35 所示的对话框,用户选中需要展点的坐标文件后,执行展点操作,将所有测点展绘在 xOy 平面上,不注记点的高程,这主要是为了便于下面将要进行的连线成图操作。

完成连线成图操作后,如果需要注记点的高程,即可选择"绘图处理"→"展高程点",系统将弹出"展高程点的坐标文件"对话框,在对话框中选择与前面展点相同的坐标文件即可。

(4) 连线成图。

参考野外绘制的草图,用屏幕菜单操作符号库将已经展绘的点连线成图,符号库将自动对绘制符号赋予基本属性,如地物代码、图层、颜色、拟合等。系统中所有图形图式符号都是按照图层来划分的。例如,所有表示测量控制点的符号都放在"控制点"这一层;所有表示独立地物的符号都放在"独立地物"这一层;所有表示植被的符号都放在"植被园林"这一层,如图 8-36 所示。

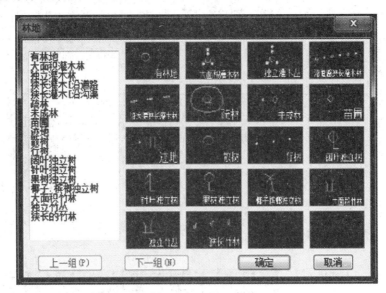

图 8-36　使用屏幕菜单进行连线绘图

用符号库执行连线成图的操作时,可以直接单击屏幕上已经展绘的点位进行操作。在执行连线成图操作前,先执行 AutoCAD 的对象捕捉命令设置捕捉方式,就可以准确地捕捉到已经展绘的点位。在绘制某些线状地物(如河流、陡坎等)时,如果需要拟合为光滑的曲线,在命令对话框的"拟合线"后输入"Y",软件就会自动对曲线进行拟合。

4. 图幅编辑与整饰

(1)图形编辑。

在大比例尺数字测图的过程中,由于实际地形、地物的复杂性,漏测、错测是难以避免的,这时必须有一套功能强大的图形编辑系统,对所测地图进行屏幕显示和人机交互图形编辑,以在保证精度情况下消除相互矛盾的地形、地物。对于漏测或测错的部分,及时进行外业补测或重测。另外地图上的许多文字注记说明,如道路、河流、街道等也是很重要的标记物。

图形编辑的另一重要作用是对大比例尺数字化地形图的更新,可以借助人机交互图形编辑,根据实测坐标和实地变化情况,随时对地图的地形、地物进行增加、删除或修改等,以保证地图具有很好的现势性。

对于图形的编辑,CASS 9.0 提供"编辑"和"地物编辑"两种下拉菜单(见图 8-32)。其中,"编辑"是由 AutoCAD 提供的编辑功能,包括图元编辑、删除、断开、延伸、修剪、移动、旋转、复制、偏移等;"地物编辑"是由 CASS 9.0 系统提供的编辑地物功能,包括线型换向、植被填充、土质填充、批量删剪、批量缩放、窗口内的图形存盘、多边形内的图形存盘等。

(2)图形分幅。

在图形分幅前,应做好分幅的准备工作,如了解图形数据文件中的最小坐标和最大坐标。注意:在 CASS 9.0 信息栏中显示的数学坐标和测量坐标的叙述顺序是相反的,即 CASS 9.0 系统中前面的数值为 Y 坐标(东方向),后面的数值为 X 坐标(北方向)。

选择"绘图处理"→"批量分幅/建方格网",命令区出现如下提示:"请选择图幅尺寸:(1) 50×50,(2) 50×40,(3) 自定义尺寸⟨1⟩按要求选择";按 Enter 键默认选择(1)。

输入测区一角:(在图形左下角点击)

输入测区另一角:(在图形右上角点击)

这样在所设目录下就产生了多个分幅图,各个分幅图自动以左下角的东坐标和北坐标命名,如"29.50-39.50""29.50-40.00"等。如果要求输入分幅图目录名可直接按 Enter 键,则各个分幅图自动保存在安装了 CASS 9.0 的驱动器的根目录下。

选择"绘图处理/批量分幅/批量输出",在弹出的对话框中确定输出的图幅的目录名,然后单击"确认"即可批量输出图形到指定目录。

(3)图幅整饰。

把图形分幅时所保存的图形打开,选择"文件"→"打开已有图形…",在对话框中选择文件名,如 south1.dwg,确认后 south1.dwg 图形即被打开,如图 8-37 所示。

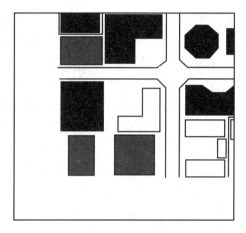

图 8-37　south1.DWG 平面图

选择"文件"→"加入 CASS 9.0 环境",再选择"绘图处理"→"标准图幅(50 cm×50 cm)",弹出如图 8-38 所示的对话框。依次键入图名、邻近图名、测量员、审核员等,在左下角坐标的"东""北"栏内输入相应坐标,例如,此处输入(40 000,30 000),按 Enter 键。

勾选"删除图框外实体"即可删除图框外实体,按实际要求确定是否勾选,例如此处勾选。最后单击"确认"即可实现图幅整饰。

因为 CASS 9.0 系统所采用的坐标系统是测量坐标,即 1:1 的真坐标,加入 50 cm×50 cm 的图廓后如图 8-39 所示。

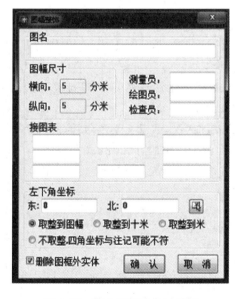

图 8-38　输入图幅信息对话框

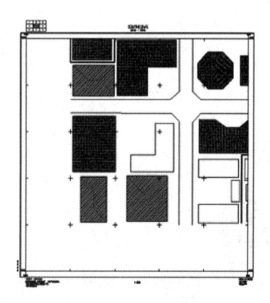

图 8-39　加入图廓的平面图

六、电子平板法数字测图

电子平板法测图是将安装了 CASS 9.0 软件的笔记本计算机作为绘图平板,并与测站上的全站仪相连,实现在野外现场实时连线成图的数字测图方法。其特点是现场直观性强,"所测即所得",可以现场成图现场检查,便于发现问题及时修正。如果驻地与测区间交通较远,测量绘图人员充足,测站通视条件好,提供成果要求快速,便可采用该方法测图。但如果测区天气多变(如雨雪天气),通视条件差(如城镇地区),则不太适用此方法。

电子平板法测图的人员组织需要 3～4 人。其中观测员 1 人,负责操作全站仪并将观测数据传输到计算机中。某些旧款全站仪的数据传输是被动式的,完成一点的观测后必须按一次发送键,数据才能传送到计算机中;新型全站仪一般支持主动发送,并自动记录观测数据。制图员 1 人,负责现场操作计算机连线成图,回到驻地再进行适当内业处理整饰图形。立镜员 1 人,负责现场立反射器。另外最好有 1 位领图员,负责现场检查计算机连线成图情况,指挥立镜员及时进行修补测。

数据传输一般采用标准的 RS232 接口通信电缆连接,也可以采用加配两个数传电台(数据链),分别连接于全站仪、计算机,实现数据的无线传送。

电子平板法测图在实际中应用较少,其作业流程可参见参考文献[9]《基础测绘学》第八章内容,在此不予详述。

参 考 文 献

[1]全国科学技术名词审定委员会.测绘学名词[M].4 版.北京:测绘出版社,2020.

[2]张坤宜.测量技术基础[M].武汉:武汉大学出版社,2011.

[3]罗时恒.地形测量学[M].北京:冶金工业出版社,1985.

[4]中华人民共和国住房和城乡建设部.工程测量标准:GB 50026—2020[S].北京:中国计划出版社,2021:2.

[5]中华人民共和国国家质量监督检验检疫总局,中国国家标准化管理委员会.国家基本比例尺地图图式 第 1 部分:1∶500 1∶1 000 1∶2 000 地形图图式:GB/T 20257.1—2017[S].北京:中国标准出版社,2018:5.

[6]中华人民共和国国家质量监督检验检疫总局,中国国家标准化管理委员会.国家基本比例尺地图图式 第 2 部分:1∶5 000 1∶10 000 地形图图式:GB/T 20257.2—2017[S].北京:中国标准出版社,2018:5.

[7]中华人民共和国国家质量监督检验检疫总局,中国国家标准化管理委员会.基础地理信息要素分类与代码:GB/T 13923—2006[S].北京:中国标准出版社,2006:10.

[8]潘正风,程效军,成枢等.数字测图原理与方法[M].2 版.武汉:武汉大学出版社,2009.

[9]徐兴彬,邱锡寅,黄维章,等.基础测绘学[M].广州:中山大学出版社,2014.

思考与练习

1.图 8-40 所示是某地的地形断面图,其中纵坐标的图上间隔为 0.5 cm,横坐标的图上间隔为 1 cm,读图回答问题。

问题一:图中的垂直高度比例为 1∶_____,水平距离的比例为 1∶_____。

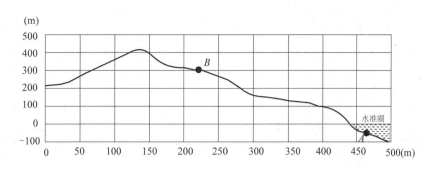

图 8-40　题 1 图

问题二:图中 B 点的绝对高程和相对于 A 点的相对高程分别是_____、_____。

2.将1∶10 000比例尺地图复印三次,每次放大一倍,则新图的比例尺为_____。

3.图 8-41 所示等高线图表示的地形名称依次是(　　)。

A.山谷、山脊、山顶、盆地　　　　　　　B.山脊、山谷、山顶、盆地

C.山谷、山脊、盆地、山顶　　　　　　　D.山脊、山谷、盆地、山顶

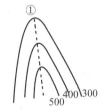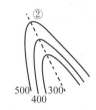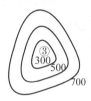

图 8-41　题 3 图

4.如图 8-42 所示,过 MN 线所作的地形断面图是(　　)。

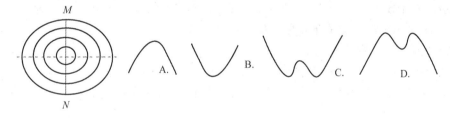

图 8-42　题 4 图

5.阅读某地局部临时地形图(见图 8-43),分析回答问题。

问题一:图中等高线 X 的数值最有可能是(　　)。

A.100 m　　　　　B.150 m　　　　　C.200 m　　　　　D.250 m

问题二:图中丁地与丙村的相对高差可能为(　　)。

A.200 m　　　　　　　　　　　　　　B.250 m

C.300 m　　　　　　　　　　　　　　D.400 m

问题三:图中的①②③④四地中最不能看到丙村的地点

是_____。

问题四:图中甲河流的流向大致是(　　)。

A.南北走向　　　　　　　　　B.东西走向

C.东北-西南走向　　　　　　　D.西北-东南走向

6.阅读北半球某区域经纬网图(见图 8-44),回答相关问题。

问题一:关于甲、乙、丙各部分面积的大小,判断正确的

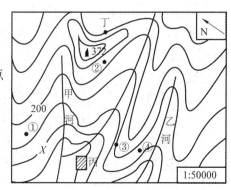

图 8-43　题 5 图

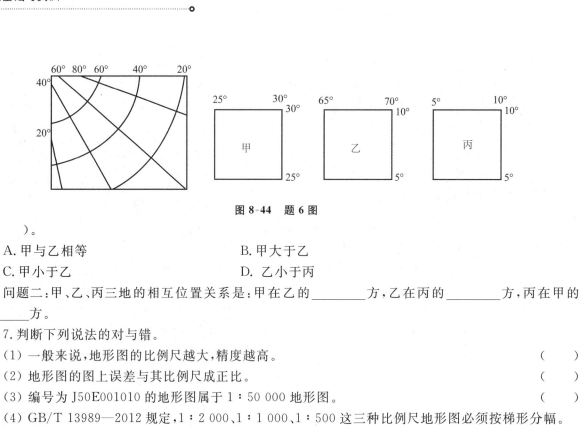

图 8-44 题 6 图

是(　　)。

　　A. 甲与乙相等　　　　　　　　　B. 甲大于乙

　　C. 甲小于乙　　　　　　　　　　D. 乙小于丙

问题二:甲、乙、丙三地的相互位置关系是:甲在乙的_____方,乙在丙的_____方,丙在甲的_____方。

7. 判断下列说法的对与错。

(1) 一般来说,地形图的比例尺越大,精度越高。　　　　　　　　　　(　　)

(2) 地形图的图上误差与其比例尺成正比。　　　　　　　　　　　　(　　)

(3) 编号为 J50E001010 的地形图属于 1∶50 000 地形图。　　　　　(　　)

(4) GB/T 13989—2012 规定,1∶2 000、1∶1 000、1∶500 这三种比例尺地形图必须按梯形分幅。　　　　　　　　　　　　　　　　　　　　　　　　　(　　)

(5) 当前的各种比例尺地形图,其梯形分幅与编号均在 1∶1 000 000 比例尺地形图的基础上进行。　　　　　　　　　　　　　　　　　　　　　　　　(　　)

(6) 确定地形图上两点是否通视,不能用绘制该两点间的断面图来确定。　(　　)

(7) 利用手扶跟踪数字化仪进行白纸图的数字化,得到的是矢量化图即数字线划图(DLG);利用扫描仪对白纸图进行扫描数字化,首先形成的是栅格地图(DRG)。　　　　　　　　　　　　　　　　　　　　　　　　　　　　(　　)

(8) 土方量的测算一般用等高线法较为准确。　　　　　　　　　　　(　　)

(9) 纸质地形图的数字化属于地形图的测绘而不属于地形图的应用。　(　　)

8. 图 8-45 所示为某地等高线示意图,读图并回答下列问题。

问题一:对该地区的叙述正确的是(　　)。

A. 该地区地形类型为山地

B. 图中显示出该地区的最大高差范围为 50～250 m

C. 该地区地形类型为丘陵

D. 图中显示出该地区的最大高差范围为 100～200 m

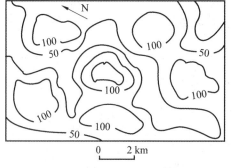

问题二:若图中发育了一条较大的河流,其流向是(　　)。

图 8-45 题 8 图

　　A. 由南向北　　　　　　　　　　B. 由北向南

　　C. 由西向东　　　　　　　　　　D. 由东向西

问题三:目估该图所包含的面积大小约为(　　)。

　　A. 6 km²　　　　B. 60 km²　　　　C. 600 km²　　　　D. 6000 km²

9. 如图 8-46 所示,绘制从点 A 到点 B 的剖面图,并判断两点间是否通视。图中 A、B 两点的高程分别为 $H_A = 1\ 365$ m,$H_B = 1\ 555$ m。

10. 阅读图 8-47 所示地形图,按顺序整理出相关内容。

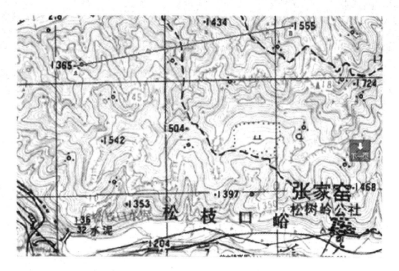

图 8-46　题 9 图

风岭	北口	化工厂
李村		岔口
乌山	南河	石门

沙湾
20.0-15.0

1994年6月经纬仪测绘法测图；
任意直角坐标系；
1985年国家高程基准；等高距为2 m；
1987年版图式。　　　　　　　1：2000

测量员：王立
绘图员：李红
检查员：张琪

图 8-47　题 10 图

实训一　水准仪的认识及其基本操作

20 ＿＿年＿＿月＿＿日＿＿午　天气＿＿＿＿　专业班级＿＿＿＿＿＿＿　第＿＿＿＿小组

观测：　　　　　　　　记录：　　　　　　　　立尺：

实训要求	1.认识水准仪的基座与照准部的各部件、结构组成； 2.学会水准仪的安置方法与步骤，掌握尺垫、标尺的正确使用方法； 3.能够利用水准仪的三条横丝进行读数，利用表格进行现场记录、计算。
注意事项	1.每小组4人，开始由老师讲解仪器、设备、工具的组成与作用，使用注意事项，全面演示一遍操作过程； 2.实训过程中注意人身安全和仪器设备及数据资料安全； 3.实训前后清点使用的仪器工具——水准仪、脚架、标尺一对、尺垫两个，确保其完好无损； 4.小组各成员轮流进行仪器操作、记录、立尺等各项工种，严格按老师的各项示范动作进行。

序号	上丝读数 下丝读数	后视距 S_A	上丝读数 下丝读数	前视距 S_B	A 后尺中丝	B 前尺中丝	高差 h_{AB}
1							
2							

回答问题：

(1)你所使用的仪器名称、品牌、型号为＿＿＿＿＿＿＿＿＿＿，精度等级为＿＿＿＿＿，仪器上可以旋转的旋钮有：＿＿＿＿＿＿＿＿＿＿＿＿。

(2)观测 A 点至 B 点的高差为＿＿＿＿＿＿m，说明 B 点比 A 点＿＿＿＿（高或低）。假设 A 点高程 $H_A=10.000$ m，可知仪器的视线高程 $H_1=$＿＿＿＿＿＿ m，B 点的高程 $H_B=$＿＿＿＿＿＿ m。

(3)如果十字丝不清晰，应旋转＿＿＿＿＿＿＿＿；若标尺影像不清晰，应旋转＿＿＿＿＿＿；如果二者都不清晰，存在视差，则应＿＿＿＿＿＿＿＿＿＿＿＿。

(4)如果水准尺上没有水准器，或者水准器已坏，立尺员应站立在水准尺的＿＿＿＿＿＿＿竖立标尺，这样有助于立尺员观察标尺是否＿＿＿＿＿＿＿＿＿＿。

体会、收获、建议：

实训成绩：

实训二　改变仪器高法水准测量

20____年____月____日____午　天气_____　专业班级_____　第_____小组

观测：_____　记录：_____　立尺：_____

实训要求	1.进一步熟悉水准仪的安置,切实掌握水准尺的正确使用方法; 2.提高仪器观测读数的速度和准确度,利用表格进行现场记录、计算; 3.掌握改变仪器高法水准测量的工作过程,清楚该方法的实质。
注意事项	1.准备水准仪、脚架、标尺尺垫各两个,小组成员轮流进行完整的仪器操作、记录、立尺等工作; 2.老师先完整示范一遍操作过程,同学记录、计算得出结果,每位同学至少测出一套合格数据; 3.按四等水准测量要求,前后视距差不超过 3 m,两次观测高差较差不超过 5 mm。

序号	上丝读数 下丝读数	后视距 S_A	上丝读数 下丝读数	前视距 S_B	A 后尺中丝	B 前尺中丝	高差	高差平均值 h_{AB}
1								
2								
3								

回答问题:

(1)尺垫的使用:在已知水准点、_____或_____立尺时不能使用尺垫,只有在_____立尺时才使用尺垫。尺垫作为支承水准标尺的承台,起传递_____作用,必须将其在地面放稳踩紧,并将水准标尺垂直立在尺垫中央的_____上。

(2)一测站用两次仪器高来测量高差可以_____。(多选题)

A.检查错误　　B.消除 i 角误差　　C.提高精度　　D.减少仪器下沉影响　　E.减少尺垫下沉的影响

(3)改变仪器高法水准测量适合于_____。

体会、收获、建议:

实训成绩:

实训三　双面尺法水准测量

20____年____月____日____午　天气_____　专业班级_____　第_____小组

观测：　　　　　　　　记录：　　　　　　　　立尺：

实训要求	1.掌握双面尺法水准测量一测站内的各项操作、记录、计算、立尺工作； 2.认识一对双面尺的黑面起始刻划、红面起始刻划,清楚它们的含义； 3.体会与理解测站中各项限差要求的意义。
注意事项	1.老师示范一遍操作过程,全体同学独自记录、计算,得出各项数据结果； 2.小组成员轮流进行一次完整的仪器操作、记录、计算、立尺等工作； 3.遵循四等水准限差要求:前后视距差 3 m,黑、红面读数差 3 mm,黑面、红面高差较差 5 mm。

序	后视尺	上丝	前视尺	上丝	方向(点名)及尺号(尺位)	标尺中丝读数		K＋黑－红	高差中数	备　注
		下丝		下丝		黑面	红面			
	后视距		前视距							
	视距差 d		$\sum d$							
1					后					后尺 K＝ 前尺 K＝
					前					
					后－前(高差)					
2					后					
					前					
					后－前(高差)					

　　(1) 按四等水准测量要求,对如下的各项限差陈述进行改错:视距不大于 100 m,前后视距差不大于 3 m,前后视距累积差不大于 5 m,视线高度不小于 0.5 m,黑、红面读数差不大于 3 mm,黑、红面高差较差不大于 5 mm,黑、红面高差平均值 5 mm,闭合环的路线闭合差应该为 0。

　　(2) 立尺者应注意的事项有：_____

_____。

　　(3) 双面尺法水准测量一般适合于_____

_____。

体会、收获、建议：

实训成绩：

257

实训四　水准仪 i 角测定

20 ＿＿年＿＿月＿＿日＿＿午　天气＿＿＿＿＿　专业班级＿＿＿＿＿＿＿　第＿＿＿＿小组
观测：　　　　　　　　　　记录：　　　　　　　　　　　　立尺：

实训要求	掌握水准仪 i 角测定方法，理解 i 角对水准测量的影响实质。
实训内容	仪器 i 角检验，参照本书图 3-42 及式(3-29)进行。

过程记录及示意图

后尺上丝：＿＿＿＿＿＿＿　　后尺下丝：＿＿＿＿＿＿＿　　后视距：＿＿＿＿＿＿＿

前尺上丝：＿＿＿＿＿＿＿　　前尺下丝：＿＿＿＿＿＿＿　　前视距：＿＿＿＿＿＿＿

后尺中丝 a_1：＿＿＿＿＿＿　　前尺中丝 b_1：＿＿＿＿＿＿　　高差 h_1：＿＿＿＿＿＿

后尺上丝：＿＿＿＿＿＿＿　　后尺下丝：＿＿＿＿＿＿＿　　后视距 S_a：＿＿＿＿＿＿

前尺上丝：＿＿＿＿＿＿＿　　前尺下丝：＿＿＿＿＿＿＿　　前视距 S_b：＿＿＿＿＿＿

后尺中丝 a_2：＿＿＿＿＿＿　　前尺中丝 b_2：＿＿＿＿＿＿　　高差 h_2：＿＿＿＿＿＿

i 角计算与分析(利用式 3-29 以及测量标准对 i 角的规定)：

回答问题：

(1) 检验水准仪 i 角的重要性：＿＿＿＿＿＿＿＿＿＿＿＿＿＿＿＿＿＿＿＿＿＿＿＿＿＿＿＿＿＿＿＿＿＿＿。

(2) i 角影响与视距的关系：＿＿＿＿＿＿＿＿＿＿＿＿＿＿＿＿＿＿＿＿＿＿＿＿＿＿＿＿＿＿＿＿＿＿＿。

体会、收获、建议：

实训成绩：

实训五　自动安平水准仪的检校

20 ___ 年 ___ 月 ___ 日 ___ 午　天气_____　专业班级_____　第_____小组

观测：　　　　　　　　记录：　　　　　　　　立尺：

实训要求	1.熟悉"水准仪的检验与校正"内容介绍； 2.掌握自动安平水准仪能否正常使用的常规检查方法； 3.体会圆水准器的校正过程,弄清为什么校正螺钉要先松后紧。
实训内容	1.圆水准轴平行于竖轴:老师示范用校正针将气泡破坏,再重新安置仪器进行校正,同学照此模仿； 2.水准仪自动补偿性能的检验:老师先示范观测,同学们记录计算,之后再进行模仿,获得各自仪器水准气泡的最大可偏移量。
过程记录及示意图	内容1:圆水准轴与竖轴正确性检验校正(检校过程记录)。 内容2:自动安平水准仪自动安平性能的检验。 气泡正确:$h_正 = a_正 - b_正 =$ _____ 气泡前偏:$h_前 = a_前 - b_前 =$ _____ 气泡后偏:$h_后 = a_后 - b_后 =$ _____ 气泡左偏:$h_左 = a_左 - b_左 =$ _____ 气泡右偏:$h_右 = a_右 - b_右 =$ _____ 计算结果与分析:

回答问题：

(1) 自动安平水准仪有四条主要的轴线,它们是：_____
_____。

(2) 用校正针转动校正螺钉时,应遵从如下原则：_____
_____。

体会、收获、建议：

实训成绩：

实训六　全站仪的认识与仪器安置

20____年____月____日____午　　天气_____　　专业班级_____　　第_____小组

操作:　　　　　　　　　记录:　　　　　　　　　组员:

实训要求	1.认识全站仪的各部件名称及结构组成; 2.基本学会仪器的安置方法与步骤; 3.对中误差要求不超过 1 mm,整平误差即气泡偏离中心不超过一格。
注意事项	1.每小组 4 人左右,开始由老师讲解仪器、三脚架的组成与作用,使用注意事项、仪器安全要求,演示一遍仪器安置过程; 2.实训过程中注意人身安全和仪器设备安全; 3.实训前后清点仪器箱内的工具——仪器、说明书、对中垂球、小钢尺、校正针等,确保其完好无损; 4.小组各成员轮流进行仪器操作,严格按老师的示范动作进行。
仪器安置 步骤记录	

回答问题:

(1) 你所使用的仪器名称、品牌、型号为_____,测角精度等级为_____,仪器上可以旋转的旋钮有:_____。

(2) 当仪器精确整平之后,检查发现对中有较小偏差,此时如果架头较平,则可以松开连接仪器的中心螺钉移动仪器。松开螺钉的幅度一般为(1 圈左右、3 圈左右、全松开)。

(3) 如果光学对中器的圆圈不清晰,应旋转_____,如果地面标志不清晰,应旋转_____,直到_____。

体会、收获、建议:

实训成绩:

实训七　方向法水平角测量（测回法）

20____年____月____日____午　天气_____　　专业班级_____　　第_____小组

观测：_____　　记录：_____　　组员：_____　　　　　　　仪器：_____

实训要求	1.进一步熟悉全站仪的安置,掌握利用测回法进行水平角测量; 2.利用表格进行现场记录、计算。	示意图：
注意事项	1.小组成员轮流进行一次完整的仪器安置与角度观测、记录工作; 2.老师先示范操作过程,各位同学记录、计算,由老师检查指导; 3.注意测站限差要求应与仪器的精度等级相一致。	

回答问题：
(1) 水平方向值与水平角值的区别是_____。
(2) 全站仪屏幕上的 *HR*、*HL* 分别表示_____。
(3) 2C 较大表示_____;2C 互差较大表示_____。
(4) 测站限差要求为_____。

测回	目标	水平度盘读数/(° ′ ″) 盘左	水平度盘读数/(° ′ ″) 盘右	2C	平均读数/ (° ′ ″)	各测回角/ (° ′ ″)	各测回平均角/ (° ′ ″)	备注
1								老师示范
2								
1								
2								

个人小结：

组长评语：

老师评分：

实训八　方向法水平角测量（全圆方向法）

20＿＿年＿＿月＿＿日＿＿午　天气＿＿＿＿＿　专业班级＿＿＿＿＿＿＿＿　第＿＿＿＿小组
观测：　　　　记录：　　　　组员：　　　　仪器：

实训要求	1.掌握全圆方向法水平角测量的各项操作、记录、计算； 2.体会与理解测站中各项限差要求的意义。	示意图：
注意事项	1.老师示范一遍操作过程,同学记录、计算,得出各项数据结果； 2.小组成员轮流进行一次完整的仪器操作、记录、计算等工作。可以自己观测、自己记录、自己计算。	

测回	目标	水平度盘读数/(° ′ ″) 盘左	水平度盘读数/(° ′ ″) 盘右	2C	平均读数/(° ′ ″)	归零后各测回方向值/(° ′ ″)	归零后各测回方向平均值/(° ′ ″)	备注
1	①							老师示范
	②							
	③							
	④							
	①							
1	A							
	B							
	C							
	D							
	A							
2	A							（角值）
	B							
	C							
	D							
	A							

（1）归零差包含下列哪些误差：竖轴偏斜、横轴误差、视准轴误差、照准部偏心差、仪器对中误差、照准误差、外界环境影响。（勾选）

（2）全圆方向法适合的目标数量为＿＿＿＿＿＿＿＿＿＿,它与测回法最大的区别是＿＿＿＿＿＿＿＿＿＿＿＿＿＿＿。

（3）测站的三项限差要求为＿＿＿＿＿＿＿＿＿＿＿＿＿＿＿＿＿＿＿＿＿＿＿＿＿＿＿＿＿＿＿＿＿＿＿＿
＿＿。

个人小结：

老师评分：

实训九　垂直角测量与计算

20 ___年___月___日___午　天气_____　专业班级_____　第_____小组
观测：　　　　　　记录：　　　　　　组员：　　　　　　　　仪器：

实训要求与注意事项	1.掌握垂直角测量的各项操作、记录、计算； 2.明确小组所使用仪器的测站限差要求，理解各项限差的含义； 3.老师示范一遍观测过程，所有同学同步记录、计算，得出相应结果； 4.小组成员轮流进行一次完整的仪器操作、记录、计算工作。可以自己观测、自己记录、自己计算。		示意图：

目标	测回	垂直度盘读数/(° ′ ″)		指标差/(″)	垂直角/(° ′ ″)	垂直角平均值/(° ′ ″)	备注
		盘左	盘右				
①	1						老师示范
	2						
②	1						
	2						
	1						
	2						
	1						
	2						
	1						
	2						

（1）指标差包含下列哪些误差：仪器整平误差、横轴误差、视准轴误差、照准部偏心差、仪器对中误差、照准误差、外界环境影响。（勾选）

（2）上述表格中的垂直角___是、否___包含指标差的影响，垂直角平均值___是、否___包含指标差的影响。

（3）测站垂直角测量的两项限差要求为 _____
_____。

个人小结：

老师评分：

263

实训十　角度测量仪器的检验与校正

20____年____月____日____午　天气_____　专业班级_____　第_____小组

观测：　　　　　　记录：　　　　　　组员：　　　　　　仪器：

实训要求与注意事项	1.掌握角度测量仪器各项检验方法； 2.明确小组所使用仪器的各项性能限差的大小意义； 3.老师示范讲解一遍操作过程,然后各小组成员进行仪器操作、记录、计算工作,进行相应检查与校正。

（1）水准管与竖轴是否垂直的检校：

（2）视准轴与横轴是否垂直的检验：

（3）垂直度盘指标差的检验：

（4）对中器的检验：

（1）水准管气泡居中是否就是仪器竖轴竖直？_____。

（2）2C 等于零是否就是视准轴与横轴垂直？_____。

（3）为何不能随便进行仪器横轴与竖轴不平行的校正？_____。

个人小结：

老师评分：

实训十一　全站仪综合测量

20____年____月____日____午　　天气_____　　专业班级_____　　第_____小组

观测：　　　　　记录：　　　　　组员：　　　　　仪器：

实训要求与注意事项	1.掌握水平角、垂直角、距离测量及坐标测量的各项操作、记录、计算； 2.老师演示一遍。小组成员轮流进行一次完整的仪器操作、记录、计算、检核工作(2C互差、指标差互差、盘左盘右坐标差,用距离角度计算出的坐标与仪器显示的坐标进行比较)。限差参照前面各次实训要求。测站须输入仪器高、觇高。 3.测站坐标可使用假定坐标,如(55555.555,66666.666,77.777)。	示意图：

测站：_____　仪器高 i：_____ m　测站坐标结果：$X=$_____ m　$Y=$_____ m　$H=$_____ m

测站位置：_____

目标								
盘位	左	右	左	右	左	右	左	右
斜 距 L/m								
天顶距 Z/m	° ′ ″	° ′ ″	° ′ ″	° ′ ″	° ′ ″	° ′ ″	° ′ ″	° ′ ″
指标差、垂直角	″、° ′ ″		″、° ′ ″		″、° ′ ″		″、° ′ ″	
平距 S/m								
水平方向值	° ′ ″	° ′ ″	° ′ ″	° ′ ″	° ′ ″	° ′ ″	° ′ ″	° ′ ″
2C、平均值	″、° ′ ″		″、° ′ ″		″、° ′ ″		″、° ′ ″	
X/m								
Y/m								
截尺高 j/m								
高差 h/m								
高程 H/m								
备注								

(1) 你所使用全站仪的距离测量标称精度公式为：_____。
(2) 根据上述公式计算某条边距离测量的相对误差为：_____。
(3) 光电测距与视距测量的主要区别是：_____。

个人小结：

老师评分：

265

实训十二　钢尺量距与仪器加常数测定

20 ___年___月___日___午　天气_____　专业班级_____　第_____小组
观测：　　　　　　　记录：　　　　　　　组员：　　　　　　　仪器：

实训要求与注意事项	1.学习与体会钢尺量距的基本方法,测量出图示直线 ABC 的长度; 2.掌握加常数的测定方法,测定出本小组所使用的仪器与棱镜的加常数; 3.钢尺量距与加常数测定为两项工作,小组必须分步进行。

钢尺量距示意图及读数记录、计算：

A　　　　　　　　　　　　　　　B　　　　　　　　　　　　　　　C

仪器与棱镜加常数测定示意图及读数、记录与计算：

总长：$D=$

A　　　$D_1=$　　　B　　　　　　$D_2=$　　　C

加常数计算：$K=D-(D_1+D_2)=$

(1) 公式 $(D_1+K)+(D_2+K)=D+K$ 的含义为：_____。

(2) 加常数由 _____ 和 _____ 两部分组成。

(3) 为什么配套使用的全站仪和棱镜不能随便互换?_____

个人小结：

老师评分：

实训十三　导线测量实训(平面控制)

20 ＿＿年＿＿月＿＿日＿＿午　天气＿＿＿＿＿　专业班级＿＿＿＿＿＿＿＿		第＿＿＿＿小组
观测：　　　　记录：　　　　　组员：		仪器：

| 实训要求 | 　　预先在地面选定四个点埋石(刻石、打钉,要求各点相距 50 m 以上,至少有一条边有较大高差),为选点编号(A 为已知点,1、2、3 号点为未知导线点),组成一个四条边的闭合导线。选择点 A 作为已知控制点(假定坐标 $X＝333.333,Y＝555.555$),打开手机地图确定该点所在一条边的方位角,测量计算出导线各边边长、方位角,用近似平差计算三个未知点的坐标。 | 示意图 |

观测记录与计算(计算过程另外列表,具体参见例 7-2、例 7-3)：

个人小结：

老师评分：

实训十四　导线测量实训（三角高程控制）

20 ____ 年 ____ 月 ____ 日 ____ 午　　天气 _____　　专业班级 _____　　第 _____ 小组

观测：　　　　　　　　记录：　　　　　　　　组员：　　　　　　　　仪器：

| 实训要求 | 　　预先在地面选定四个点埋石（刻石、打钉，要求各点相距 50 m 以上，至少有一条边有较大高差），为选点编号（A 为已知点，1、2、3 号点为未知导线点），组成一个四条边的闭合导线。选择点 A 作为已知控制点，高程自定（如 50.000 m），测量计算出导线各边边长、高差，用近似平差计算三个未知点的高程。 | 示意图 |

观测记录与计算（平差计算过程另外列表，具体参见例 7-6）：

个人小结：

老师评分：

实训十五　边角后方交会实训（含平面、高程）

20 ___ 年 ___ 月 ___ 日 ___ 午　　天气 _____　　专业班级 _____　　第 _____ 小组

观测：_____　　记录：_____　　组员：_____　　仪器：_____

实训要求与注意事项	1.理解边角后方交会的意义,掌握边角后方交会的野外观测与计算; 2.如果没有预备的控制点,老师可临时用全站仪的坐标测量状态事先测定出多个已知的控制点(如图中的1、2),供学生小组使用; 3.老师演示一遍边角后方交会的观测过程,同学记录,老师现场计算得出测站未知点 A 的坐标与高程; 4.小组成员轮流进行一次完整的仪器操作、记录、计算工作,要求自己观测、他人记录、自己计算,限差要求参照前面各次实训要求; 5.同时计算出测站点(图中 A 点)的高程结果。	示意图

测站：__A__　　仪器高 i：_____ m　　测站坐标结果：$X=$ _____ m　　$Y=$ _____ m　　$H=$ _____ m

测站位置 _____

目　标	1		2					
盘　位	左	右	左	右	左	右	左	右
斜距 L/m								
天顶距 Z/m	° ′ ″	° ′ ″	° ′ ″	° ′ ″	° ′ ″	° ′ ″	° ′ ″	° ′ ″
指标差、垂直角	″ 、° ′		″ 、° ′		″ 、° ′		″ 、° ′	
平距 S/m								
水平方向值	° ′ ″	° ′ ″	° ′ ″	° ′ ″	° ′ ″	° ′ ″	° ′ ″	° ′ ″
2C、平均值	″ 、° ′		″ 、° ′		″ 、° ′		″ 、° ′	
X/m								
Y/m								
截尺高 j/m								
高差 h/m								
高程 H/m								
备　注								

个人小结：

老师评分：

实训十六　地形图测绘

20＿＿＿年＿＿＿月＿＿＿日＿＿＿午　　天气＿＿＿＿＿＿　　专业班级＿＿＿＿＿＿＿＿＿　　第＿＿＿＿＿小组

观测：　　　　　　　　　　　　　立镜：　　　　　　　　　　　　仪器：

实训要求与注意事项	1. 掌握地形图测绘的基本概念，建立一定的感性认识； 2. 如果没有预备的控制点，老师可临时用全站仪的坐标测量状态事先测定出若干个已知的控制点（独立坐标亦可），供学生小组使用； 3. 老师演示一遍观测过程，包括仪器安置、建立文件、建立测站、对后方向、数据采集； 4. 各小组模仿老师的操作过程进行测量，完成相应面积范围内的地物、地形碎部点测量采集工作； 5. 内业绘图工作按教材叙述及相关软件说明进行。

各小组根据测量结果（坐标、高程）绘制地形图（示意图）：

地形图测量数据采集的具体步骤及注意事项：

个人小结：

老师评分：

意 见 栏

1.总体意见与建议(如内容的安排,教材的水平、质量;参考文献的采纳,插图式样,排版,印刷质量问题;练习题数量、难度,实训报告格式等):

2.分项意见与具体问题列于下表:

页码	问题	修改意见	备注

提出上述问题之后,烦请您及时与本书作者联系,电话或短信:13802841851(徐),QQ:845697090。

另外,还盼能留下您的电话号码、QQ或邮箱便于反馈。

称呼: 　　　　　电话: 　　　　　QQ或邮箱:

　　如果您在使用本教材过程中发现问题,真心希望您将有关的问题与意见,仔细填写于表中,然后拍照发送至手机 13802841851(徐)。详细交流请用 QQ(845697090,徐兴彬)联络。您的意见将成为我们下次改编再版的重要依据。